国家自然科学基金项目

基于深度学习的人体骨架行为识别技术

李岩山 著

西安电子科技大学出版社

内 容 简 介

本书从人体骨架行为识别的优势和研究难点出发，对基于深度学习的人体骨架行为识别方法进行了详细的论述。全书共9章，主要内容包括绪论、人体骨架的几何代数表示及行为识别、基于时空视角不变表征的骨架行为识别、基于人体骨架金字塔模型的行为识别、基于李群骨架表示的行为识别、基于注意力机制的骨架行为识别深度网络、基于自适应多视角图卷积网络的行为识别、视角不变下的双人交互行为表示及识别和相对视角下基于多图卷积网络的交互行为识别。

本书针对人体骨架行为识别进行研究，理论描述翔实、实验数据丰富，科学性与工程性相融，可供人工智能相关专业的高年级本科生、研究生和科研工作者阅读和参考。

图书在版编目（CIP）数据

基于深度学习的人体骨架行为识别技术／李岩山著. -- 西安：西安电子科技大学出版社，2024.9. --ISBN 978-7-5606-7468-1

Ⅰ. TP391.41

中国国家版本馆CIP数据核字第20245TN674号

策　　划　明政珠

责任编辑　明政珠　孟秋黎

出版发行　西安电子科技大学出版社（西安市太白南路2号）

电　　话　(029) 88202421　88201467　　邮　　编　710071

网　　址　www.xduph.com　　电子邮箱　xdupfxb001@163.com

经　　销　新华书店

印刷单位　陕西博文印务有限责任公司

版　　次　2024年9月第1版　　2024年9月第1次印刷

开　　本　787毫米×1092毫米　1/16　　印张　10.75

字　　数　224千字

定　　价　55.00元

ISBN 978-7-5606-7468-1

XDUP 7769001-1

前　言

PREFACE

当下，计算机视觉和人工智能领域的发展日新月异。随着科技的迅猛发展和数据量的不断增加，计算机视觉方法的应用越来越广泛。人体行为识别是计算机视觉领域中备受关注的研究方向之一，它在智能视频监控、体育运动分析、人机交互、智能驾驶行为预警、视频内容分析、虚拟现实等领域具有广泛的应用。骨架序列作为人体状态的紧凑表示形式，具有抗背景干扰能力强、数据量小和行为描述能力强的特点。因此，基于骨架序列的方法成为人体行为识别一个重要的分支。特别是随着深度学习的发展，基于深度学习的人体骨架行为识别越来越受到研究者们的关注。

本书的写作目的是帮助读者掌握人体骨架行为识别的基本原理和方法，知其然还要知其所以然。全书共 9 章。第 1 章是绪论，先给出了人体行为识别分类，进而引出人体骨架行为识别，分别介绍了人体骨架行为识别的优势、应用、研究难点、人体骨架数据结构等，使读者可以全面了解人体骨架行为识别相关知识。第 2 章介绍了几何代数的基础知识以及几何代数在人体骨架行为识别上的应用。第 3 章在骨架序列数据的几何代数空间中研究了人体骨架序列具有判别性和鲁棒性的时空特征表征方法和行为识别算法。第 4 章介绍了空间金字塔模型，并首次将空间金字塔的思想运用到人体骨架行为识别上，提出了基于人体骨架空间金字塔模型的行为识别方法。第 5 章介绍了李群基础以及基于李群骨架表示的新型深度神经网络——LS-LieNet。第 6 章介绍了一种新的基于时空注意力机制和运动增强的骨架行为识别深度网络。第 7 章针对卷积神经网络不能直接处理图数据的问题，采用图卷积网络对骨架图进行处理和特征提取，并提出了基于自适应多视角图卷积网络的行为识别方法。第 8 章针对交互行为识别中由于视角、交互双方位置和动作的交换带来的类内数据差异问题，提出了视角不变下双人交互行为表示及识别方法。第 9 章为了解决获取行为的视角差异以及交互对象交换位置等问题，提出了相对视角下基于多图卷积网络的交互行为识别方法。

本书具有如下特色：

首先，本书详细叙述了人体骨架行为识别的研究难点以及研究的关键问题，使读者可以深入了解这些问题的本质和挑战。

其次，本书阐述了不同的人体骨架行为识别方法，每种方法都给出了具体的原理以及相应的公式，通过对这些公式的理解，读者可以更加深入地了解骨架行为识别方法的工作原理和核心思想，这对于读者全面理解和应用这些方法有重要作用。

最后，本书还针对每种识别方法给出了相应的实验设置及实验结果分析，这些设置包括数据集选择、评价指标选择和参数调优方法等。通过对实验结果的分析，读者可以更好地了解相关方法在不同场景下的性能表现和优缺点，以便为其在实际应用中提供指导。

本书能够完成，首先衷心感谢这个开放的时代，让人体骨架行为识别技术得以快速发展。正是在这个背景下，工业界、学术界和研究界紧密合作，使得这一研究的进展成为可能，大家的共同努力促进了人体骨架行为识别技术的创新和应用。其次，感谢刘星、夏荣杰、郭天宇、余蕊、郑丽容、苏伟鹏、石婷、尉淼淼、钟子英、贺穗璇等人的支持和帮助，和笔者一起完成本书的撰写。同时，笔者也想向所有读者表达感激之情，感谢您的支持、鼓励和信任，笔者将努力提升自己的研究与写作水平，为读者创作更好的作品。

在写作过程中，笔者尽力做到准确、简明和易懂，但由于个人能力有限，难免会有不妥之处，在此谨向读者表示歉意，并衷心希望能够得到宽容和指正。您的批评和建议，有助于本书的完善。

李岩山
2024 年 2 月

目　录

CONTENTS

第1章
绪　论

人体行为识别(Human Action Recognition，HAR)是计算机视觉领域的一个重要研究方向。行为识别主要分为基于彩色视频的行为识别、基于深度图(Depth Map)的行为识别和基于骨架(Skeleton)的行为识别。基于彩色视频的行为识别和基于深度图的行为识别只能提取视频或图像中低层次的特征，难以从中快速提取高层次的语义信息，并且处理视频或图像中的复杂背景和遮挡物时比较困难。为了克服这些困难，人们开始研究基于骨架的行为识别。

人体骨架行为识别是一种基于人体骨架数据的行为识别，旨在从三维骨架序列中准确地识别和分类人体的动作行为。人体骨架数据由人体关节、骨骼等组成，可以提供人体姿态、动作等重要信息，完全剔除了环境信息对人体姿态的干扰。基于骨架的行为识别方法可以快速、准确地识别人体行为，并提取出高层次的语义信息，在众多领域具有广阔的应用前景。

1.1　人体行为识别分类

随着计算机科学和多媒体技术的发展，视频新闻和视频短片与人们的工作与生活紧密相联，无处不在的视频监控不断提高着社会的公共安全治理水平，智能机器人正走进千家万户，这些应用都刺激了人们对人体行为识别的需求，也激发了学术界和工业界对人体行为识别研究的兴趣。在视觉领域，人体行为识别的研究被划入多分类问题范畴，主要目标是在输入的包含一个或者多个行为的视频中，正确分析出视频中的人所进行的活动，通过人体本身的特征和所完成的动作特征进行行为分析。

人体行为识别在众多领域，如监控系统、人机交互、辅助科技、手语识别、计算行为科学、消费行为分析等领域，都具有非常广阔的应用前景和重要的应用价值，可以为人类带来更多的便利和效益。例如：在监控系统中，人体行为识别可以帮助监控人员智能分析视频内容，提高监控效率和准确性；在人机交互中，人体行为识别可以帮助机器人理解人类的动作和意图，实现更自然和智能的交互；在辅助科技中，人体行为识别可以帮助残障人士通过动作识别实现更自主和便利的生活；在手语识别中，人体行为识别可以帮助聋哑人通过手势和动作实现更自然和高效的沟通；在计算行为科学中，人体行为识别可以帮助研究人员分析人类行为的规律和特征，提高行为科学研究的准确性和可靠性；在消费行为分析中，人体行为识别可以帮助商家分析消费者的行为和偏好，制定更精准的营销策略。

基于不同视频数据源，HAR 方法主要分为三种：基于彩色视频的人体行为识别、基于深度图的人体行为识别和基于骨架的人体行为识别。

1. 基于彩色视频的人体行为识别

基于彩色视频的人体行为识别是最常见的人体行为识别方法，它主要利用视频中的彩色信息和人体形状信息来识别人体行为。这种方法通常需要对视频先进行预处理和特征提取，然后使用分类器进行行为分类。近年来涌现了一批优秀的算法，如双流网络（Two Stream Network）、时间分割网络（Temporal Segment Network）等，这些算法具有处理直观、理论基础好等优点。目前，基于彩色视频的人体行为识别研究热点主要包括行为分类、特征提取和数据增强等方面。行为分类方面，研究者们提出了多种分类器，如支持向量机、卷积神经网络、递归神经网络等；特征提取方面，研究者们提出了多种特征表示方法，如光流、方向梯度直方图（Histogram of Oriented Gradient，HOG）、光流场方向直方图（Histograms of Optical Flow，HOF）等；数据增强方面，研究者们也提出了多种数据增强方法，如视频插值、视频合成等。

基于彩色视频的人体行为识别具有以下优点：

（1）直观。基于彩色视频的人体行为识别可以直接对视频进行分析，无须用户进行额外的操作，具有较好的用户体验。

（2）处理速度快。基于彩色视频的人体行为识别可以在短时间内处理大量的视频数据，具有较好的实时性。

（3）多模态。基于彩色视频的人体行为识别可以同时利用视频中的颜色、形状等多种信息，具有较好的多模态处理能力。

但是，基于彩色视频的人体行为识别也存在以下缺点：

（1）光照变化会影响识别结果。视频中的光照可能随着时间和环境的变化而改变，这会对识别结果产生较大的影响，需要进行额外的光照处理。

（2）难以处理遮挡情况。视频中的人体行为可能会被遮挡，这会导致识别结果不准确，需要进行额外的遮挡处理。

（3）识别结果受背景干扰。视频通常包含丰富的背景信息，这可能会对识别结果产生干扰，需要进行额外的背景处理。

（4）隐私问题。视频中包含了丰富的人体信息，这可能会涉及用户的隐私，需要进行额外的隐私保护。

2. 基于深度图的人体行为识别

基于深度图的人体行为识别是一种基于三维深度信息的行为识别方法，它通过深度摄像头或深度传感器来获取场景的深度信息，并将其转化为深度图。深度图也被称为距离影像(Range Image)，包含了场景中每个像素点的深度信息，可以用来表示物体的三维位置和形状。它的像素值由图像采集器到场景中各点的距离(深度)确定，直接反映了景物可见表面的几何形状。深度图经过坐标转换计算可以变为点云数据，有规则及必要信息的点云数据也可以通过反算变为深度图数据。但是，深度图也存在一些缺陷，如深度图一般存在大量的噪声点，对于人体行为识别这种复杂任务，这些噪声点一定程度上加大了识别任务的难度。

基于深度图的人体行为识别具有以下优点：

(1) 能够提供更加准确和详细的三维信息，即提供更多识别信息，从而提高行为识别的准确性，这大大缓解了彩色图像中常见的底层问题。

(2) 能够处理复杂的场景和环境，具有较好的鲁棒性和适应性。深度相机可以在完全黑暗的环境中工作，避免光照引起的行为识别困难问题，在需要全天候运行的应用中具有显著优势，如24小时运行的患者/动物监测系统等。

(3) 能够与其他传感器和方法(如RGB摄像头、加速度计等)结合使用，以提高行为识别的精度和可靠性。

但是，基于深度图的人体行为识别也存在以下缺点：

(1) 需要额外对图像进行处理和校准。深度传感器设备可能产生光学畸变、采集的图像与彩色图像边缘不一致的现象，此外，特殊材质的物体吸光，遮挡或目标运动速度快等情况，也会导致深度信息不准确或无法获取，因此，需要对图像进行额外的处理和校准。

(2) 对计算和存储资源要求高。深度图包含了场景中每个像素点的深度信息，数据量较大，对计算和存储资源的要求较高。

3. 基于骨架的人体行为识别

基于骨架的人体行为识别通过分析人体骨架的时空数据来识别和理解人类行为。这种方法首先需要通过捕捉动作或其他方法获取人体的三维骨架数据，然后对骨架数据进行分析和处理，以提取出能够代表特定行为的特征向量，最后使用机器学习算法或深度学习模型进行分类和识别。

1973年，Johansson在生物学实验中观察发现，即使没有表观信息，人类也能够通过人体上几个关键关节点的运动对相应的行为进行识别。在此基础上，研究者发展出了基于人体骨架数据进行相关行为识别的方法，以从人体骨架数据中估计出人体的姿态信息。人体姿态存在多样性的特点，这些姿态往往很难进行仿真和表达，这使得人体姿态估计研究极具挑战性。虽然可以通过姿态捕捉方法准确获得人体关节的三维位置信息，但这样的运动捕获系统通常价格昂贵，并且需要用户穿戴带有标记的运动捕捉服饰，一定程度上限制了人体的运动。随着深度成像技术的快速发展与深度相机的广泛应用，同时鉴于深度数据的优点，研究者开始研究使用单一深度图像估计人体骨架的方法。ShoRon 等开展了从深度图像估计人体骨架的研究，并通过实验表明他们的方法是非常准确的，这为许多行为识别方法的应用奠定了基础。可以说这些新方法进一步开启了基于人体关节位置的行为识别的新纪元。近年来，基于人体骨架数据的行为识别已经成为研究者们关注的热点之一，同时也涌现了一大批优秀的算法，如基于循环神经网络的行为识别算法、基于长短期记忆人工神经网络的行为识别算法、基于时空图卷积网络的行为识别算法，等等。

1.2 人体骨架行为识别的优势

基于三维人体骨架数据进行行为识别的优势主要包括以下几点：

(1) 对人体运动的描述。人体的运动可以通过关键节点的移动来描述。因此，对关键节点的组合与追踪便能形成对诸多行为的刻画，进而通过人体关键节点的运动来识别行为。

(2) 数据的鲁棒性强。相比于彩色视频流和深度数据，骨架数据包含人体关节位置，三维人体骨架数据对人体行为的表征具有明确的物理意义，它分离了人体与运动环境背景，对光照、尺度和旋转的变化具有很强的鲁棒性，解决了彩色视频对尺度变换和光照变化敏感的问题，也解决了不同拍摄视角和人体差异导致的数据对运动速度鲁棒性差的问题。

(3) 信息精简。骨架序列数据具有丰富的空间信息和时域信息，利用骨架数据可以摒弃大量无关紧要的外观背景等信息。对输入视频进行姿势估计后会得到由人体关键骨骼按照人体自然结构连接形成的骨架序列，精简了除运动信息外的冗余信息。每个骨骼关键点主要表征该关节点的坐标位置与置信度，避免了彩色图像的局限性。

(4) 高效的运动特征表征。骨架数据可以更加高效地表征人体运动特征。利用骨架节点的行为识别方法可以从不同角度得到骨架节点之间的对应关系，因此，在透视图转换的情况下可以提取出更健壮的行为特征，有利于探索数据更加丰富的时空域关系。

(5) 解决不确定性因素带来的问题。骨架数据可以解决视频数据中的不确定性因素给行为识别带来的问题。由结构光传感器生成的骨架数据对于光照条件的变化更具鲁棒性，还可以更容易地从杂乱的背景中减去前景，从而忽略来自杂乱背景的混乱纹理。因此利用骨架数据可以解决背景遮挡、光照变化等干扰因素对人体行为识别结果的影响。

1.3 人体骨架行为识别的应用

近年来，人体骨架行为识别已在全社会得到了广泛应用，如智能视频监控、体育运动分析、人机交互、智能驾驶行为预警、视频内容分析、虚拟现实等。

1. 智能视频监控

在智能视频监控领域，人体骨架行为识别方法可以应用机器学习或深度学习等人工智能算法，通过对视频中的人体进行分析，识别出人体的各种行为，例如走动、奔跑、跳跃、攀爬、跌倒等。同时，该方法还可以识别出一些异常行为，例如打架斗殴、非法闯入、聚众等，并及时发出警报，提醒监控人员采取相应的措施，有效地解决了监控中心依靠人力监视监控画面的弊端。

2. 体育运动分析

人体骨架行为识别方法在体育运动分析领域中得到了广泛的应用。通过使用人工智能算法，可以对运动员在比赛中的动作进行分析，从而帮助教练和裁判更好地评估运动员的表现，提高训练和比赛的效率。人体骨架行为识别方法通过对运动员的动作进行捕捉和分析，识别出各种不同的运动行为，例如跑步、跳跃、投篮、传球等。同时，该方法还可以对运动员的动作进行实时监测和分析。例如，在足球比赛中，人体骨架行为识别方法可以分析运动员的传球、盘带、射门等动作，从而为其提供有针对性的训练建议。

此外，人体骨架行为识别方法还可以帮助教练和裁判对运动员的动作进行量化评估，从而提高比赛的公正性和准确性。例如，在篮球比赛中，人体骨架行为识别方法可以分析运动员的投篮动作，并对其进行量化评估，从而帮助裁判更好地判断投篮是否有效。

3. 人机交互

在人机交互领域，人体骨架行为识别方法得到了广泛的应用。通过使用人工智能算法，可以对用户的肢体行为进行捕捉和分析，从而帮助机器更好地理解用户的需求和意图，提高人机交互的效率和体验，同时也可以为用户带来更加自然、友好的交互方式。人体骨架行为识别方法通过传感器系统对用户的肢体动作进行捕捉和分析，从而识别出用户各种不同的行为意图，例如手势、姿态、动作等。同时，该方法还可以对用户的行为进行实时监测和分析，从而帮助机器更好地理解用户的需求和意图，并及时给予反馈。

随着科学方法的发展和人民生活水平的提高，智能服务机器人和智能家居设备已逐渐走进消费者的日常生活中。这些智能服务机器人和智能家居设备均应用了人机交互方法，通过传感器系统对用户的行为信息进行捕捉和分析，识别和预测用户的意图并及时给予反馈。相比于利用自然语言信息与机器交互容易产生语义模糊和环境噪声干扰等问题，利用肢体动作与机器进行交互更加自然友好。近年来，基于肢体行为的人机交互被广泛应用于虚拟试衣镜、无人商店、体感游戏和远程手术等。例如，天猫的虚拟试衣镜通过捕捉用户的身体姿态与动作，并应用人工智能算法将服装匹配到人身上，精准地适应了人体的姿态变化并且将衣服的褶皱和纹理完美再现，真实地模拟了人们穿衣的情况，让人们能轻松体验全店不同款式的衣服。又比如，亚马逊的无人商店通过无处不在的摄像头捕捉消费者的购物行为，任何一件从货架上拿走的商品都会被记录到消费者对应的虚拟购物车上，当消费者将不想要的商品重新放回货架上时，虚拟购物车将会自动减除该商品，购物结束可直接离开并进行电子支付，无须排队结账。

4. 智能驾驶行为预警

基于人体骨架的行为识别方法在智能驾驶领域具有广阔的应用前景，可以提高车辆行驶的安全性和效率，保障驾驶员和乘客的安全。随着经济的迅速发展与生活节奏的加快，道路上的车辆越来越多，随之增加的是每年发生的道路交通事故，其中大部分交通事故是由驾驶员的不安全驾驶行为导致的。基于人体骨架的行为识别方法通过摄像头捕捉并识别驾驶员的动作，通过中央决策系统判断驾驶员是否处于疲劳、分心、不规范驾驶等状态，识别驾驶员诸如开车过程中使用手机、未系安全带、吃喝东西和双手离开方向盘等违规行为，及时发出预警信号，提醒驾驶员注意驾驶行为，保障行车安全，降低事故发生率以保障人身财产安全。此外，基于人体骨架的行为识别方法还可以用于乘客行为监测，通过车载摄像头捕捉乘客的动作和姿态，判断乘客是否存在不安全行为，如在车内打闹、乱扔垃圾等。

5. 视频内容分析

基于人体骨架的行为识别方法在视频内容分析领域具有广阔的应用前景，可以帮助用户更好地组织和管理视频内容，提高视频的可读性和理解性，同时也可以用于视频安全监测和智能视频监控，提高视频监控的智能化水平。

基于人体骨架的行为识别方法通过对视频中的人体骨架进行分析和处理，来识别人体的行为，可以用于视频分类和检索。例如，将视频分为不同的行为类别，如跑步、游泳、跳舞等，然后根据用户的查询请求，检索出相应的视频。这种方法可以提高视频检索的准确性和效率，同时也可以帮助用户更好地组织和管理视频内容。基于人体骨架的行为识别方法可以用于对视频内容的理解。例如，可以通过分析视频中的人体骨架，来识别视频中的人物关系、动作意图等信息。这种方法可以帮助用户更好地理解视频内容，提高视频的可读性和理解性。基于人体骨架的行为识别方法可以用于视频安全监测。例如，可以通过分析视频中的人体行为，来识别视频中的不良行为，如吸烟、打斗、裸露等。这种方法可以帮助视频平台更好地保障视频内容的质量和安全，防止不良信息的传播。随着移动网络和视频平台的快速发展，视频已经成为数据量最大、传播最广泛的数据之一。短视频平台的日均活跃用户数非常多，庞大的用户数量以及每日产生的海量视频在网络上传播，对视频平台的审核机制提出了挑战。而人工审核的方法需要很大的成本，且人工审核的方式无法及时处理违规视频。

6. 虚拟现实

基于人体骨架的行为识别方法在虚拟现实领域也有广泛的应用。该方法通过跟踪现实世界人的姿态创建一个虚拟的仿真场景，从而实现人与这个虚拟世界的交互。

(1) 游戏交互。在虚拟现实游戏中，玩家可以通过肢体动作来控制游戏角色的行为，例如挥舞武器、跳跃、奔跑等，该方法可以识别玩家的肢体动作，并将其转化为游戏角色的动作，从而提高游戏与玩家的交互性和沉浸感。

(2) 运动健身。在虚拟现实环境中，该方法可以识别用户的肢体动作，用户可以通过肢体动作来控制虚拟角色的运动，例如跑步、游泳、瑜伽等，从而帮助用户进行运动健身。

(3) 舞蹈教学。在虚拟现实环境中，用户可以通过肢体动作来学习舞蹈动作，例如跳舞、瑜伽等。该方法可以识别用户的肢体动作，并将其转化为虚拟角色的动作，从而帮助用户更好地学习和掌握舞蹈动作。

(4) 康复治疗。在康复治疗中，利用该方法可以识别患者的肢体动作，并将其转化为虚拟角色的动作，患者可以通过肢体动作来控制虚拟角色的运动进行康复训练，恢复肌肉等功能，从而帮助患者进行康复治疗。

(5) 虚拟现实直播。在虚拟现实直播中，该方法可以识别主播的肢体动作并将其转化为虚拟角色的动作，主播可以通过肢体动作来与观众进行互动，例如跳舞、打游戏等，从而提高直播的互动性和沉浸感。

此外，该方法在虚拟训练等领域也有广阔的应用前景，如虚拟军事训练、虚拟紧急疏散和虚拟消防等，近年来得到了相当多的研究与关注。为了给受训人员提供一个交互式的训练环境，人体骨架行为识别方法被作为虚拟训练模拟器的主要组成部分。目前，基于可穿戴动作捕捉服的人体骨架行为识别已经广泛应用于虚拟训练中。

除了上述应用领域之外，人体骨架行为识别在智能家居、游戏制作、电影特效制作和增强现实等领域同样具有重要的应用价值。

1.4 人体骨架行为识别的研究难点

人体骨架行为识别方法是一个涉及计算机视觉、人工智能、数据分析等多个学科领域的方法，应用范围广泛。由于场景的复杂性和人体的灵活性，人体行为识别研究面临类内差异性、类间相似性、部分遮挡、人体行为识别数据集包含的行为类别不均衡以及时空结构建模等研究难点，这些难点为人体行为识别的发展带来了挑战。人体骨架行为识别的发展一方面受到如深度学习等相关技术发展的推动，另一方面又面临不断变化的实际应用需求所引发的一系列问题。其研究难点主要包括以下几个方面。

1. 外部环境因素

基于视频的人体骨架行为识别研究中存在多个挑战。首先，人体骨架关键点的可见性会受到穿着、视角变化等因素的影响，这可能导致关键点无法被准确地检测和识别。其次，环境光照程度和恶劣天气情况（如雾、雨、雪等）也会对骨架关键点识别造成干扰。现有的数据集在采集时所用相机的拍摄视角受限较大，大多为单一视角，且拍摄场景较为理想，这使得模型难以实现复杂场景下的人体目标群体行为监测。除此之外，二维人体关键点和三维人体关键点在视觉上存在明显的差异，身体不同部位在二维图像中会有视觉上缩短的效果（Foreshortening），这使得人体骨架关键点检测成为计算机视觉领域中一个极具挑战的课题。

2. 人体行为的多样性

人体具有柔韧性且人体行为属于非刚性运动，人体骨架的形态和结构会随着人的动作而发生变化，例如手臂的弯曲、腿部的伸展等，这些变化会对骨架的姿态和形状产生影响，从而增加了人体行为识别的难度。因此，在行为识别中，特征向量的提取存在一定的难点。人体行为识别方法分为基于手工特征提取的方法和基于深度学习的方法，基于手工特征提取的方法包括提取轮廓剪影、人体关键点、时空兴趣点、运动轨迹等；基于深度学习的方法包括双流网络、三维卷积网络、受限波尔兹曼机、循环神经网络等。对于不同复杂场景存在的光照、遮挡和视角变换等因素，传统手工特征提取不具有普遍性，而基于深度学习的方法通过可训练的特征提取模型从视频中自动学习行为特征，虽然取得了一定的成果，但是其学习原理不确定，错误率、准确性、稳定性无法保证。

3. 人体骨架行为的复杂程度

人体行为涉及多关键点或多人配合运动，Aggarwal 等将人体行为的复杂程度分为姿势、个体动作、交互动作以及团体活动四类，其复杂程度逐渐升高。目前的人体行为识别分类方法，包括对几大公共数据集主要行为的分类仍旧处于动作识别这一阶段，通常研究的行为动作分类主要是简单的动作类型和一些具有一定规则性的特定动作，且这些方面的特征提取和识别分类有一定的困难。此外，目前的研究进展离希望达到的高层行为动作识别还有很大的距离。

4. 硬件条件

受 GPU 和 CPU 等硬件限制，基于深度学习的人体行为识别方法不能将整个视频直接输入网络模型中提取特征，只能利用连续帧间的信息冗余性从视频中提取部分帧来代表整个视频，从而提取行为的特征向量。目前，已有的研究方法大多使用整张图像进行特征提取，无法估计全局的运动信息和局部人体的运动信息，并且存在可能丢失关键动作信息的缺陷。

5. 时间和人力成本

基于深度学习的人体行为识别方法需要大量的标签样本对模型进行训练，但是在实际应用中，由于视频数量巨大且内容多样，对视频数据进行准确、有效地标注所需的人力和时间成本巨大，难以在产业界投入使用。目前缺乏统一、大规模、高质量的行为数据集，现有数据集的动作类不统一，难以评价不同监测方法性能的优劣。有限的行为类别与样本数量是当前的局限性所在，因此未来人体行为识别方法希望朝着无监督学习或半监督学习的方法发展。

6. 高效性和时效性

基于人体骨架的行为识别是一个难以达到轻巧、高效准确两全的问题。为了提高识别的准确性和鲁棒性，需要使用复杂的深度学习模型，但是这会导致对模型计算量和内存需求的增加，从而限制了模型的实时性和应用场景，在产业界难以达到实时应用的需求。现有的优秀方法由于网络模型较大无法应用于移动端这样的小型设备，而较小的网络模型又无法达到识别性能的需求，这也是未来人体行为识别研究的一大难点。

1.5　人体骨架数据的结构

在二维或三维坐标系下，人体骨架可以自然地由人体关节位置的时间序列表示，通常包括一系列节点和连接这些节点的边，每个节点代表一个骨骼关节，而每条边代表两个关节之间的连接。在计算机视觉中，骨架可以理解为人体躯干、头、四肢位置的语义模型，而骨架的相关运动和参数可以表示行为。因此，可以通过骨架节点的相对位置信息定义人体姿态。图 1-1 给出了两种常用的骨架，分别包括 20 个节点与 25 个节点，其中圆点是估计出的人体关节位置。

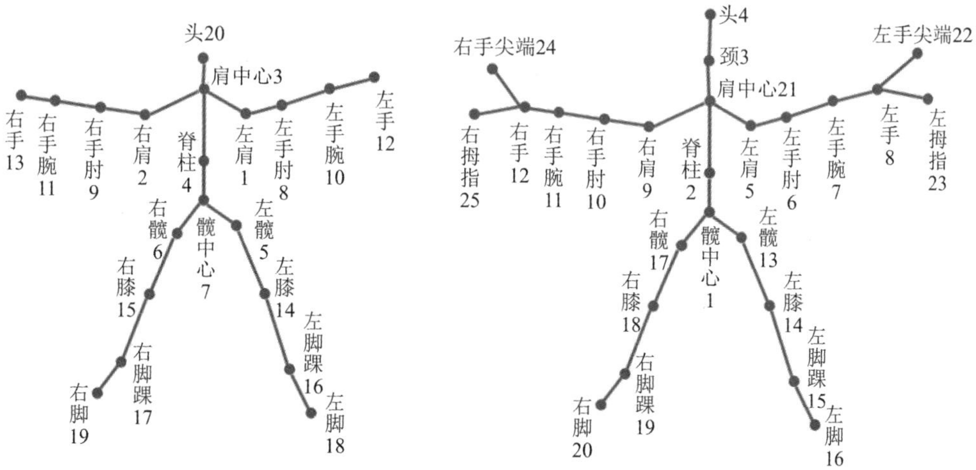

20个关节点形成的骨架　　25个关节点形成的骨架

图 1-1　基于 20 个关节和 25 个关节描述的人体骨架图

1.6 人体骨架数据的获取方法

随着相关技术的不断发展，人体骨架数据变得越来越容易被准确获取。当前，人体骨架数据主要通过基于单帧图像的人体姿态估计、基于运动捕获系统的骨架数据获取、基于深度图的人体骨架估计和基于模型的人体骨架获取等方法获取。

1. 基于单帧图像的人体姿态估计方法

人体姿态估计(Human Body Pose Estimation，HBPE)是指从单帧图像或视频中估计人体骨骼、关节在图像中的二维或三维坐标位置的方法。基于姿态估计方法获得的人体骨架数据如图1-2所示。人体姿态具有多样性和难以仿真的特点，因此人体姿态估计是一项极具挑战性的研究课题。近年来，视频中人体行为姿态估计方法也在快速发展，使得人体骨架信息的获取更加多元化。

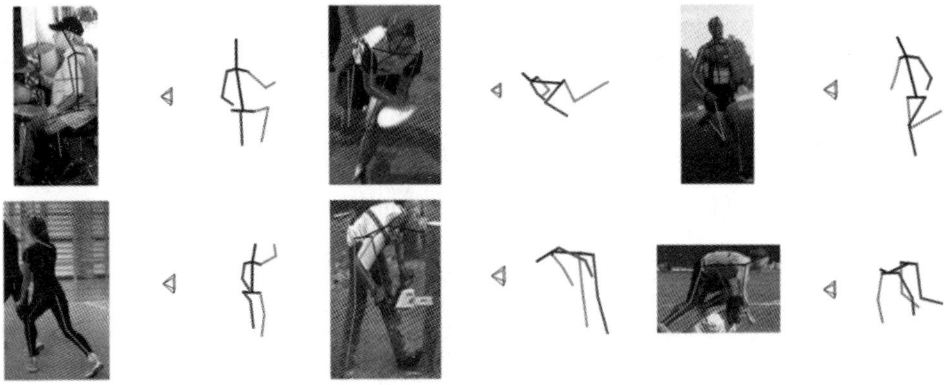

图1-2 基于姿态估计方法获取的人体骨架数据

对于单一视图的三维人体姿态估计方法，可以分为两种方式：一种是在采用卷积神经网络估计出人体二维姿态数据的基础上，将其学习映射到三维空间中，实现三维人体姿态估计；另一种是直接从图像中获取特征，并实现三维坐标回归。

第一种方式也称为基于二维姿态估计的方式，该方式高度依赖于二维姿态估计的高精度检测能力。目前，由于二维人体姿态估计研究已经比较成熟，许多研究都将二维人体姿态估计作为中间结果来进行三维姿态估计。Martinez 提出了一种 SimpleBaseline3D 网络，该网络通过残差连接的全连接层，将二维姿态的估计结果直接映射到三维空间。Habibie 等提出了一种深度学习方法，用于三维姿态估计，该方法可同时学习二维和三维姿态。该学习过程引入了来自于原始图像的信息，可以对二维/三维数据集进行混合训练，避免对二维姿态估计精度的高度依赖，进一步提高了算法的泛化能力。然而，这种方法存在一些局限性，例如难以处理遮挡和多目标的情况。

第二种方式直接从图像提取特征并获取三维坐标中的关键点坐标，它不需要二维姿态估计作为中间过程。这些方法可以直接从图像中提取特征并获取三维坐标关键点坐标，不需要二维姿态估计作为中间过程。一些研究通过对二维姿态估计中的 Hourglass 网络结构进行改进，以三维热力图的形式表示三维姿态。另一些研究则通过生成对抗网络(Generative Adversarial Network，GAN)将单张彩色 RGB 图像转换为深度图像，进而对相应的三维姿态进行估计。

此外，一种新型的深度学习三维姿态估计方法是采用两阶段卷积神经网络(Convolutional Neural Network，CNN)架构，首先使用图神经网络(Graph Neural Network，GNN)从图像中估计出图像深度，然后使用相应的 CNN 学习输入图像的特征表示及深度信息，最后进行特征和深度融合实现三维姿态估计。

基于图像的三维姿态估计需要考虑自遮挡、多目标图像相互遮挡、数据集不足情况下模型泛化能力的提升等问题。一些研究采用多视图的方法，即通过同一张图像的不同视角进行二维姿态估计，以缓解遮挡问题。然而，这种方法存在数据获取成本高、数据集不足的问题。因此，一些研究采用特殊的数据集(如包含多视图特征的镜像数据集)进行模型训练。

通过弱监督学习进行训练也可以提高模型的泛化能力。同时，对于图像中可能存在人体姿势多样性的问题，常采用运动约束的方法解决。

将单帧视频数据作为输入时，通常可以获得比将图像数据作为输入更好的三维姿态估计结果，这是因为单帧视频数据可以利用时空信息，在一定程度上能够缓解遮挡问题。这些方法侧重利用人体先验知识来对估计过程进行约束，同时采用弱监督模型来提高其泛化能力。

2. 基于运动捕获系统的骨架数据获取方法

基于运动捕获系统的骨架数据获取是指使用运动捕获系统来捕捉人体的运动，并从中提取出骨架的三维数据。这种方法通常需要使用一些专业的设备，如动作捕捉相机、传感器和数据采集软件等。

运动捕获系统可以通过多种方式来捕捉人体或动物的运动，例如光学式、电磁式、机械式等系统。其中，光学式运动捕获系统是最常用的一种，它先在人体或动物身上佩戴标记点(通常是反光球或反射标记)，然后使用相机捕捉这些标记点的位置和运动轨迹，从而计算出人体或动物的骨架姿态和动作。

基于运动捕获系统的骨架数据获取方法具有以下几个优点：

(1) 精度高。运动捕获系统可以捕捉到非常细致的运动细节，从而得到高精度的骨架数据。

(2) 实时性好。运动捕获系统可以实时捕捉人体或动物的运动并生成骨架数据，方便进行实时的运动分析和监测。

(3) 可扩展性强。运动捕获系统可以方便地扩展到多人或多动物的运动捕获，从而实现对大规模群体骨架数据的获取和分析。

但是，基于运动捕获系统的骨架数据获取方法也存在一些缺点：

(1) 设备成本高。运动捕获系统需要使用一些专业的设备，如动作捕捉相机、传感器和数据采集软件等，这些设备的成本较高。目前虽然存在一些价格较低的动作捕获设备(如Kinect)，但是这类设备精度较低，不能满足特定应用需求。

(2) 操作复杂。运动捕获系统的操作比较复杂，需要进行专业的培训和操作，否则可能会导致数据不准确或丢失。

(3) 受环境因素影响大。运动捕获系统容易受环境因素的影响，如光线、温度、湿度等，这些因素可能会导致数据不准确或丢失。

(4) 用户行为受限。运动捕获系统的数据获取需要用户穿戴带有标记的运动捕捉服饰，一定程度上限制了用户的自然运动。

3. 基于深度图的人体骨架估计方法

随着深度成像技术的快速发展和深度相机的广泛应用，深度数据的优点逐渐被人们所认识。研究者开始研究基于单一深度图像估计人体骨架的方法，Shotton 等的开创性工作即根据深度图估计人体的关节点位置，实现了基于关节点的人体动作识别。他们通过对Kinect 传感器采集的深度图像(如图 1-3 所示)逐帧进行处理，可推断得到由多个关节点组

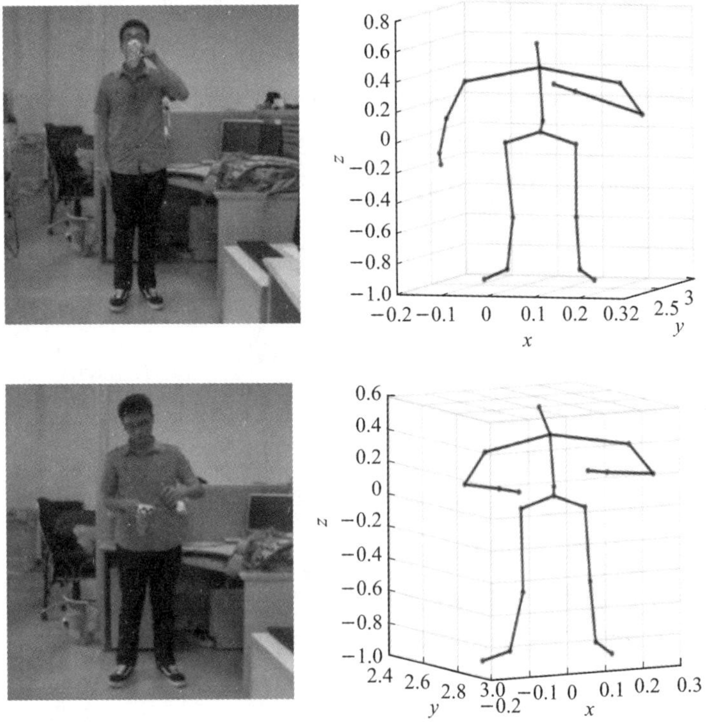

(左图为原始 RGB 图像，右图为用深度相机获取的人体骨架)

图 1-3 用 Kinect 相机获取的人体骨架

成的人体骨架。实验结果表明，Shotton 等基于深度图像估计的骨架在实验设置下非常准确，证明了深度图是支持人体姿态估计研究且最有效的源数据。这些新方法进一步开启了基于人体关节位置的行为识别研究新纪元。

基于深度图估计人体骨架是近年来人体行为动作识别领域的一个研究热点。它利用深度相机获取的深度图，通过算法计算得到人体各个关节点的位置信息，从而构建出人体的骨架模型。相比于传统的基于图像的方法，基于深度图的人体骨架估计具有更高的精度和稳定性，并且可以适应各种不同的环境和光照条件。

在基于深度图的人体骨架估计中，一般采用以下步骤：首先，对深度图进行预处理，包括去噪、分割、滤波等操作，以提高深度图的质量；其次，根据深度图中的边缘信息和连通域信息，提取出人体的各个部分，包括头部、躯干、四肢等；然后，根据人体各个部分的几何特征和深度信息，计算出各个关节点的位置信息；最后，根据关节点的位置信息，构建出人体的骨架模型。

深度图是一种表示场景中物体深度信息的图像，其中每个像素的灰度值表示物体与相机间的距离。深度图通常是一张由 0 到 255 灰度值定义的图像，其中，“0”灰度值表示该像素对应的物体位于场景的最远处，而“255”灰度值表示该像素对应的物体位于场景的最近处。每个像素的灰度值定义了其相应的二维像素在场景中的 z 轴位置。因此，深度图可以帮助计算机视觉算法理解场景的三维结构，并对场景进行分析。

当前，主流获取深度图的传感器包括微软的 Kinect 2.0 等。Kinect 2.0 是一种基于 ToF(Time of Flight)方法的深度相机，可以通过向场景发射激光并测量反射回来的时间来获取每个像素的深度信息，从而生成高质量的深度图。除了 Kinect 2.0，还有其他类型的深度相机，如结构光深度相机和双目视觉深度相机等，它们也可以用于获取深度图。

4. 基于模型的人体骨架获取方法

基于模型的人体骨架获取方法是一种基于人体模型的图像处理方法，该方法利用已知的人体模型结构和图像信息，自动地估计出图像中的人体骨架。首先，建立一个人体模型，该模型包括了人体的各个骨架关节点，并通过数学公式描述了骨架关节点之间的连接关系。然后，通过算法对输入的图像进行处理，并根据人体模型的结构和图像信息，计算出图像中每个人体骨架关节点的位置和姿态。

近年来，国内外研究者对这类方法也展开了深入的研究和应用。Fabbri 等从高度逼真的游戏视频中采用图像合成的方法生成了带有标签的人体姿态数据集；Chen 等通过集成真实背景图像和 SCAPE(Shape Completion and Animation of People，场景渲染与外观流程)模型，生成具有不同纹理变形的三维纹理模型。其中用于生成基本 SCAPE 模型的参数为从已知的姿态捕捉系统获取，或者根据人工注释的二维姿态推断获取。Varol 等采用 SMPL (Skinned Multi-Person Linear-Model，蒙皮多人线性模型)来生成不同形状和姿态的人体模型，然后对人体姿态、图像深度等进行标注；Pavlakos 等则通过对二维数据集添加深度通道信息，进而将其扩展到对应的三维数据集中。

此外，还可通过特征学习与运动合成相结合的方式生成新的运动数据，薛鹏等提出了一种基于时序卷积和局部自表示的空间学习模型，从现有的人体捕获数据集中学习特征表示，通过长短期记忆(Long Short-Term Memory，LSTM)人工神经网络模块，将首位帧和运动规律相结合并在深度网络中进行运动合成。Li 等提出了一种能生成具有指定结构的骨骼和精准绑定骨骼蒙皮权重的深度神经网络，该网络主要由两个分支组成：包裹变形分支和补偿变形分支。Nishi 等则采用了计算机建模和计算机图形相结合的方法来生成可用于训练卷积神经网络且带标签深度信息的人体姿态数据集，但是该方法需要 VICON 运动捕捉系统的支持。

基于模型的人体骨架获取方法的优点是可以准确地估计出人体骨架的位置和姿态，并且可以适应不同的图像环境和人体姿态。但是，该方法需要对人体模型进行精确地建模，且需要大量的计算资源，因此在实际应用中可能会受到一定的限制。

1.7 人体骨架数据集

为了便于研究者开展研究，国内外研究者建立了多个人体骨架数据集。数据集中的人体骨架数据主要通过人体姿态估计(Pose Estimation)方法从视频图像中提取，或者通过深度相机获得。每一时刻(帧)的骨架图对应人体关节点所在的坐标位置信息，一个时间序列由若干帧组成。

1. LSP 数据集

LSP(Leeds Sports Pose)数据集是利兹大学计算机学院发布的一个体育运动姿势数据集，包含从 Flickr 数据集中收集的 2000 张运动员运动图像，其中 1000 张用于训练，1000 张用于测试。每张图像都标注有 14 个关节位置，其中左右关节以“本人的视角”进行标记。该数据集被分为竞技、羽毛球、棒球、体操、跑酷、足球、排球和网球几类。

LSP-extended 训练数据集是对 LSP 数据集的扩展，仅用于训练。它包含从 Flickr 数据集中收集的 10 000 张图像，其中有 3 个最具挑战性的标签(跑酷、体操和田径)，但该注释是通过 Amazon Mechanical Turk 进行标注的，其精度无法保证。

2. FLIC 数据集

FLIC(Frames Labeled In Cinema)数据集由宾夕法尼亚大学工程与应用科学学院 GRASP 实验室于 2013 年发布，相关论文是“MODEC：Multimodal Decomposable Models for Human Pose Estimation”。该数据集收集了来自好莱坞热门电影的 5003 张图像。这些图像是通过在 30 部电影的每 10 帧中运行一个最先进的人物探测器，获得大约 20 万张的候选图像。然后所有的候选图像都被送到 Amazon Mechanical Turk 获得 10 个上身关节的

Ground Truth 标记。最后，手动删除有人被遮挡或非正面视图的图像。未删除的原始集合称为 FLIC full 数据集，由闭塞的、非正面的或仅仅是简单的错误标记的例子(20 928 个例子)组成。此外，FLIC full 数据集被进一步清理为 FLIC plus 数据集，以确保训练子集不包括来自与测试子集相同场景的任何图像。虽然场景内可能包含多人，但 Ground Truth 仅包含一个人的关节信息。

3. MPII 数据集

MPII 数据集包含超过 25 000 张标注了人体各个关节的图像。这些标注包括人体的 21 个主要关节，如手腕、肘部、肩膀、脖子、腰部、膝盖、脚踝等。该数据集由多个不同的数据采集项目组成，涵盖了各种不同的场景和情况下的人体姿态。这些图像是从 YouTube 视频中提取出来的，包括室内和室外场景、不同的光照条件和不同的人种。该数据集还提供了关于每张图像的详细信息，例如图像的分辨率、采集时间和采集地点等。

4. COCO 数据集

COCO 数据集是一个用于人体骨骼关键点检测的数据集，由微软研究团队和加州大学伯克利分校联合创建。该数据集包含了超过 15 000 张的图像，其中每张图像都有人体关键点的标注。COCO 数据集把人体关键点标示为 17 个关节，分别是鼻子、左右眼、左右耳、左右肩、左右肘、左右腕、左右臀、左右膝、左右脚踝。MSCOCO 数据集的样本数超过 30 万个，是多人关键点检测的主要数据集。

COCO Keypoint Track 是人体关键点检测的权威公开比赛之一。在这个比赛中，参赛者需要从输入的图像中检测到人体及对应的关键点位置，这些关键点包括全身的 17 个关键点，即鼻子、左右眼、左右耳、左右肩、左右肘、左右腕、左右臀、左右膝、左右脚踝。每张图像中平均有 2 个人，最多有 13 个人，参赛者需要在这些复杂的场景中检测到每个人体的关键点，并将其准确地标注出来。因此，这个比赛结果是人体关键点检测算法的一个重要评估标准，吸引了众多研究者和团队参与。

5. Human 3.6M 数据集

Human 3.6M 数据集是由罗马尼亚 Imar 实验室发布的一个大规模三维人体姿态估计数据集。它包含了 360 万个姿态和相应的视频帧，这些视频帧是在 11 位演员执行 15 项日常活动时拍摄的，包括行走、跑步、上楼梯、下楼梯、坐、站、弯腰、伸手、抬手、摇头、点头等。

Human 3.6M 数据集的采集使用了多种传感器，包括 4 个数字视频(DV)摄像机、1 个飞行时间(ToF)传感器和 10 个动作捕捉(MoCap)摄像机。这些摄像机或传感器被放置在能有效捕捉空间的不同位置，以最大限度地扩大视角和覆盖范围。此外，数据采集过程中还使用了人体三维激光扫描仪(VitusLC3)来获得每个参与者的精确三维体积模型。

该数据集的视频帧分辨率为 1000×1000，频率为 50 Hz，而 MoCap 摄像机的图像传感器上有 400 万个像素，频率为 200 Hz。ToF 传感器的分辨率为 176×144，频率为 25 Hz。数据集的同步是通过硬件和软件实现的，以确保所有传感器的数据都能够准确地对应到同一时刻。

6. HumanEva 数据集

HumanEva 数据集是一个用于三维人体动作捕捉的数据集，由日本早稻田大学和微软亚洲研究院联合发布。该数据集包含 10 个人在 6 个不同场景下的 720 段视频，共计超过 10 万个三维人体姿态。每段视频的长度约为 10 s，每个人在每个场景中执行了多种动作，包括行走、跑步、上楼梯、下楼梯、坐、站、弯腰、伸手、抬手、摇头、点头等。所有动作都是在自然环境中进行的，包括室内和室外场景。

HumanEva 数据集的采集使用了 11 个高分辨率的 Microsoft Kinect 传感器，这些传感器被安装在一个环形架上，以捕捉三维人体姿态。

HumanEva 数据集包含两部分。HumanEva-Ⅰ是HumanEva 数据集的第一部分，包含 10 个人在 6 个不同场景下的 240 段视频，共计超过 3 万个三维人体姿态。HumanEva-Ⅱ是 HumanEva 数据集的第二部分，包含 10 个人在 11 个不同场景下的 480 段视频，共计超过 7 万个三维人体姿态。

7. UT-Kinect 数据集

UT-Kinect 数据集是由韩国蔚山国家科学方法研究所(UIsan National Institute of Science and Technology，UNIST)发布的一个多模态数据集，用于动作识别和人体运动分析。该数据集包含 10 种基本动作的 25 个动作序列，共 250 段视频，时长从 5 s 到 120 s 不等。这些动作包括走路、坐下、站起来、拿起、携带、扔、推、拉、挥手和拍手等。该数据集提供了深度图像、彩色图像、骨骼轨迹和动作标签等信息。该数据集使用一个固定的 Kinect 和 Kinect for Windows SDK Beta 版本的深度相机来收集数据。

8. Florence 3D Actions 数据集

Florence 3D Actions 数据集由香港科技大学和微软研究院合作开发，是一个用于三维人体动作捕捉和识别的大规模、高质量的三维人体动作数据集。该数据集包含 10 个不同的动作类别，包括跑步、跳跃、走路、弯腰、蹲下、坐下、拥抱、握手、挥手和叉腰。每个动作类别由多个视频序列组成，每个视频序列都包含一个完整的动作执行过程。

该数据集通过固定的 Kinect 传感器收集数据，收集了 9 个常见的室内动作类别，如观看、饮水、呼叫等。在这些动作中，通过 10 个人完成了 9 个动作，每个动作重复执行 2 或 3 次，总计 215 次动作。

9. Multiview 3D Event 数据集

Multiview 3D Event 数据集是一个多视角三维事件数据集，由香港科技大学和微软研究院合作开发。该数据集包含多个事件的三维视频序列，这些事件包括篮球比赛、足球比赛、排球比赛等。该数据集包括 8 个事件类别和 11 个交互对象类，共有 3815 个事件视频序列和 383 036 个 RGBD 帧，每个事件类别包含大约 477 个视频序列实例，每帧的关节点数量是 20 个。

Multiview 3D Event 数据集的数据由三个固定的 Kinect v1 摄像头从不同的视点同时捕捉，包括主视角、侧视角和顶视角。该数据集的深度图像分辨率为 320×240，彩色图像分辨率为 640×480，帧率为 30 Hz，深度距离范围为 0.8～3.5 m。

10. MSR Action3D 数据集

MSR Action3D 数据集是一个大规模的动作识别数据集，由微软研究院发布。该数据集的动作标签是通过众包平台由大量人工标记者对视频中的动作进行分类和标记完成的。该数据集包含了超过 10 万个的动作标签，涵盖了多种不同的动作类别的三维人体动作视频，包括走路、跑步、上楼梯、弯腰、跳跃等日常生活中的动作。此外，该数据集还提供了每帧中 20 个不同身体关节的三维位置信息。

MSR Action3D 数据集的数据由 Kinect v2 传感器采集。在数据采集过程中，将深度图投影到三个正交的笛卡儿平面上，并在此平面上等距采样指定数量的点构成三维点袋。该数据集的深度图像分辨率为 640×480，彩色图像分辨率为 640×480，深度距离范围为 0.8～3.5 m。

11. UTD-MHAD 数据集

UTD-MHAD 数据集是一个由香港城市大学和微软亚洲研究院合作发布的多模态数据集，用于多人手势动作分析。该数据集包含 20 个手部动作，涵盖了日常生活中的各种手势，如抓取、移动、指向、比画等。该数据集的视频数据是在一个模拟办公室环境中拍摄的，包含 10 个不同的场景，每个场景中有 2～4 个参与者执行不同的手势动作。该数据集包含 861 个序列，共 8 个对象(4 名女性和 4 名男性)参与 27 类行为。该数据集只有一个视角，因此利用不同对象进行交叉验证。其中，对象编号为 1、3、5、7 的数据用于训练，对象编号为 2、4、6、8 的数据用于测试。该数据集的评价指标是将编号为 1、3、5、7 的对象所对应的骨架序列作为训练数据，将剩下编号为 2、4、6、8 的对象所对应的骨架数据用作测试。图 1-4 展示了 UTD-MHAD 中的部分类别行为。

图 1-4　UTD-MHAD 数据集部分类别行为示例

该数据集的视频数据是在一个模拟办公室环境中使用 Kinect v1 和可穿戴惯性传感器(Wearable Inertial Sensors，WIS)拍摄的。WIS 是由达拉斯德克萨斯大学 ESSP 实验室制造的低成本无线惯性传感器。

12. SYSU 3DHOI 数据集

SYSU 3DHOI 数据集专注于人-物交互，旨在评估各种方法在这一领域的表现。该数据集包含 40 名参与者执行的 12 种不同活动的 480 个视频片段，每个参与者在每个活动中都要操作 6 种不同物品之一，物品包括手机、椅子、包、钱包、拖把和鞋帽。每个视频片段的活动持续时间从 1.9 s 到 21 s 不等。Kinect v1 传感器被用于采集数据。

13. NTU RGB+D 数据集

NTU RGB+D(NTU)数据集数据量庞大，并且收集了四类数据，包括 RGB、Depth、3D skeleton 和红外数据(Infrared Data)。NTU RGB+D 数据集中捕获的骨架点数量为 25 个，超过 40 名年龄在 10～35 岁之间的人完成了 60 种室内活动，总计 56 880 个动作样本。与 UT-Kinect 和 Florence 3D 数据集不同，NTU RGB+D 数据集还设计了由 2 个人执行的一类联合动作。为了处理这种情况，我们直接将 2 个人的骨架数据拼接为一个实验的骨架序列，给出了交叉对象(Cross Subject，CS)的情况，即一半用于训练，另一半则用于测试，以及交叉视图(Cross View，CV)，即分别用于训练的两个视角和用于测试的另一个视角。传感器采用 Kinect v2 采集数据时，每个动作序列由三个静止的 Kinect 摄像机捕获，两侧的摄像机与中间的摄像机呈 45°角。其中，深度图像分辨率 512×424，彩色图像分辨率 1920×1080，帧率 30 Hz，深度距离 0.5～4.5 m，接口为 USB 3.0，关节点数量为 25。

NTU RGB+D 数据集是目前基于骨架序列的行为识别任务中使用的规模最大的数据集，该数据集中的人体行为具有类间相似性和类内差异性较大的特点。NTU RGB+D 数据集包含 56 880 段骨架序列，包含 RGB、深度图 RGB-D 以及三维骨架信息。深度图是利用 Kinect 拍摄得到，由 40 个对象在不同视角下执行 60 种人类行为组成。该数据集的每帧人体骨架包含 25 个关节点。NTU RGB+D 数据集采用两种交叉验证方式作为评价指标，分别是对象交叉验证和视角交叉验证。对于对象交叉验证，将 40 个对象对应的骨架数据分为训练集和测试集。将编号为 1、2、4、5、8、9、13、14、15、16、17、18、19、25、27、28、31、34、35、38 的对象作为训练集，其他对象则作为测试集。得到的训练集和测试集分别有 40 320 和 16 560 个样本。对于视角交叉验证，将摄像头 2 和 3 采集的样本作为训练集，将摄像头 1 采集的样本作为测试集。换句话说，训练集由动作的正面和 2 个侧面视角组成，而测试集包括动作的左侧和右侧 45°视角。训练集和测试集分别有 37 920 和 18 960 个样本。这种方式可用于评估算法对视角变化的鲁棒性。图 1 - 5 展示了 NTU RGB+D 数据集中的部分类别行为。

图 1-5 NTU RGB+D 数据集部分类别行为示例

14. NTU RGB+D 120 数据集

NTU RGB+D 120 数据集是当前最新发布的包含人体骨架的最大数据集，有 114 480 个动作序列，共 120 类动作，是 NTU RGB+D 60 数据集的扩展。该数据集由 106 个对象执行，共有 32 组不同深度相机位置、高度以及视角的设置。该数据集有两个标准评价方式：交叉对象 Cross-Subject(C-Sub)和交叉相机设置 Cross-Setup (C-Set)。C-Sub 的评价方式是将对象平均分为两个部分，每个部分包含 53 个对象，这两部分的数据集分别为训练集和测试集。C-Set 的评价方式是按照深度相机设置编号进行划分的，其中编号为偶数的用于训练，编号为奇数的用于测试。

15. Northwestern-UCLA 数据集

Northwestern-UCLA(N-UCLA)数据集包含 1494 个动作，共 10 个动作类型，每个动作类型由 10 个不同对象重复 6 次实现，该数据集包含 3 个照相机形成的多个视角，将照相机编号 1 和 2 得到的骨架用于训练，将相机编号 3 得到的骨架用于测试。

Northwestern-UCLA 数据集由 1494 段骨架序列组成，包含 10 种人类行为：单手捡东西、双手捡东西、倒垃圾、徘徊、坐下、起立、穿衣服、脱衣服、扔东西和携带物品，每种行为由 10 个对象在 3 个摄像视角下重复执行 1～6 次。该数据集的每帧人体骨架包含 20 个关节点。Northwestern-UCLA 数据集的评价指标采用视角交叉验证，将摄像头 1 和 2 采集的样本作为训练集，将摄像头 3 采集的样本作为测试集。图 1-6 展示了 Northwestern-UCLA 中的部分类别行为。

图 1-6 Northwestern-UCLA 数据集部分类别行为示例

1.8 人体骨架行为识别的发展历程

人体骨架行为识别经历了早期基于手工特征的方法和近年来基于深度学习的方法和人体骨架交互行为识别方法。基于深度学习的方法使人体骨架行为识别获得了长足的发展，识别准确率也得到了大幅提升。

1. 基于手工特征的人体骨架行为识别方法

早期的人体骨架行为识别方法通过设计手工特征对单帧图像中的人体骨架进行表征，再利用时间序列模型对动作序列的时序信息进行建模，最后利用分类器进行分类。行为识别的关键在于建立合适的特征表示，它直接影响行为识别的准确度。手工特征主要通过人为地捕捉三维人体行为数据的几何、统计、形态或其他属性来构建。Hussein 等通过计算时序上骨架关节点轨迹的协方差矩阵对骨架序列进行建模。Wang 等将局部特征集成到每个关节点上，学习了一个 Actionlet 集成模型来表示每个动作并获取类内的方差，丰富了对关节点邻域的描述。Yang 等融合空间静态姿势、时序运动和整体动力学形成关节点的帧间运动信息，同时，为了减少噪声对关节点的影响，应用归一化和主成分分析法得到包含更少冗余信息的 EigenJoints 描述子，用于表示关节点运动向量在高维空间中的投影信息。Xia 等用三维骨架关节点的直方图表示骨架序列的每一帧骨架，并利用隐式马尔可夫模型(Hidden Markov Model，HMM)对动作序列的时序动态进行建模。Vemulapalli 等提出利用李群理论对骨架动作序列进行建模的方法，通过使用旋转和平移变换显式地表征不同身体部位之间的三维几何关系，然后应用李代数理论将骨架序列映射为李群空间中的一条曲线，最后利用傅里叶时空金字塔进行时序建模。Xia 等使用三维关节点直方图来表示人体的姿势，并通过离散的隐式马尔可夫模型人体行为进行建模。Keceli 等利用 Kinect 传感器获取深度和人体骨架信息，然后根据骨架关节点的角度和位移信息提取人体行为特征。Gowayyed 等利用方向位移直方图(Histogram of Oriented Displacements，HOD)描述骨架节点的轨迹，从前部、侧面和顶部视图提取出 HOD 特征，形成三维 HOD 特征。Yang 等提出了特征关节方法，使用累积运动能量(Accumulated Motion Energy，AME)函数选择视频帧和更多信息关节点来模拟行为。Pazhoumanddar 等利用最长公共子序列(Longest Common Subsequence，LCS)算法从骨架相对运动轨迹中选择具有高分辨能力的特征来描述相关行为。Nguyen 等提出了两种不同的最大信息量关节数的选择方案，自适应选择最大信息量关节数和固定最大信息量关节数，并设计了一种新的基于联合速度的时间协变特征描述子。

动作分类中动作序列的长度可能取决于执行动作的速度和风格，对于不同受试者来讲，他们完成同一类行为使用的时间存在很大差异，且不同受试者的动作也可能存在重复和不完整的情况。为了提高动作识别的准确性，国内外研究者也开展了对行为序列时间匹配性的研究。动态时间规整(Dynamic Time Warping，DTW)是一种常用且有效的序列匹配方法，它通过计算两条序列的相似性进行序列匹配，但是需要两条被匹配序列的开始点和结束点是对齐的，同时要求两条序列包含的行为执行次数是一样的。Lowe 等采用滑动窗口方法进行时序匹配，其中时间片段部分重叠，该方法在时序匹配上的表现比较稳健，但需要选择特定的分类方法。

2. 基于深度学习的人体骨架行为识别方法

手工特征通常属于浅层特征，并且较大程度地依赖于数据集，难以有效地表达复杂动作特征的时空分布，且无法进行端到端训练。近年来，随着深度学习方法和计算机计算能力的迅猛发展，人体骨架行为识别方法由基于手工特征的方法转向了基于深度学习的方法。深度学习通过探索可能解释数据的层次结构，直接从原始数据中自动学习多层次表示。随着数据量更大以及动作更复杂的人体骨架行为数据集的出现，基于深度学习的自动特征生成方法在识别准确度上要大大优于基于手工特征设计的方法。

在最初基于深度学习进行人体骨架行为识别的研究中，循环神经网络(Recurrent Neural Network，RNN)能根据自身网络结构对每一层的数据进行记忆和传递，可以用于提取序列数据的时间动态信息。Du 等使用层次化 RNN 进行分类，然而，标准 RNN 存在梯度爆炸、梯度消失以及长期建模方面的问题，故 LSTM 和门控循环单元(Gated Recurrent Unit，GRU)中引入了门和线性存储单元。Liu 等提出的时空 LSTM 模型能够在时间域和空间域上建模关节的上下文依赖性，并且在每一时间步中为各种类型的关节提供信息。相比于 RNN，CNN 具有更优的并行性，为了进一步利用骨架信息的时空特性，CNN 被应用到人体骨架行为识别任务中。Li 等提出一种层次化 CNN 模型，用于学习关节的共现特征及时间变化特性。CNN 的卷积核在卷积时呈现出平移不变性，因此只能提取到转化后邻近像素点之间的共现特征，不能依赖它直接感知输入的骨架数据中结构性的语义特征。近年来，为了处理图一类的非欧氏数据，GCN 得到了广泛的应用。由于人体骨架数据是图拓扑结构，RNN 处理的序列向量和 CNN 处理的伪图像数据结构都无法详尽地表现骨架关节间的依赖关系，而 GCN 在处理结构化数据时非常有效，故 GCN 在基于骨架数据的行为识别中得到了广泛应用。Yan 等首次提出了一种时空图卷积网络；Shi 等将骨架数据表示为有向无环图，并构建了相应的有向图神经网络；2s-AGCN 模型引入了自适应图拓扑，并带有一个自由学习的图形残差掩码，还使用带有骨骼特征的双流融合来提高性能。

3. 人体骨架交互行为识别方法

在交互式行为识别任务中，一方面由于相互遮挡和重叠可能会对骨架估计造成很大的影响，另一方面原始的双人骨架数据会随着交互双方位置的交换、主动被动动作的交换而带来巨大差异，因此端到端的深度学习在交互行为识别问题上表现得并不好。

针对交互行为识别直接使用关节的三维坐标难以取得令人满意的识别结果问题，近年来研究者不使用原始关节点的三维坐标，而是提取相对特征，以获得更有效的表示。Yun 等探索了一些相对空间特征，包括 Joint Features、Plane Features and Velocit6y Features 等，并通过实验验证了 Joint Features 在处理交互式行为识别问题上效果更佳的结论。Ji 等提出了一种基于关节的交互式人体部件对比度挖掘方法，将不同参与者的交互肢体连接起来，以表示交互身体各部分之间的关系。在此基础上他们又提出了对比特征分布模型(Contrastive Feature Distribution Model，CFDM)来挖掘有效的对比特征表示。Li 等提出了一种单视图情况下的图形模型来编码交互行为，并结合每个单视图情况，提出了多视图模型来描述多视图交互行为。Manzi 等提出了一种使用一组由无监督聚类方式得到的基本姿势来编码交互动作的方法。Wu 等利用方向特征来系统地增强骨架的空间特征，并利用 sparse-group lasso 来自动选择对于识别交互式行为最具有判别力的特征。

1.9 基于深度学习的人体骨架行为识别方法

1. 基于循环神经网络/长短时记忆神经元结构的方法

循环神经网络凭借其描述时序序列的强大能力首先在人体骨架行为识别中得到应用。基于 RNN 的方法将每帧骨架的关节点特征拼接成一个向量，将不同帧的特征向量依次输入 RNN 中以建立骨架序列的时间动态模型。Du 等提出了一个端到端的层次化 RNN 模型对骨架序列的时空结构信息进行描述，如图 1－7 所示。首先将每帧骨架关节点分为五个部分，分别对应五个身体部位；接着它们被送入五个 RNN 进行特征融合和分类。层次化 RNN 结构融入人体骨架的语义信息，对空间结构信息具有更强的表达能力。Wang 等使用双通道结构的 RNN 分别学习骨架序列的空间构型和时间动态信息。为了改善 RNN 面临的梯度消失或梯度爆炸导致无法处理长时间序列的缺点，长短时记忆神经元通过引入门机制选择性地保留和丢弃部分历史信息，使得后面时间的信息能够与前面时间的信息相互感知。Liu 等通过引入一个信任门提出时空 LSTM 网络，使得 LSTM 能够学习骨架序列的时空结构信息，同时减少关节点噪声和遮挡的影响。Song 等设计的时空注意力 LSTM 模型聚焦每一时刻骨架上的显著性关节点，并针对不同时刻分配不同的注意力资源。Zhang 等提出视角自适应学习的 LSTM 结构，能够端到端地学习得到最优的视角变换参数并通过旋转和平移变换将骨架序列变换至最合适的观察视角，显著地降低了由于多视角变化带来的干扰。除了关节点特征，Wang 等还利用关节点间形成的线与面等几何特征，提出双向 LSTM 网络以学习这些特征。

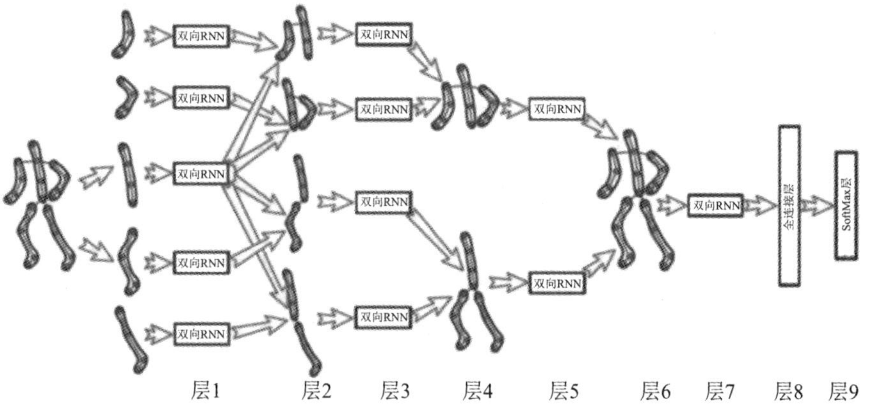

图 1-7 基于端到端的层次化 RNN 结构的骨架特征提取流程图

2. 基于卷积神经网络的方法

相比序列结构模型 RNN/LSTM 强调时序信息，卷积神经网络在描述空间信息方面的能力更胜一筹。因此，许多工作通过将骨架序列编码成彩色图像，然后利用 CNN 隐式地提取深度的时空特征，从而进行动作分类。Du 等将骨架关节点的位置标签和对应的时间标签作为图像的横纵轴，其三维坐标作为图像像素的三个通道，进而将骨架序列编码成能够同时描述空间和时序上下文信息的彩色图像，如图 1-8 所示。Wang 等将骨架关节点的轨迹投影至三个正交平面上获得关节点轨迹图特征，进而通过编码形成能够反映关节点时空分

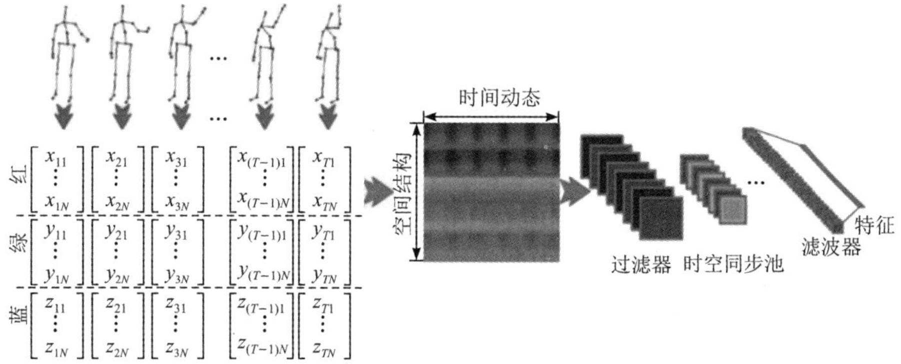

图 1-8 基于 CNN 结构的骨架特征提取流程图

布特征的彩色图像。Ding 等讨论了骨架的五种空间几何特征，然后使用不同的特征选择策略选择关键的关节点和骨骼以降低特征维度，并提出用不同的编码方法将这些特征编码成彩色图像以探索骨架序列更丰富的时空信息。Li 等设计了轻型卷积神经网络用以层次化地学习骨架序列的共生特征。该网络从关节点局部层面到全局共生特征层面逐渐聚合，并建立起空间上任意两个关节点之间的共生关系。

然而，以上方法均针对单一视角的骨架序列进行建模，对视角变换不具有鲁棒性。Ke 等将人体骨架序列的三维关节点坐标每个通道变换为一个片段，由此生成的三个片段的每一帧都能描述关节点之间一种特定的空间关系和整个序列的时序信息。其中，第一种变换方法是基于关节点之间的相对位置，第二种变换方法是将骨架序列转换至不同观察视角。Liu 等提出基于序列的视角变换方法将骨架序列转换到特定的观察视角，消除了多视角引入的类内差距,同时保留了帧间的相对时空信息。然后将视角变换后的每个骨架序列编码为 10 种彩色图像并送进 10 通道 CNN 进行深度特征的提取与融合。区别于将骨架原始数据和生成的骨骼或运动数据分别独立训练再融合的数据增强方法，Liang 等从原始骨架数据中计算骨骼和运动数据，并在网络中间对这三种特征进行交互融合。融合方法包含共享卷积块参数与不共享卷积块参数两种。

3. 基于图卷积网络的方法

基于图卷积网络的方法尝试利用图理论对骨架序列的时空信息进行表示，将关节点作为节点，将骨骼段作为边构建骨架图，然后利用具有强大空间特征提取能力的图卷积网络对骨架动作的表征进行学习。Yan 等首次将 GCN 应用到骨架动作识别任务中，提出了时空图卷积网络 ST-GCN，如图 1-9 所示。首先，利用图卷积在空间域上提取空间信息，利用时间卷积对前后帧提取时间信息，然后将二者进行串联逐步聚合时空信息。其间还提出三种不同的节点邻域划分策略和邻接矩阵自学习策略，有利于增强网络对空间特征的刻画能力。Shi 等在 ST-GCN 的基础上利用自注意力机制为每个骨架序列计算邻接矩阵，有利于提升网络提取空间特征的能力。此外，独立于关节点流，将骨骼抽象为节点参与图卷积形成骨骼流，有利于显著提升图的分辨率以及空间信息的表达能力。最后将不同特征进行融合得到最终的识别结果。然而，关节点流与骨骼流是相互独立的，为此，Shi 等利用有向图有区别地处理不同传播方向的信息，并将骨骼作为一种节点参与到关节点信息传播中，进一步提高了提取的空间特征细粒度。此外，为了将骨架相邻帧间的运动信息作为独立训练的特征流进行数据增强，Si 等提出了注意力增强图卷积(Attention-Gated Graph Convolutional,

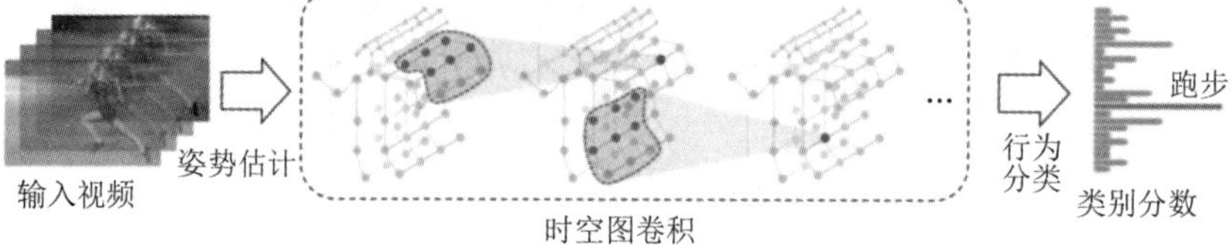

图 1-9 基于 ST-GCN 结构的骨架特征提取流程图

AGC)LSTM 网络 AGC-LSTM，将 LSTM 的门计算替换为 GCN，使得 LSTM 可以处理图结构时间序列。AGC-LSTM 能够有效地捕捉骨架序列的空间构型和时间动态特征，同时感知空间和时间两个域之间的共现关系，设计的空间注意力机制增强了 AGC-LSTM 层的关键关节点信息，提出的时间层次结构增强了最高层 AGC-LSTM 的时间感受野，有利于提高网络对高级时空语义特征的学习能力。

1.10　人体骨架行为识别研究的关键问题

描述视频中人体行为的骨架数据是由离散时间序列上所有关节的三维坐标组成，如何利用这些具有物理意义的三维坐标数据来表示和判断不同类型的行为是人体骨架行为识别的关键。人体骨架行为识别需要解决的问题主要包括以下几个方面。

1. 类内差异性

类内差异性指的是相同类别的行为之间存在差异。由于动作的不同执行者具有不同体型和行为习惯，这会导致由不同执行者完成的同一类行为序列之间存在较大的差异，如图 1－10(a)所示。此外，在不同的光照条件或者不同的拍摄视角下，同一个执行者完成同一个动作所呈现的视觉表现差异同样容易给人体行为识别带来困扰，如图 1－10(b)所示。应对类内差异大这一挑战的主要解决方案关键在于如何提取具有判别性的、能捕捉动作本质的

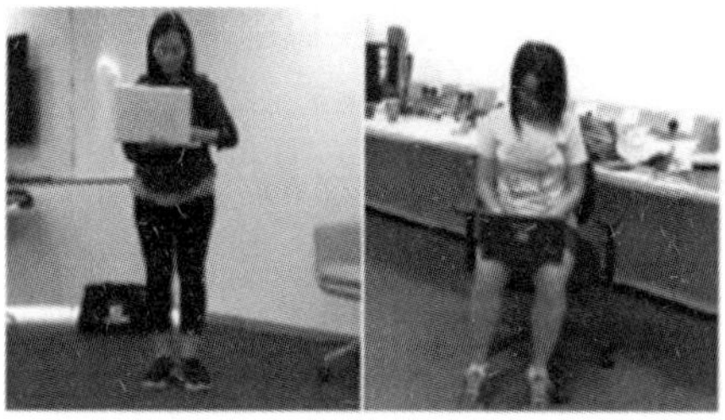

(a) 完成同一个动作的两个执行者

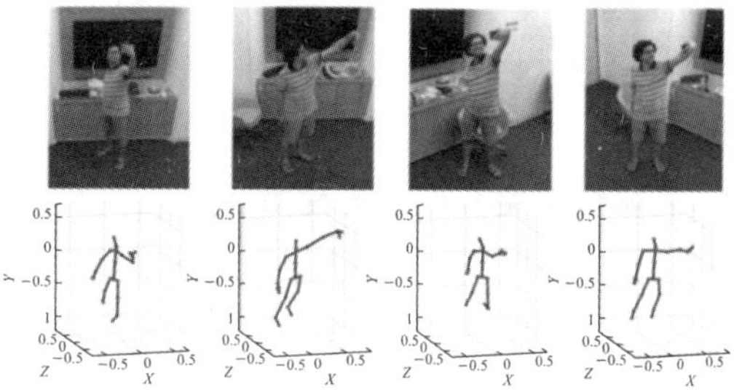

(b) 同一姿态从不同角度捕获的骨架

(c) 跑步和单腿跳跃两种行为

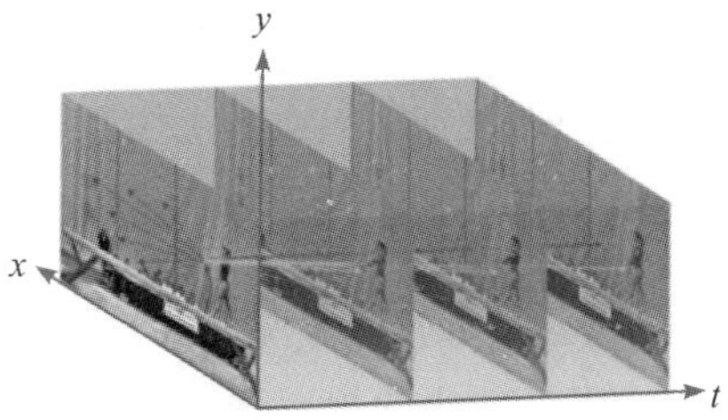

(d) 时空模型捕捉人体行为序列中的三种依赖关系

图 1－10　研究难点图例

特征来描述人体行为。

2. 类间相似性

类间相似性是与类内差异性相对的另一种挑战，指的是不同类别的行为之间存在较大的相似性。如图1-10(c)所示，对于“跑步”和“单腿跳跃”这两类行为，它们的行为序列当中包含很多相似的姿态帧，仅通过两者的部分姿态难以区分这两类行为，这种模糊性给区分这两类相似的行为带来了极大的挑战。更重要的是，这种模糊性会随着待分类的行为类别的增多而愈发明显，最终导致整体的行为识别率降低。为了应对类间相似性，需要探索新的特征度量方式，将相似的语义信息嵌入到新的空间中以拉开它们的距离，实现相似行为的区分。

3. 时空结构建模

人体行为序列与人体姿态最大的区别在于人体行为序列还包含了时序信息，大部分人体行为仅仅通过单帧图像中的人体姿态是无法对其进行识别的。此外，人体行为是人体各部分在时空域上的一种协同运动，其中大部分是远距离的时空协同。例如，“叠被子”行为过程中被子的变化很难通过单帧和短时序图像进行识别，需要远距离的时序变化才能识别出来。因此，需要对行为序列时序上的特征进行建模并与空间特征进行融合，以获得对行为序列的整体描述并且能够捕捉远距离时刻关键部位之间的相互依赖关系，如图1-10(d)所示。图中包括同一时刻上不同位置之间的依赖关系(红线)、不同时刻上相同位置之间的依赖关系(蓝线)和不同时刻上不同位置之间的依赖关系(黄线)。更重要的是，对时空结构的建模需要具有一定的可解释性，即能够解释模型中的哪一个模块在识别决策时起到了关键作用。

4. 人体骨架关节点重要性的表示

大多基于CNN的方法中利用的标准CNN是通过受限的感受野来确保卷积局部性，通过权重共享来确保平移等效性。由于卷积核的局部性，只有卷积核内的相邻关节点才会被认为是共现特征得以被学习；由于空间维度中的权值共享机制，CNN无法独立地为每个关节点学习权值参数。类似地，大多基于GCN的方法都是用根据人体物理结构预先定义的邻接矩阵对时空信息进行聚合，难以捕获物理不连接关节之间的依赖关系。这将导致难以对骨架序列时空域中涉及远距离关节点交互的动作进行建模，进而无法自适应地捕捉到准确的运动模式和行为语义，而这对于更好地识别骨架序列表示的复杂行为是至关重要的。

5. 不同视角骨架数据样本的差异

在实际场景中，相机的视点是灵活的，即使对于相同的场景，不同的视点也会导致骨架表示的较大差异。其次，行动者可以在不同的方向上进行行动。当从不同的视点捕获场景时，相同姿势的骨架表示是不同的，故在实践中，观察视角的变化使得行为识别非常具有挑战性。

6. 能表征人体骨架行为时空特性的特征提取

当前计算机计算能力的不断提升，使得深度网络成为骨架行为识别研究的主流。研究者们为了充分利用骨架序列中的时空信息以进一步提高人体行为识别的效果，基于RNN的人体骨架行为识别方法将骨架序列延展为一维时间序列后，即可通过RNN进行特征提取和分类。然而，RNN的空间建模能力较差，而且存在梯度爆炸或消失和长期依赖处理困难等问题，导致最终的识别精度较差。与RNN不同，CNN具有出色的空间特征提取能力，可以高效地学习到高级语义特征。然而，CNN主要用于处理基于图像的任务，因此，需要先将骨架序列转换为二维伪图像，再将其输入CNN中进行处理。基于CNN的方法取得了较大成功，但也存在参数量过于庞大、对计算性能要求过高的问题，且如何更充分、全面地提取时空特征仍然是CNN面临的一个挑战。人体骨架在非欧氏空间中是拓扑图的结构，不管是将骨架序列像RNN那样表示为一维时间序列，或是像CNN那样表示为二维伪图像，都忽视了骨架的这种图结构信息，无法完全表达出骨架关节点之间的空间依赖关系。基于骨架序列的行为识别模型进入了以图卷积神经网络为主流的时代，相关成果层出不穷。然而，这些模型在时间建模、空间建模和时空特征耦合等方面仍面临很大挑战。

7. 人体骨架交互行为识别

面向双人交互的行为识别研究具有较大的应用价值，但基于人体骨架的交互行为研究成果较少。由于交互行为中包含复杂的空间和时间关系，两个不同对象的独立动作或空间位置交换会导致获取的人体骨架数据不一致。同时，在交互行为中对每个个体进行分割时，存在交互双方身体相互遮挡等情况，会损失细节特征，导致行为表征不完整。因此，为了有效且具有判别性地表示具体的交互行为，需要同时考虑两个人体骨架中存在的时空特性，并考虑人体数据缺失的情况。充分挖掘双人骨架序列中的时空特性，可以帮助我们表示具体的交互行为，提高行为识别的准确性。

本章小结

本章首先介绍了人体行为识别的概念，进而介绍人体行为识别分类，引出人体骨架行为识别；接着介绍了人体骨架行为识别的优势及其在现实生活中的应用、人体骨架行为识别的研究难点、人体骨架行为识别涉及的骨架数据结构及现有的公共人体骨架数据集；最后叙述了人体骨架行为识别的发展历程，阐述了基于深度学习的人体骨架行为识别方法，介绍了人体骨架行为识别研究的关键问题。

第2章
人体骨架的几何代数表示及行为识别

人体骨架序列数据具有空间和时间两个维度的信息，人体骨架运动主要以刚体运动和旋转运动为主。人体骨架中关节的自然连接和定义的非物理连接关系，不仅在相同时刻不同关节之间具有空间关系，在不同时刻相同关节之间也具有空间关系。反映人体骨架序列时空关系的表示和计算方法对行为识别具有重要影响，能有效提升行为识别的准确率。

几何代数(Geometric Algebra，GA)也称 Clifford 代数，是由 Clifford 代数和 Grassmann 代数发展而来的，它将几何问题转化为代数形式进行解决，具有几何的直观性和代数的高效性优点，为几何分析提供了一个功能强大的代数框架。作为几何分析的有效工具，几何代数近年来被国内外研究者广泛应用于计算机视觉、图像处理、传感器网络等领域。几何代数为空间中不同维数的几何体提供统一的数学描述，形成通用且易于计算的几何符号表示，对空间中的几何体进行不依赖于坐标的关系计算，从而提供一种对人体骨架时空空间中不同维数的几何体进行分析且完备的理论支持。

为此，本章采用几何代数对骨架序列进行表示和计算。在几何代数的框架下对人体骨架序列进行表示和分析，对人体骨架序列进行基于几何代数的时空建模，提出了基于几何代数旋转算子的视角转换方法、基于关节点几何特征的行为描述方法、基于骨骼几何特征的行为描述方法等，并以此为基础，构建了基于深度学习的人体骨架行为识别方法。

2.1 几何代数基础

2.1.1 几何代数的发展

几何代数是在四元数理论基础上发展而来的。为了解决三维空间的旋转问题，Hamilton 在 1843 年提出了四元数的概念，将复数和相位角的旋转问题扩展到三维空间。1844 年，Grassmann 在《线性外代数，数学的新分支》中首次提出了外积的概念，开创了扩张理论(外积也就是现在所说的二重矢量)。1898年，英国数学家Whitehead在《泛代数》中系统表述了扩张理论和外代数的概念。在四元数和外积理论的基础上，Clifford于1878年将外积引入到四元数中，定义了几何积的概念。几何积包含了内积和外积两种运算，是一种非对称代数，但同时满足“Hamilton积”的可逆性和“Grassmann积”的结合性，实现了Grassmann代数和Hamilton代数的统一。鉴于Clifford对几何代数所做的贡献，有学者也将几何代数称为Clifford代数。1920年，Pauli和Dirac提出用基于几何代数的旋转矩阵来解决量子旋转问题的思路，但这时的几何代数只是被看作一种单纯的代数，没有任何几何意义。1960年，Hestenes从三维和四维空间揭示了Pauli和Dirac提出的旋转矩阵的几何意义，几何代数才真正踏上历史舞台。1966年，Hestenes将几何代数引入狭义相对论中。1984年，Hestenes出版了Clifford Algebra to Geometric Calculus一书，进一步将几何代数和微积分结合，扩展了几何代数的理论基础。1990年，Hestenes用几何代数重新阐释了经典物理学。在Hestenes的研究基础上，国内外学者又继续发展几何代数理论，分析了几何代数与射影几何、仿射几何、欧氏几何、共形几何等其他经典几何的关系，研究了几何代数在不同几何中的几何体、几何关系和几何变换等。2001年，李洪波和Hestenes采用简明统一的方式重新阐释了欧氏几何、双曲(非欧氏)几何、球几何、投影几何和仿射几何等经典几何，开创了共形几何代数(Conformal Geometric Algebra，CGA)这一重要几何代数分支。李洪波等还开创性地用几何代数构建了几何自动证明及推理系统。2007年，Dorst在《面向计算机科学的几何代数》中系统论述了几何代数的基本理论及其在计算机中的程序实现。2009年，Perwass撰写了《几何代数及其工程应用》，从代数、几何和数字化三个角度重新解释了几何代数，并探讨了其在工程中的应用。

近十年来，几何代数被广泛地应用于各个工程领域，如机器人、计算机视觉、传感器网络、量子场理论和量子轨道等领域，取得了丰硕的成果。剑桥大学Doran和Lasenby等领导的研究小组分别专注于研究几何代数在物理学和工程领域的理论和应用，取得了卓越成效。荷兰阿姆斯特丹大学的Dorst等研究了几何代数在计算机视觉方面的应用，出版了专著《面向计算机科学的几何代数》。Pham提出了一种基于几何代数的特征提取方法，并将其用于二维手写体识别。Rivera-Rovelo等研究了基于几何代数的神经网络，并将其用于二维或三维物体的表面估算预测，其也可以用于图像恢复或是图像边缘检测。Selig等在机器人视觉、刚性运动以及三维视觉等方面构建了几何代数框架以描述复杂的三维运动。Aharia等利用几何代数去解决三维多边形网状表面的模型建立和可视化问题。Perwass等研究了几何代数在不确定性数据参数估计以及三维可视化等方面的应用。Etzel等利用几何代数对位移和运动进行建模，并将其应用于机器人、计算机视觉等领域。

国内研究几何代数的代表人物是中国科学院数学机械化重点实验室的李洪波研究员，他提出了共形几何代数理论。共形几何可以不需要依靠坐标，直接运用几何元素进行计算，为一些传统方法中问题的解决提供了新的数学工具，获得了国际上许多学者的高度重视和广泛应用。如在共形几何代数框架下，允许用一种特殊的多重矢量来表示非线性保角变换，

López-Franco 等利用这一特点建立了一种线性预测模型用于相机视觉伺服中的快门控制。贺福利等利用几何代数理论方法，建立了泛欧氏空间中 Clifford 群、扭群、旋群及其李代数的结构和它们之间的关系。乔玉英等在引入修正 Cauchy 核的基础上，讨论了 Clifford 分析中无界域上正则函数带共轭值的边值问题。俞肇元等针对现有矢量时空数据建模时空分离所导致的时空表达不一致、不统一的问题，运用几何代数理论进行了时空数据的重新表达与建模，构建了时空统一表达的层次体系。徐晨等提出了多光谱图像的 Clifford 拟微分理论，并将其用于多光谱图像的边缘识别。李茂宽等提出了一种基于共形几何代数与二次规划的分类器设计方法，该方法保留了最大分类间隔理论的优点，将二类最优平面可分推广到最优超球可分，简化了其运算复杂度。谢维信等系统研究了基于几何代数的传感器网络覆盖、间隙穿越等问题。

综上所述，几何代数提供了高效的无坐标系几何计算框架，能减少几何计算的复杂度，提高了计算效率，已经被广泛应用于物理学和计算机视觉等领域。

2.1.2 几何代数的基础知识

设$\mathcal{G}_3$ 是三维几何代数空间，且正交基为 $\boldsymbol{e}_1$、$\boldsymbol{e}_2$、$\boldsymbol{e}_3$，$\mathcal{G}_3$ 是不可交换的。正交基 $\boldsymbol{e}_1$、$\boldsymbol{e}_2$、$\boldsymbol{e}_3$ 具有如下属性：

$$\boldsymbol{e}_i\boldsymbol{e}_j=-\boldsymbol{e}_j\boldsymbol{e}_i,\ i\neq j,\ i,\ j=1,\ 2,\ 3 \tag{2-1}$$

$$\boldsymbol{e}_i^2=1,\ i=1,\ 2,\ 3 \tag{2-2}$$

$$\boldsymbol{e}_i\cdot\boldsymbol{e}_j=\frac{1}{2}(\boldsymbol{e}_i\boldsymbol{e}_j+\boldsymbol{e}_j\boldsymbol{e}_i)=\delta_{ij},\ i,\ j=1,\ 2,\ 3 \tag{2-3}$$

通过$\mathcal{G}_3$ 空间的三个基矢量，可以得到三个独立的二重外积$\{\boldsymbol{e}_1\wedge\boldsymbol{e}_2,\ \boldsymbol{e}_2\wedge\boldsymbol{e}_3,\ \boldsymbol{e}_3\wedge\boldsymbol{e}_1\}$，这三个二重外积在几何意义上分别表示了用$\mathcal{G}_3$ 空间中两个矢量表示的平面，它们满足$(\boldsymbol{e}_1\wedge\boldsymbol{e}_2)^2=(\boldsymbol{e}_2\wedge\boldsymbol{e}_3)^2=(\boldsymbol{e}_3\wedge\boldsymbol{e}_1)^2=-1$。在$\mathbb{R}^3$ 空间，通过一个二重外积和基矢量的几何积可以得到三重外积：$(\boldsymbol{e}_1\wedge\boldsymbol{e}_2)\boldsymbol{e}_3=\boldsymbol{e}_1\boldsymbol{e}_2\boldsymbol{e}_3=\boldsymbol{e}_1\wedge\boldsymbol{e}_2\wedge\boldsymbol{e}_3$，其几何的解释就是二重外积 $\boldsymbol{e}_1\wedge\boldsymbol{e}_2$ 沿矢量 $\boldsymbol{e}_3$ 移动所获得的有向几何体。$\boldsymbol{e}_1\wedge\boldsymbol{e}_2\wedge\boldsymbol{e}_3$ 中任意两个基矢量交换位置，都会使几何体的方向改变，即有下式成立：

$$\boldsymbol{e}_1\wedge\boldsymbol{e}_2\wedge\boldsymbol{e}_3=-\boldsymbol{e}_2\wedge\boldsymbol{e}_1\wedge\boldsymbol{e}_3=-\boldsymbol{e}_1\wedge\boldsymbol{e}_3\wedge\boldsymbol{e}_2=\boldsymbol{e}_3\wedge\boldsymbol{e}_1\wedge\boldsymbol{e}_2=-\boldsymbol{e}_3\wedge\boldsymbol{e}_2\wedge\boldsymbol{e}_1 \tag{2-4}$$

将 $\boldsymbol{e}_1$、$\boldsymbol{e}_2$ 和 $\boldsymbol{e}_3$ 分别左乘三重外积 $\boldsymbol{e}_1\wedge\boldsymbol{e}_2\wedge\boldsymbol{e}_3$ 得到下式：

$$(\boldsymbol{e}_1\wedge\boldsymbol{e}_2\wedge\boldsymbol{e}_3)\boldsymbol{e}_1=\boldsymbol{e}_2\boldsymbol{e}_3,\ (\boldsymbol{e}_1\wedge\boldsymbol{e}_2\wedge\boldsymbol{e}_3)\boldsymbol{e}_2=\boldsymbol{e}_3\boldsymbol{e}_1,\ (\boldsymbol{e}_1\wedge\boldsymbol{e}_2\wedge\boldsymbol{e}_3)\boldsymbol{e}_3=\boldsymbol{e}_1\boldsymbol{e}_2 \tag{2-5}$$

而将 $\boldsymbol{e}_1$、$\boldsymbol{e}_2$ 和 $\boldsymbol{e}_3$ 分别右乘三重外积 $\boldsymbol{e}_1\wedge\boldsymbol{e}_2\wedge\boldsymbol{e}_3$ 得到下式：

$$\boldsymbol{e}_1(\boldsymbol{e}_1\wedge\boldsymbol{e}_2\wedge\boldsymbol{e}_3)=\boldsymbol{e}_2\boldsymbol{e}_3,\ \boldsymbol{e}_2(\boldsymbol{e}_1\wedge\boldsymbol{e}_2\wedge\boldsymbol{e}_3)=\boldsymbol{e}_3\boldsymbol{e}_1,\ \boldsymbol{e}_3(\boldsymbol{e}_1\wedge\boldsymbol{e}_2\wedge\boldsymbol{e}_3)=\boldsymbol{e}_1\boldsymbol{e}_2 \tag{2-6}$$

从式(2-5)和式(2-6)可以看出$\mathbb{R}^3$ 空间的矢量和三重外积满足交换律，而且矢量和三重外积形成对偶。将二重外积 $\boldsymbol{e}_1\wedge\boldsymbol{e}_2$、$\boldsymbol{e}_2\wedge\boldsymbol{e}_3$ 和 $\boldsymbol{e}_3\wedge\boldsymbol{e}_1$ 分别左乘三重外积 $\boldsymbol{e}_1\wedge\boldsymbol{e}_2\wedge\boldsymbol{e}_3$ 得到下式：

$$\begin{cases}(\boldsymbol{e}_1\wedge\boldsymbol{e}_2\wedge\boldsymbol{e}_3)(\boldsymbol{e}_2\wedge\boldsymbol{e}_3)=\boldsymbol{e}_1\boldsymbol{e}_2\boldsymbol{e}_3\boldsymbol{e}_2\boldsymbol{e}_3=-\boldsymbol{e}_1\\(\boldsymbol{e}_1\wedge\boldsymbol{e}_2\wedge\boldsymbol{e}_3)(\boldsymbol{e}_3\wedge\boldsymbol{e}_1)=\boldsymbol{e}_1\boldsymbol{e}_2\boldsymbol{e}_3\boldsymbol{e}_3\boldsymbol{e}_1=-\boldsymbol{e}_2\\(\boldsymbol{e}_1\wedge\boldsymbol{e}_2\wedge\boldsymbol{e}_3)(\boldsymbol{e}_1\wedge\boldsymbol{e}_2)=\boldsymbol{e}_1\boldsymbol{e}_2\boldsymbol{e}_3\boldsymbol{e}_1\boldsymbol{e}_2=-\boldsymbol{e}_3\end{cases}\tag{2-7}$$

这说明三重外积与二重外积的几何积为垂直于二重外积构成平面的负矢量。

三重外积 $\boldsymbol{e}_1\wedge\boldsymbol{e}_2\wedge\boldsymbol{e}_3$ 的平方如下：

$$\begin{aligned}(\boldsymbol{e}_1\wedge\boldsymbol{e}_2\wedge\boldsymbol{e}_3)^2&=(\boldsymbol{e}_1\wedge\boldsymbol{e}_2\wedge\boldsymbol{e}_3)(\boldsymbol{e}_1\wedge\boldsymbol{e}_2\wedge\boldsymbol{e}_3)\\&=-(\boldsymbol{e}_2\boldsymbol{e}_1\boldsymbol{e}_3)(\boldsymbol{e}_1\boldsymbol{e}_2\boldsymbol{e}_3)=(\boldsymbol{e}_2\boldsymbol{e}_3\boldsymbol{e}_1)(\boldsymbol{e}_1\boldsymbol{e}_2\boldsymbol{e}_3)\\&=\boldsymbol{e}_2\boldsymbol{e}_3\boldsymbol{e}_2\boldsymbol{e}_3=-\boldsymbol{e}_2\boldsymbol{e}_3\boldsymbol{e}_3\boldsymbol{e}_3=-1\end{aligned}\tag{2-8}$$

几何代数上的对象可用多重向量来表示，每个多重向量由 K 级向量组成，在$\mathcal{G}_3$ 空间中，多重向量可以表示为

$$M=\alpha_0+\alpha_1\boldsymbol{e}_1+\alpha_2\boldsymbol{e}_2+\alpha_3\boldsymbol{e}_3+\alpha_4\boldsymbol{e}_1\boldsymbol{e}_2+\alpha_5\boldsymbol{e}_1\boldsymbol{e}_3+\alpha_6\boldsymbol{e}_2\boldsymbol{e}_3+\alpha_7\boldsymbol{e}_1\boldsymbol{e}_2\boldsymbol{e}_3\tag{2-9}$$

其中，$\alpha_i\in\mathbb{R}$，$i=0, 1, \cdots, 7$。

点是几何空间中的基本元素，设 $\boldsymbol{x}\in\mathcal{G}_3$ 是$\mathcal{G}_3$ 空间中的点，那么 $\boldsymbol{x}$ 可以表示为

$$\boldsymbol{x}=x_0+\sum_{i=1}^{3}x_i\boldsymbol{e}_i\tag{2-10}$$

其中，$x_0, x_1, x_2, x_3\in\mathbb{R}$。

几何积是几何代数中特有的，它的定义为

$$\boldsymbol{xy}=\boldsymbol{x}\cdot\boldsymbol{y}+\boldsymbol{x}\wedge\boldsymbol{y}\tag{2-11}$$

其中，$\boldsymbol{x}, \boldsymbol{y}\in\mathcal{G}_3$，$\boldsymbol{x}\cdot\boldsymbol{y}$ 是内积，$\boldsymbol{x}\wedge\boldsymbol{y}$ 是外积。几何积兼具内积和外积的特性，具有如下属性：

$$\boldsymbol{x}\cdot\boldsymbol{y}=\frac{1}{2}(\boldsymbol{xy}+\boldsymbol{yx})\tag{2-12}$$

$$\boldsymbol{x}\wedge\boldsymbol{y}=\frac{1}{2}(\boldsymbol{xy}-\boldsymbol{yx})\tag{2-13}$$

所以，几何积是混合级对象，它具有标量部分 $\boldsymbol{x}\cdot\boldsymbol{y}$ 和双矢量部分 $\boldsymbol{x}\wedge\boldsymbol{y}$。

因为$\mathcal{G}_3$ 是不可交换的，改变 $\boldsymbol{x}$ 和 $\boldsymbol{y}$ 的顺序，得到下式：

$$\boldsymbol{yx}=\boldsymbol{y}\wedge\boldsymbol{x}+\boldsymbol{y}\cdot\boldsymbol{x}=-\boldsymbol{x}\wedge\boldsymbol{y}+\boldsymbol{x}\cdot\boldsymbol{y}\tag{2-14}$$

可以看出，几何积既不是完全对称的，也不是完全反对称的，它反映了几何代数中两个向量之间完整的数学关系。

设有一个向量 $\boldsymbol{v}$ 和一个子空间 $\boldsymbol{M}$，将 $\boldsymbol{v}$ 表示为 $\boldsymbol{v}=\mathrm{Proj}_{\boldsymbol{M}}(\boldsymbol{v})+\mathrm{Rej}_{\boldsymbol{M}}(\boldsymbol{v})$，其中 $\mathrm{Rej}_{\boldsymbol{M}}(\boldsymbol{v})$ 是 $\boldsymbol{v}$ 垂直于 $\boldsymbol{M}$ 的部分，称为$\mathcal{G}_3$ 空间中的正交补(Rejection)；$\mathrm{Proj}_{\boldsymbol{M}}(\boldsymbol{v})$是 $\boldsymbol{v}$ 在 $\boldsymbol{M}$ 中的正交投影(Projection)，如图 2－1 所示，并且满足下式：

$$\mathrm{Rej}_{\boldsymbol{M}}(\boldsymbol{v}) \cdot \boldsymbol{M}=0 \text{ 和 } \mathrm{Proj}_{\boldsymbol{M}}(\boldsymbol{v}) \wedge \boldsymbol{M}=0 \tag{2-15}$$

得到下式：

$$\mathrm{Rej}_{\boldsymbol{M}}(\boldsymbol{v})=\frac{\boldsymbol{v} \wedge \boldsymbol{M}}{\boldsymbol{M}} \tag{2-16}$$

$$\mathrm{Proj}_{\boldsymbol{M}}(\boldsymbol{v})=\frac{\boldsymbol{v} \cdot \boldsymbol{M}}{\boldsymbol{M}} \tag{2-17}$$

式(2-16)和式(2-17)适用于任意的矢量 $\boldsymbol{v}$ 和任意维子空间 $\boldsymbol{M}$。

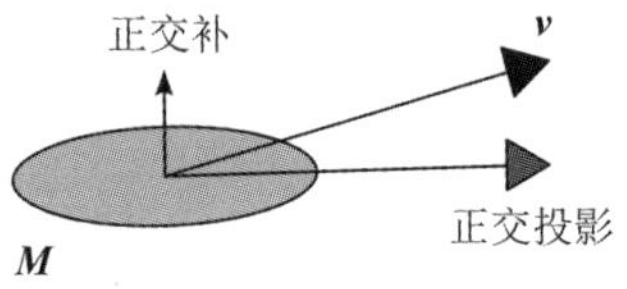

图 2-1 $\mathcal{G}_3$ 空间中的正交投影和正交补

综上所述，几何代数具有以下优势：

几何代数提供了一个有效的与坐标系无关的几何计算的数学框架。在几何代数框架中，所有几何对象都被嵌入到代数中，所有对象的计算都可以通过代数计算而不需要利用坐标信息。例如，$\boldsymbol{a} \wedge \boldsymbol{b}$ 代表由向量 $\boldsymbol{a}$、$\boldsymbol{b}$ 跨越的平面。$\boldsymbol{a} \wedge \boldsymbol{b} \wedge \boldsymbol{c}$ 代表分别由向量 $\boldsymbol{a}$、$\boldsymbol{b}$、$\boldsymbol{c}$ 跨越的立体。线性关系很容易表达：$\boldsymbol{a} \wedge \boldsymbol{b}=0$ 意味着 $\boldsymbol{a}$ 和 $\boldsymbol{b}$ 是相互依存的，因为它们没有跨越同一个平面。

一个几何对象可划分为向量、平面或超平面，这使得用几何对象之间的方程求解会容易得多。同时，它允许自由坐标系的几何关系构建。举个例子，已知一个向量 $\boldsymbol{x}$，$\boldsymbol{x}$ 为两部分之和，假如 $\boldsymbol{x}$ 的其中一部分与 $\boldsymbol{a} \wedge \boldsymbol{b}$ 平面垂直，$\boldsymbol{a}$ 和 $\boldsymbol{b}$ 张成一个立体，$(\boldsymbol{x} \wedge \boldsymbol{a} \wedge \boldsymbol{b})/(\boldsymbol{a} \wedge \boldsymbol{b})$ 包含用来定义立体的 $\boldsymbol{x}$ 部分。显而易见，几何代数大大简化了高维空间的计算。

2.2 基于几何代数的人体骨架时空模型

当前，以深度相机获取的人体三维骨架模型主要有两类，分别是由 20 个关节和 25 个关节连接构成的人体三维骨架。人体骨架在三维空间由用关节表示的点以及相邻关节点连成线段组成，从几何的角度来看，这些关节表示的点可形成不同类型的几何对象以及几何关系，通过这些几何对象和几何关系可实现对行为姿态的准确描述。

人体动作可以表示为由三维关节点和骨骼段构成的时序变化序列，而且骨架随时间的运动为刚体旋转运动，故骨架行为识别任务可以视作三维空间中的一个几何计算问题。由于几何代数中的代数运算具有直接的几何意义，相比于向量代数更适合处理几何计算问题。为了对三维人体骨架中的几何元素进行描述和计算，我们以几何代数作为几何计算的理论基础，实现对人体骨架模型的描述和姿态特征计算。同时，基于几何代数构建一个骨架序列几何代数空间用于对骨架序列中关节点、骨骼和平面等不同维数的几何体进行统一的分析与处理，从而提取有效的行为特征，实现准确的行为识别。

由于获取的骨架数据包含所有关节点的三维坐标，是在三维实矢量空间下得到的，因此可以定义在$\mathbb{R}^3$上的人体骨架序列几何代数空间。

设$\mathbb{R}^3$是由一组规范正交基$\{\boldsymbol{e}_1, \boldsymbol{e}_2, \boldsymbol{e}_3\}$所张成的三维欧氏骨架序列空间，则$\mathbb{R}^3$对应的骨架序列几何代数空间可表示为$\mathcal{G}_3(\mathbb{R}^3)$。张成$\mathcal{G}_3(\mathbb{R}^3)$的一组规范基底集合如下：

$$\{\underbrace{1}_{\text{scalar}}, \underbrace{\boldsymbol{e}_1, \boldsymbol{e}_2, \boldsymbol{e}_3}_{\text{vectors}}, \underbrace{\boldsymbol{e}_1 \wedge \boldsymbol{e}_2, \boldsymbol{e}_2 \wedge \boldsymbol{e}_3, \boldsymbol{e}_3 \wedge \boldsymbol{e}_1}_{\text{bivectors}}, \underbrace{\boldsymbol{e}_1 \wedge \boldsymbol{e}_2 \wedge \boldsymbol{e}_3}_{\text{trivector}}\} \tag{2-18}$$

给定一个人体骨架序列$\mathcal{I}$，该骨架序列包含T帧，每个时刻骨架帧包含N个关节点，第f帧上的第i个关节点表示为$\boldsymbol{p}_i^f$，可以通过以下的映射将$\boldsymbol{p}_i^f$嵌入到骨架序列几何代数空间$\mathcal{G}_3(\mathbb{R}^3)$中：

$$\boldsymbol{p}_i^f:(f, x_i^f, y_i^f, z_i^f) \mapsto f + x_i^f\boldsymbol{e}_1 + y_i^f\boldsymbol{e}_2 + z_i^f\boldsymbol{e}_3 \tag{2-19}$$

其中，$(x_i^f, y_i^f, z_i^f) \in \mathbb{R}^3$表示三维空间中关节点$\boldsymbol{p}_i^f$的三维坐标，$i \in (1, 2, \cdots, N)$，$f \in (1, 2, \cdots, T)$。

在$\mathcal{G}_3(\mathbb{R}^3)$中，几何代数利用几何积处理旋转，通过将一个旋转子直接作用于一个任意维度的几何体$\boldsymbol{X}$(例如，骨骼、平面和体)上，实现对$\boldsymbol{X}$的旋转，计算公式如下：

$$\boldsymbol{X} = \boldsymbol{R}\boldsymbol{X}\widetilde{\boldsymbol{R}} \tag{2-20}$$

其中，$\boldsymbol{R}$为旋转子，$\widetilde{\boldsymbol{R}}$为$\boldsymbol{R}$的反运算，且满足$\boldsymbol{R}\widetilde{\boldsymbol{R}}=1$。

旋转子$\boldsymbol{R}$可以由一个平面和一个角度表示为

$$\boldsymbol{R} = \exp\left(-\frac{\theta}{2}\boldsymbol{B}\right) \tag{2-21}$$

上式表示在$\boldsymbol{B}$平面上逆时针旋转θ角。由此可见，在$\mathcal{G}_3(\mathbb{R}^3)$中，可以直接对这些具有不同维数的骨架几何体进行具有几何意义的代数运算。

以上构建的骨架序列几何代数空间$\mathcal{G}_3(\mathbb{R}^3)$使得在同一个框架下高效地对每个骨架序列的时空特征表示成为可能，且能统一地处理骨架序列的各种变换，如映射、平移和旋转等。为了表示简便，后续用$\mathcal{G}_3$表示骨架序列几何代数空间。

第f帧的第i个关节点$\boldsymbol{p}_i^f$在空间$\mathcal{G}_3$中的表示为

$$\boldsymbol{p}_i^f = x_i^f\boldsymbol{e}_1 + y_i^f\boldsymbol{e}_2 + z_i^f\boldsymbol{e}_3 \tag{2-22}$$

两相邻关节点$\boldsymbol{p}_j^f$和$\boldsymbol{p}_i^f$形成的骨骼$\boldsymbol{B}_{ij}^f$可表示为

$$\boldsymbol{B}_{ij}^f = (x_i^f - x_j^f)\boldsymbol{e}_1 + (y_i^f - y_j^f)\boldsymbol{e}_2 + (z_i^f - z_j^f)\boldsymbol{e}_3 \tag{2-23}$$

其中，(x_i^f, y_i^f, z_i^f)和(x_j^f, y_j^f, z_j^f)分别为关节点$\boldsymbol{p}_i^f$和$\boldsymbol{p}_j^f$的三维坐标，且$f \in (1, 2, \cdots, T)$，$i, j \in (1, 2, \cdots, N)$。

在空间$\mathcal{G}_3$中，设有三个相邻关节点$\boldsymbol{p}_i^f$、$\boldsymbol{p}_j^f$和$\boldsymbol{p}_k^f$组成的两个相邻骨骼$\boldsymbol{B}_{ij}^f$和$\boldsymbol{B}_{jk}^f$，它们对应的直线可通过外积运算形成一个有向平面$\boldsymbol{\pi}_{ijk}^f$：

$$\boldsymbol{\pi}_{ijk}^f = \boldsymbol{B}_{ij}^f \wedge \boldsymbol{B}_{jk}^f \tag{2-24}$$

综上所述，通过在几何代数空间$\mathcal{G}_3$中建立三维骨架几何模型，可实现对人体骨架序列的描述。

2.3 基于几何代数旋转算子的视角转换

深度相机输出的所有骨架关节点数据的空间位置信息都是在世界坐标系下标定的，不同拍摄视角对于骨架姿态描述差异较大，此外，由于人体躯干关节点的运动较其他关节点而言比较稳定，不易受噪声和相机对人体关节跟踪不准确的影响，因此本节对基于相机建立的世界坐标系下(如图 2-2)得到的三维骨架坐标进行坐标转化，即将该坐标转换到基于人体躯干的本地坐标系中，以实现人体姿态视角不变性。

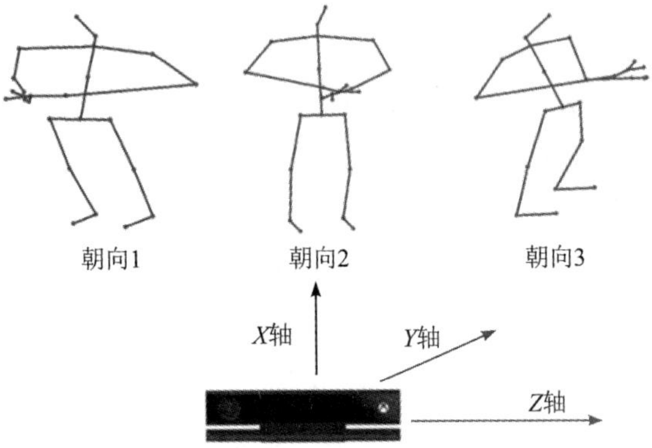

图 2-2 “拍手”行为在不同朝向下形成的骨架示意图

首先，建立基于人体躯干中关节点的本地坐标系，然后根据建立的本地坐标系实现对骨架中所有关节点的坐标转换。本地坐标系 $\hat{O}\hat{X}\hat{Y}\hat{Z}$ 的建立如图 2-3 所示，本地坐标系的原点 $\hat{O}$ 设为臀关节中心 7，并以臀关节 5 到臀关节 6 的方向向量作为 $\hat{X}$ 轴，$\hat{Y}$ 轴垂直于 $\hat{X}$ 轴且与世界坐标系的 $\hat{Y}$ 轴的夹角最小，根据右手坐标系得到 $\hat{Z}$ 轴。

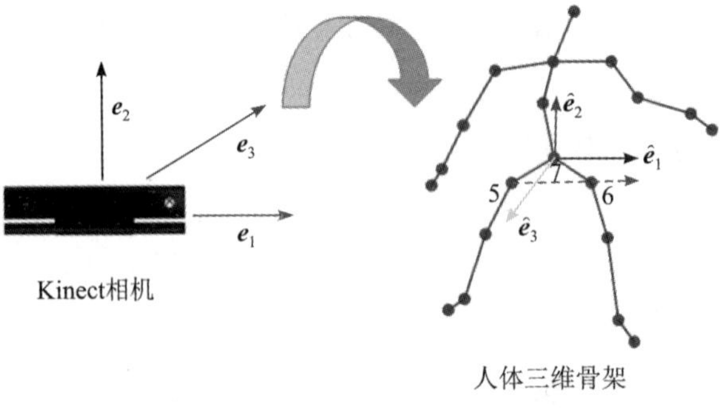

图 2-3 世界坐标系转换到本地坐标系的示意图

在几何代数空间$\mathcal{G}_3$中，从一个相互正交的坐标系转换到另一个相互正交的坐标系可通过几何代数空间中的平移算子和旋转算子实现。以深度相机为原点的世界坐标系的三个正交基向量为$\{\boldsymbol{e}_1, \boldsymbol{e}_2, \boldsymbol{e}_3\}$，设本地坐标系的三个正交基向量为$\{\hat{\boldsymbol{e}}_1, \hat{\boldsymbol{e}}_2, \hat{\boldsymbol{e}}_3\}$。根据建立的本地坐标系，可得$\hat{\boldsymbol{e}}_1$的表示如下：

$$\hat{\boldsymbol{e}}_1 = \boldsymbol{l}/\mathrm{norm}(\boldsymbol{l}) \tag{2-25}$$

其中，

$$\boldsymbol{l} = \frac{1}{N}\sum_{f=1}^{N}[(x_f^5 - x_f^6)\boldsymbol{e}_1 + (y_f^5 - y_f^6)\boldsymbol{e}_2 + (z_f^5 - z_f^6)\boldsymbol{e}_3] \tag{2-26}$$

$\hat{Y}$轴垂直于$\hat{X}$轴且与世界坐标系的Y轴的夹角最小，即$\hat{Y}$轴为Y轴垂直于$\hat{X}$轴的分量，在几何代数空间$\mathcal{G}_3$中可通过向量投影得到，因此可得下式：

$$\boldsymbol{e}_2 = \hat{\boldsymbol{e}}_2 + \boldsymbol{e}_{2/\!/\hat{\boldsymbol{e}}_1},\ \hat{\boldsymbol{e}}_2 \cdot \hat{\boldsymbol{e}}_1 = 0,\ \boldsymbol{e}_{2/\!/\hat{\boldsymbol{e}}_1} \wedge \hat{\boldsymbol{e}}_1 = 0 \tag{2-27}$$

进一步可得下式：

$$\begin{aligned}\hat{\boldsymbol{e}}_2\hat{\boldsymbol{e}}_1 &= \hat{\boldsymbol{e}}_2 \cdot \hat{\boldsymbol{e}}_1 + \hat{\boldsymbol{e}}_2 \wedge \hat{\boldsymbol{e}}_1\\ &= \hat{\boldsymbol{e}}_2 \wedge \hat{\boldsymbol{e}}_1\\ &= \boldsymbol{e}_{2/\!/\hat{\boldsymbol{e}}_1} \wedge \hat{\boldsymbol{e}}_1 + \hat{\boldsymbol{e}}_2 \wedge \hat{\boldsymbol{e}}_1\\ &= \boldsymbol{e}_2 \wedge \hat{\boldsymbol{e}}_1\end{aligned} \tag{2-28}$$

这样即可得到$\hat{\boldsymbol{e}}_2$的表达式：

$$\hat{\boldsymbol{e}}_2 = \frac{\boldsymbol{e}_2 \wedge \hat{\boldsymbol{e}}_1}{\hat{\boldsymbol{e}}_1} = \frac{\boldsymbol{e}_2\hat{\boldsymbol{e}}_1 - \boldsymbol{e}_2 \cdot \hat{\boldsymbol{e}}_1}{\hat{\boldsymbol{e}}_1} = \boldsymbol{e}_2 - \frac{\boldsymbol{e}_2 \cdot \hat{\boldsymbol{e}}_1}{\hat{\boldsymbol{e}}_1 \cdot \hat{\boldsymbol{e}}_1}\hat{\boldsymbol{e}}_1 \tag{2-29}$$

最后根据右手法则计算得到$\hat{\boldsymbol{e}}_3$，即由$\hat{\boldsymbol{e}}_1$、$\hat{\boldsymbol{e}}_2$的叉乘得到$\hat{\boldsymbol{e}}_3$。由于在几何代数中两矢量$\boldsymbol{a}$、$\boldsymbol{b}$的叉乘定义为$\boldsymbol{a}\times\boldsymbol{b} = -I(\boldsymbol{a}\wedge\boldsymbol{b})$，其中$I = \boldsymbol{e}_1\boldsymbol{e}_2\boldsymbol{e}_3$为伪标量，则$\hat{\boldsymbol{e}}_3$的表示如下：

$$\hat{\boldsymbol{e}}_3 = -I(\hat{\boldsymbol{e}}_1 \wedge \hat{\boldsymbol{e}}_2) \tag{2-30}$$

在得到本地坐标系的基向量$\{\hat{\boldsymbol{e}}_1, \hat{\boldsymbol{e}}_2, \hat{\boldsymbol{e}}_3\}$后，需要将三维骨架中所有关节点进行坐标变换，得到在本地坐标系下的三维坐标值，根据两个不同坐标系的定义，需要对所有关节点平移至关节点 7 后的位置进行旋转以实现坐标变换，平移后第f帧第i个关节点$\boldsymbol{p}_i^f$在$\mathcal{G}_3$中的表示为

$$\bar{\boldsymbol{p}}_i^f = (x_i^f - x_7^f)\boldsymbol{e}_1 + (y_i^f - y_7^f)\boldsymbol{e}_2 + (z_i^f - z_7^f)\boldsymbol{e}_3 \tag{2-31}$$

在几何代数空间中旋转算子$\boldsymbol{R}$可实现几何体$\boldsymbol{Q}$的旋转，满足下式：

$$\boldsymbol{Q}' = \boldsymbol{RQR}^{-1} \tag{2-32}$$

其中，$\boldsymbol{R}^{-1}$为旋转算子的逆，且满足$\boldsymbol{RR}^{-1} = 1$。此外，对于两个单位基向量$\boldsymbol{a}$和$\boldsymbol{b}$，从向量$\boldsymbol{a}$旋转到向量$\boldsymbol{b}$的旋转算子$\boldsymbol{R}_{a\to b}$可表示为

$$\boldsymbol{R}_{a\to b} = \boldsymbol{b}\,\frac{1+\boldsymbol{ba}}{|\boldsymbol{a}+\boldsymbol{b}|} = \frac{1+\boldsymbol{ba}}{\sqrt{2(1+\boldsymbol{b}\cdot\boldsymbol{a})}} \tag{2-33}$$

利用旋转算子可计算得到下式：

$$\begin{aligned}\boldsymbol{R}_{a\to b}\boldsymbol{a} &= \frac{1+\boldsymbol{ba}}{\sqrt{2(1+\boldsymbol{b}\cdot\boldsymbol{a})}}\boldsymbol{a} \\ &= \frac{\boldsymbol{a}+\boldsymbol{b}}{\sqrt{2(1+\boldsymbol{b}\cdot\boldsymbol{a})}} \\ &= \boldsymbol{a}\,\frac{1+\boldsymbol{ab}}{\sqrt{2(1+\boldsymbol{b}\cdot\boldsymbol{a})}} \\ &= \boldsymbol{a}\boldsymbol{R}_{a\to b}^{-1}\end{aligned} \tag{2-34}$$

进一步满足：

$$\boldsymbol{R}_{a\to b}\boldsymbol{a}\boldsymbol{R}_{a\to b}^{-1} = \frac{1+\boldsymbol{ba}}{\sqrt{2(1+\boldsymbol{b}\cdot\boldsymbol{a})}}\boldsymbol{a}\,\frac{1+\boldsymbol{ab}}{\sqrt{2(1+\boldsymbol{b}\cdot\boldsymbol{a})}} = \boldsymbol{b} \tag{2-35}$$

综上所述，为了实现坐标转化，即将基向量$\{\boldsymbol{e}_1, \boldsymbol{e}_2, \boldsymbol{e}_3\}$旋转到基向量$\{\hat{\boldsymbol{e}}_1, \hat{\boldsymbol{e}}_2, \hat{\boldsymbol{e}}_3\}$，可利用旋转算子实现。

如图 2－4 所示，坐标转化可连续利用两个旋转算子实现。首先从 $\boldsymbol{e}_3$ 旋转到 $\hat{\boldsymbol{e}}_3$，其旋转算子表示为 $\boldsymbol{R}_\phi$，从 $\boldsymbol{e}_2$ 旋转到 $\hat{\boldsymbol{e}}_2$，其旋转算子表示为 $\boldsymbol{R}_\varphi$，则这两个旋转算子的表式如下：

$$\boldsymbol{R}_\phi = \frac{1+\hat{\boldsymbol{e}}_3\boldsymbol{e}_3}{\sqrt{2(1+\hat{\boldsymbol{e}}_3\cdot\boldsymbol{e}_3)}},\ \boldsymbol{R}_\varphi = \frac{1+\hat{\boldsymbol{e}}_2\boldsymbol{e}_2}{\sqrt{2(1+\hat{\boldsymbol{e}}_2\cdot\boldsymbol{e}_2)}} \tag{2-36}$$

$$\boldsymbol{R}_\phi^{-1} = \frac{1+\boldsymbol{e}_3\hat{\boldsymbol{e}}_3}{\sqrt{2(1+\hat{\boldsymbol{e}}_3\cdot\boldsymbol{e}_3)}},\ \boldsymbol{R}_\varphi^{-1} = \frac{1+\boldsymbol{e}_2\hat{\boldsymbol{e}}_2}{\sqrt{2(1+\hat{\boldsymbol{e}}_2\cdot\boldsymbol{e}_2)}} \tag{2-37}$$

经过坐标变换后的关节点可表示为

$$\hat{\boldsymbol{p}}_i^t = \boldsymbol{R}_\varphi\boldsymbol{R}_\phi\bar{\boldsymbol{J}}_i^t\boldsymbol{R}_\varphi^{-1}\boldsymbol{R}_\phi^{-1} \tag{2-38}$$

式中，$\boldsymbol{J}$ 是一个旋转矩阵，整个等式用于描述坐标变换后关节点的表示。旋转矩阵用于将点或矢量从一个坐标系转换到另一个坐标系。

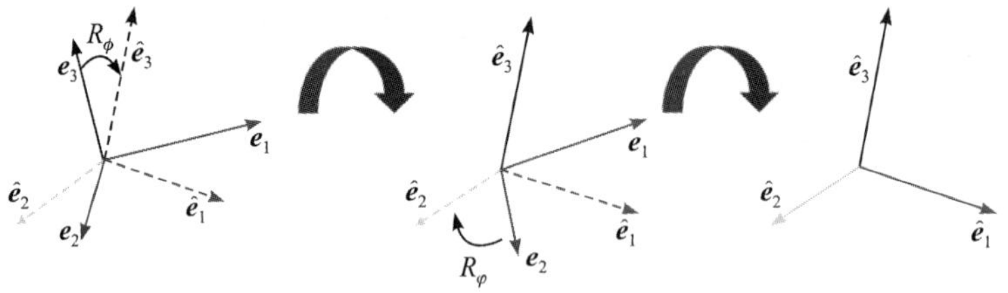

图 2－4　基于旋转算子的坐标转换过程

设转化后关节点的坐标为$(\hat{x}_i^t, \hat{y}_i^t, \hat{z}_i^t)$，则

$$\hat{\boldsymbol{p}}_i^t = \hat{x}_i^t\hat{\boldsymbol{e}}_1 + \hat{y}_i^t\hat{\boldsymbol{e}}_2 + \hat{z}_i^t\hat{\boldsymbol{e}}_3 \tag{2-39}$$

得到转换后所有关节点的坐标后，进行姿态描述以实现基于三维骨架的行为识别，如图 2－5 所示。三维骨架中存在两类主要几何体，即用关节表示的点以及用骨骼表示的直线。点可以表征三维骨架不同时刻关节的位置信息以及相对位置信息，直线可以表征三维骨架的相对空间关系，从而实现对基于人体骨架的行为姿态几何特性的全面描述。

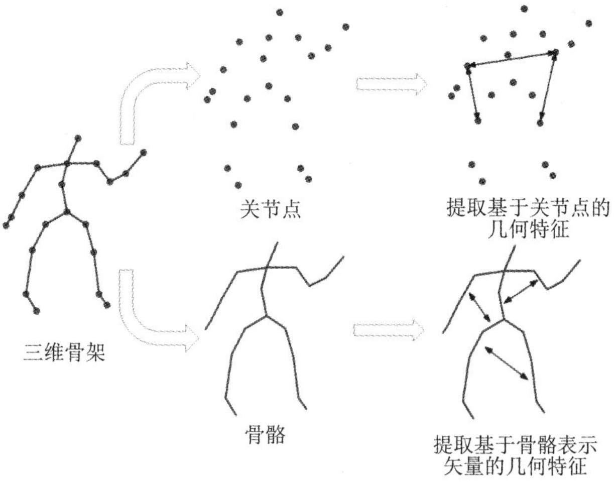

图 2-5　三维骨架中关节和骨骼形成几何特征示意图

2.4　基于关节点几何特征的行为描述

在基于深度学习的人体骨架行为识别中，关节点的几何特征通常将关节点序列编码为彩色 RGB 图片(如图 2-6 所示)并通过深度网络得到。但是，序号相邻的关节点在人体骨架中并没有空间相关性，因此应该按照关节点在骨架中的空间相关性设计几何特征；人体行为的发生主要由部分身体部位的关节点表示，因此需要将表示行为的特征聚集在关键身体部分；此外，非相邻关节点之间的几何关系以及关节点的时序变化均有利于提高行为识别准确率。

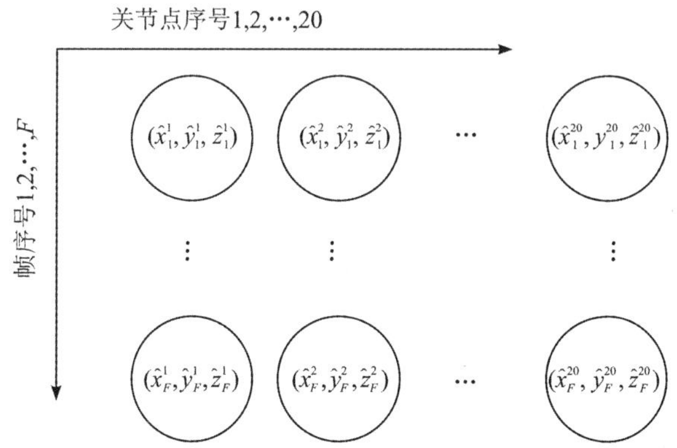

图 2-6　基于关节点三维坐标形成的 RGB 图片

根据当前基于所有关节的行为识别存在的问题，本节提出了一种新的基于关节点几何特征的行为描述方法。首先将人体骨架根据行为动作习惯分为三个部分，然后针对不同部分考虑关节点的相对几何特征，实现基于关节点几何特征的行为识别。

1. 不同身体部分关节点的位置特征

根据人体结构和行为习惯可知，人体行为主要由四肢和头部关节点的运动形成。如图2-7所示，我们首先去除掉人体躯干部分对行为识别无效的几个关节点。在此基础上，根据行为习惯(人的行为主要由某些具体人体部位产生)，我们将人体分为三个部分：双手、左手和右脚、右手和左脚。根据各部分关节点的空间连接关系，按图2-7中箭头所示的顺序，可形成一个关节点的空间几何特征序列。该序列包含了不同关节点之间的空间连接关系。

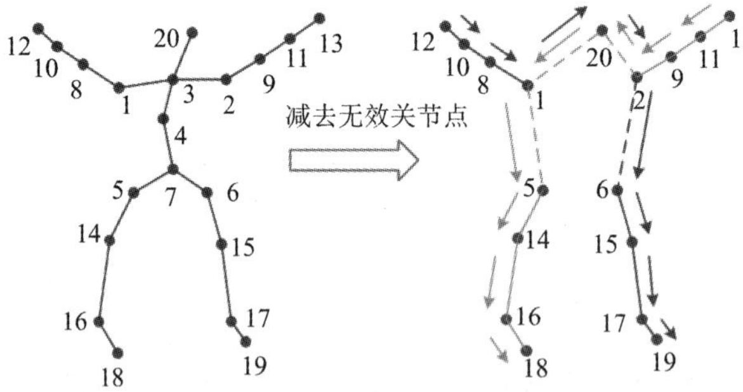

图 2-7 将三维骨架关节点表示为不同部分的示意图

根据图2-7中针对20个关节点的三维骨架描述，三个部分双手(P_1)、右手和左脚(P_2)、左手和右脚(P_3)包含的关节点按照空间顺序分别为

$$\begin{cases} P_1=[12\quad 10\quad 8\quad 1\quad 20\quad 2\quad 9\quad 11\quad 13] \\ P_2=[12\quad 10\quad 8\quad 1\quad 20\quad 2\quad 6\quad 15\quad 17\quad 19] \\ P_3=[13\quad 11\quad 9\quad 2\quad 20\quad 1\quad 5\quad 14\quad 16\quad 18] \end{cases} \tag{2-40}$$

同理针对25个关节点的三维骨架，三个部分的关节点空间顺序分别为

$$\begin{cases} P_1=[24\quad 25\quad 12\quad 10\quad 9\quad 4\quad 5\quad 6\quad 7\quad 8\quad 22\quad 23] \\ P_2=[24\quad 25\quad 12\quad 10\quad 9\quad 4\quad 5\quad 13\quad 14\quad 15\quad 16] \\ P_3=[23\quad 22\quad 8\quad 7\quad 6\quad 5\quad 4\quad 9\quad 17\quad 18\quad 19\quad 20] \end{cases} \tag{2-41}$$

将不同部分的关节点按照图2-8的方式形成三张RGB图片。首先，将每个关节点坐标三个通道($\hat{x}_f^j$，$\hat{y}_f^j$，$\hat{z}_f^j$)转化到0～255灰度值之间，具体如下：

$$\hat{\boldsymbol{x}}=\text{floor}\left[255\times\frac{\hat{\boldsymbol{x}}-\min(\hat{\boldsymbol{x}})}{\max(\hat{\boldsymbol{x}})-\min(\hat{\boldsymbol{x}})}\right] \tag{2-42}$$

其中，$\hat{\boldsymbol{x}}$ 表示该骨架序列中所有帧的所有关节点在基向量 $\hat{\boldsymbol{e}}_1$ 上的值形成的向量。这些坐标值通过归一化处理，确保映射到的颜色通道分量适应典型的RGB像素值范围。同样地，骨架关节点在另外两个基向量 $\hat{\boldsymbol{e}}_2$ 和 $\hat{\boldsymbol{e}}_3$ 上的坐标值也会经历相似的转换过程，以生成完整的RGB颜色信息。通过这一系列转换，骨架的每一帧数据都被编码为一个具有空间结构信息的彩色图像，其中不同颜色的分布直观展现了关节点的位置和分布。

为了将位置特征转换成图片，并将其作为深度网络的输入，本节以在时间维度上进行线性插值、在空间维度上进行特征复制的方式，将不同部分的关节点位置特征表示转换分辨率为 224×224 的 RGB 图片，这样三个部分会形成三张 RGB 图片，不同 RGB 图片作为卷积神经网络的输入，采用 Resnet-50 进行 RGB 图片的分类，最后根据全连接层形成的特征进行加权融合，得到基于关节点位置的识别结果。

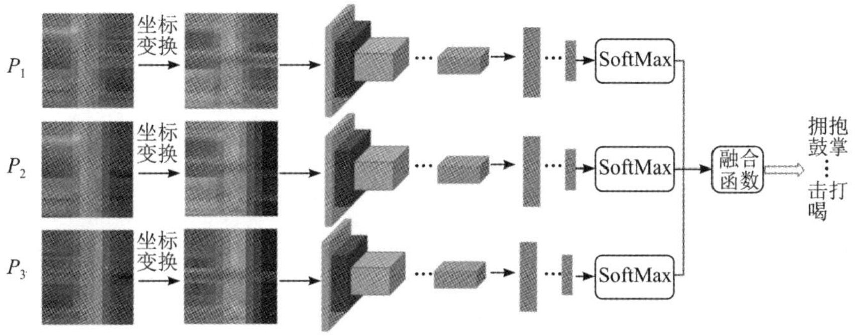

图 2-8　基于骨架三个部分的行为识别

本节采用加权融合方法对不同部分特征输出的先验概率向量进行融合，将骨架序列 S 三个不同部分产生的图片定义为 I_{P1}、I_{P2} 和 I_{P3}，每张图片利用 Resnet-50 输出得到的后验概率向量分别为 $\text{prob}(\boldsymbol{l}|I_{P_1})$、$\text{prob}(\boldsymbol{l}|I_{P_2})$和 $\text{prob}(\boldsymbol{l}|I_{P_3})$，表示该图片属于不同类别的概率，这样骨架序列 S 的评分向量 $\text{score}(\boldsymbol{l}|S)$即可根据不同部分的后验概率向量融合得到：

$$\text{score}(\boldsymbol{l} \mid S) = \eta_1 \text{prob}(\boldsymbol{l} \mid I_{P_1}) + \eta_2 \text{prob}(\boldsymbol{l} \mid I_{P_2}) + \eta_3 \text{prob}(\boldsymbol{l} \mid I_{P_3}) \tag{2-43}$$

根据评分向量即可得到该行为的类别：

$$\text{label} = \text{Find}\{\max[\text{score}(\boldsymbol{l} \mid S)]\} \tag{2-44}$$

其中，η_1、η_2、η_3 为不同部分被分配的权重，满足 $\eta_1+\eta_2+\eta_3=1$。

2. 不同身体部分关节点的相对几何特征

在考虑关节点位置几何特征的基础上，不同关节点之间的相对关系几何特征对于行为识别也非常重要。本节在三个不同部分的关节点位置几何特征的基础上，同时加入关节点相对几何特征，包括不同关节点之间的相对特征以及相邻帧关节点之间的相对位置特征。

不同关节点的相对几何特征对于行为的表示意义很大，如："拍手"行为，左手和右手对称关节点之间的相对距离会变得很小；"接电话"行为，左手或后手的手部关节处于整个骨架空间的远离重心的位置，因此手部关节相对骨架坐标原点的距离较大；"捡起"行为，人体手臂关节相对于腿部关节的相对距离也会变得很小，这些相对距离对于表示不同的行为很重要，因此本节定义了每个关节点相对于手臂和腿部的对称特征。如图 2-9 左图所示，针对 20 个关节点的骨架，其中关节点"10"的手臂对称关节点为"11"，腿部对称关节点为"17"，整个骨架坐标原点为"7"，其他关节点根据对称位置得到。相邻帧关节点的相对位置对于表示行为变化和运动也很重要，如图 2-9 右图所示，每个关节点相对自身在相邻帧的位置变化被表示为关节点位置变化特征。

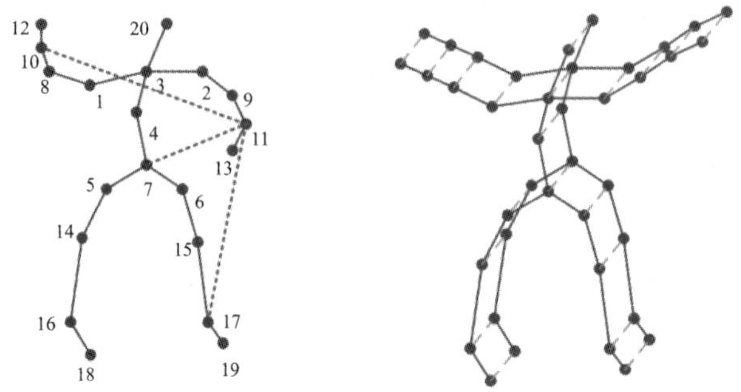

图 2-9 三维骨架中关节点的相对几何特征描述

根据图 2-7 对三维骨架的划分，P_2 和 P_3 部分包含所有关节点，P_1 部分包含双手的关节点。因此，本节考虑 P_2 和 P_3 部分中的所有关节点对称手臂和腿部关节点的相对几何特征，同时考虑关节点相对整个骨架即骨架坐标系原点的相对几何特征，在几何代数空间 $Cl(\boldsymbol{v}^3)$ 中，关节表示的几何体即点之间的相对几何特征可用点与点之间的距离表示，这样就能用三个距离表示同一时刻骨架中所有关节点的相对几何特征。此外，相邻帧关节点相对位置对于表示行为变化和运动很重要，且人体行为动作主要由手部关节点运动形成，相对双腿关节点随时间的相对变化，手部的关节点运动特征更有利于描述行为运动特征，因此，本节针对 P_1 部分，在关节点位置特征的基础上，加入相邻帧关节点的相对位置特征。

针对 P_2 和 P_3 部分中的所有关节点分别计算其相对手臂和腿部以及骨架原点的距离。设关节点为 $\hat{\boldsymbol{p}}_j^f$，其手臂对称关节点为 $\hat{\boldsymbol{p}}_h^f$，其腿部对称关节点为 $\hat{\boldsymbol{p}}_l^f$，满足 $j, h, l \in P_2$（或 P_3），其在几何代数空间 $Cl(\boldsymbol{v}^3)$ 中的表示如下：

$$
\begin{aligned}
\hat{\boldsymbol{p}}_j^f &= \hat{x}_j^f \hat{\boldsymbol{e}}_1 + \hat{y}_j^f \hat{\boldsymbol{e}}_2 + \hat{z}_j^f \hat{\boldsymbol{e}}_3 \\
\hat{\boldsymbol{p}}_h^f &= \hat{x}_h^f \hat{\boldsymbol{e}}_1 + \hat{y}_h^f \hat{\boldsymbol{e}}_2 + \hat{z}_h^f \hat{\boldsymbol{e}}_3 \\
\hat{\boldsymbol{p}}_l^f &= \hat{x}_l^f \hat{\boldsymbol{e}}_1 + \hat{y}_l^f \hat{\boldsymbol{e}}_2 + \hat{z}_l^f \hat{\boldsymbol{e}}_3
\end{aligned}
\tag{2-45}
$$

关节点 $\hat{\boldsymbol{p}}_j^f$ 与其手臂对称关节点 $\hat{\boldsymbol{p}}_h^f$ 的相对距离通过连接形成向量的内积计算：

$$
\mathrm{d1}_j^f = \sqrt{(\hat{\boldsymbol{p}}_j^f - \hat{\boldsymbol{p}}_h^f) \cdot (\hat{\boldsymbol{p}}_j^f - \hat{\boldsymbol{p}}_h^f)} \tag{2-46}
$$

类似地，关节点 $\hat{\boldsymbol{p}}_j^f$ 与其腿部对称关节点 $\hat{\boldsymbol{p}}_l^f$ 的相对距离为：

$$
\mathrm{d2}_j^f = \sqrt{(\hat{\boldsymbol{p}}_j^f - \hat{\boldsymbol{p}}_l^f) \cdot (\hat{\boldsymbol{p}}_j^f - \hat{\boldsymbol{p}}_l^f)} \tag{2-47}
$$

关节点 $\hat{\boldsymbol{p}}_j^f$ 与骨架坐标原点的距离为：

$$
\mathrm{d3}_j^f = \sqrt{\hat{\boldsymbol{p}}_j^f \cdot \hat{\boldsymbol{p}}_j^f} \tag{2-48}
$$

针对关节点 $\hat{\boldsymbol{p}}_j^f$ 形成的三类相对距离特征 $\mathrm{d1}_j^f$、$\mathrm{d2}_j^f$、$\mathrm{d3}_j^f$ 将作为关节点的相对几何特征，从而可得每个关节点在每一帧图片中的相对几何特征，将这三类相对距离特征分别作为 RGB 图片的三个通道，同时级联到关节点位置特征形成的图片中，就能将关节点位置特征和不同关节点的相对几何特征表示成一张图片并输入到深度网络中。

针对 P_1 部分包含双手的关节点，计算其中每个关节点与其相邻帧的相对位置几何特征，对于手部关节点 $\hat{\boldsymbol{p}}_w^f$，满足 $w\in P_1$，则与其相邻帧形成的矢量可表示为

$$\hat{\boldsymbol{p}}_w^f-\hat{\boldsymbol{p}}_w^{f-1}=(\hat{x}_w^f-\hat{x}_w^{f-1})\hat{\boldsymbol{e}}_1+(\hat{y}_w^f-\hat{y}_w^{f-1})\hat{\boldsymbol{e}}_2+(\hat{z}_w^f-\hat{z}_w^{f-1})\hat{\boldsymbol{e}}_3 \tag{2-49}$$

得到相对位置的三维坐标后形成 RGB 图片并将其级联到关节点位置特征图片中，合成一张图片，作为 P_1 部分包含关节点的几何特征，然后将其输入到深度网络中实现分类和识别。

由图 2-10 可得，关节点的相对几何特征在关节点位置特征的基础上，能更进一步表征该行为的几何特性。

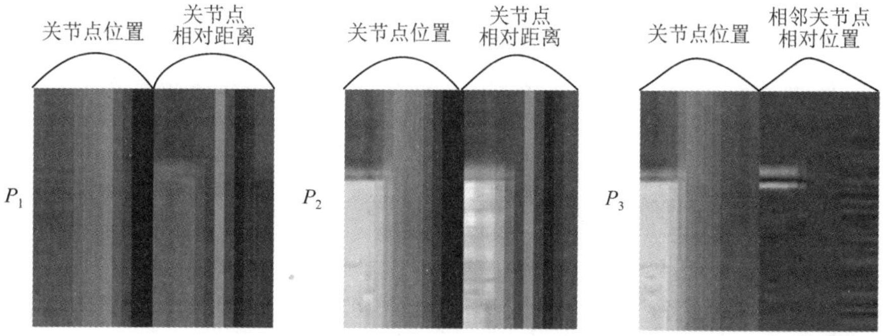

图 2-10　NTU 骨架数据集中“用手指某人”行为的三部分关节点几何特征形成的 RGB 图片

2.5　基于骨骼几何特征的行为描述

在提取关节的空间位置和相对距离特征后，为了描述三维骨架中的三维空间相对特征，本节通过三维骨架中骨骼表示矢量之间的相对关系提取三维空间相对特征，根据同一帧骨架中不同骨骼表示矢量的相对关系以及相邻时刻骨架中不同骨骼表示矢量的相对关系分别描述某一时刻下骨架中的空间相对特征以及空间相对变化特征。

本节利用旋转关系作为人体骨架中两个不同骨骼之间的空间相对特征，通过不同骨骼的旋转关系来描述当前时刻的人体姿态，同时利用来自相邻时刻三维骨架中不同骨骼之间的旋转关系，反映人体行为姿态变化情况。

1. 相同时刻骨架中的相对空间姿态

本节针对第 f 帧的三维骨架，根据不同骨骼之间的旋转关系描述三维骨架的相对空间姿态特征。如图 2-11 所示，根据上述坐标转换方法，得到转换坐标后第 f 帧的关节点 $\hat{\boldsymbol{p}}_i^f$、$\hat{\boldsymbol{p}}_j^f$、$\hat{\boldsymbol{p}}_l^f$ 和 $\hat{\boldsymbol{p}}_h^f$，分别组成骨骼 $\hat{\boldsymbol{B}}_m^f$ 和 $\hat{\boldsymbol{B}}_n^f$。在几何代数空间 $\mathrm{Cl}(\boldsymbol{v}^3)$ 中两骨骼 $\hat{\boldsymbol{B}}_m^f$ 和 $\hat{\boldsymbol{B}}_n^f$ 分别表示为矢量 $\boldsymbol{L}_m^f$ 和 $\boldsymbol{L}_n^f$，则骨骼 $\hat{\boldsymbol{B}}_m^f$ 和 $\hat{\boldsymbol{B}}_n^f$ 的旋转可利用矢量 $\boldsymbol{L}_m^f$ 旋转到矢量 $\boldsymbol{L}_n^f$ 来表示，并通过旋转算子 $\boldsymbol{R}_{m,n}^f$ 实现。

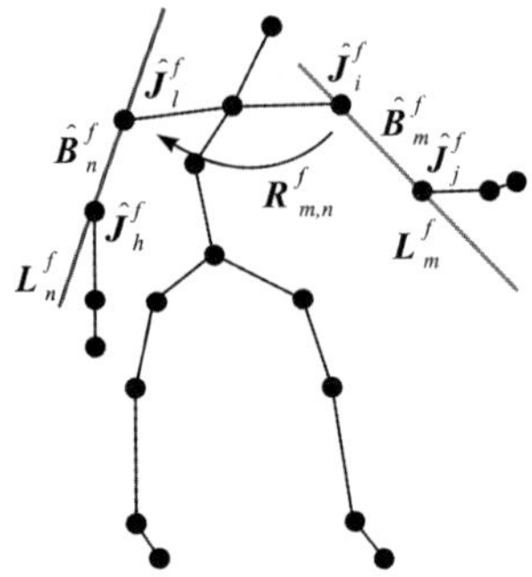

图 2-11　同一帧骨架图像中骨骼 $\hat{\boldsymbol{B}}_m^f$ 旋转到骨骼 $\hat{\boldsymbol{B}}_n^f$ 的示意图

将实现不同骨骼旋转的旋转算子作为该时刻的相对空间特征，因此，仅仅需要矢量的方向用于旋转算子的表示，而矢量的模不用于特征的计算。进一步将骨骼表示的矢量表示为单位矢量，利用视角转化后的关节点坐标可计算得到，则矢量 $\boldsymbol{L}_m^f$ 和 $\boldsymbol{L}_n^f$ 的表示如下：

$$\boldsymbol{L}_m^f = \frac{1}{N_{ij}^t}[(\hat{x}_i^f - \hat{x}_j^f)\hat{\boldsymbol{e}}_1 + (\hat{y}_i^f - \hat{y}_j^f)\hat{\boldsymbol{e}}_2 + (\hat{z}_i^f - \hat{z}_j^f)\hat{\boldsymbol{e}}_3] \tag{2-50}$$

$$\boldsymbol{L}_n^f = \frac{1}{N_{lh}^t}[(\hat{x}_l^f - \hat{x}_h^f)\hat{\boldsymbol{e}}_1 + (\hat{y}_l^f - \hat{y}_h^f)\hat{\boldsymbol{e}}_2 + (\hat{z}_l^f - \hat{z}_h^f)\hat{\boldsymbol{e}}_3] \tag{2-51}$$

其中，

$$N_{ij}^f = \sqrt{(\hat{x}_i^f - \hat{x}_j^f)^2 + (\hat{y}_i^f - \hat{y}_j^f)^2 + (\hat{z}_i^f - \hat{z}_j^f)^2}$$

$$N_{lh}^f = \sqrt{(\hat{x}_l^f - \hat{x}_h^f)^2 + (\hat{y}_l^f - \hat{y}_h^f)^2 + (\hat{z}_l^f - \hat{z}_h^f)^2}$$

根据旋转算子 $\boldsymbol{R}_{m,n}^f$ 实现矢量 $\boldsymbol{L}_m^f$ 旋转到矢量 $\boldsymbol{L}_n^f$：

$$\boldsymbol{L}_n^f = \boldsymbol{R}_{m,n}^f \boldsymbol{L}_m^f (\boldsymbol{R}_{m,n}^f)^{-1} \tag{2-52}$$

其中，$(\boldsymbol{R}_{m,n}^f)^{-1}$ 表示旋转算子 $\boldsymbol{R}_{m,n}^f$ 的逆。

两个单位向量 $\boldsymbol{a}$ 和 $\boldsymbol{b}$ 的旋转算子 $\boldsymbol{R}_{a\to b}$ 可进一步表示为

$$\boldsymbol{R}_{a\to b} = \boldsymbol{b}\frac{1+\boldsymbol{ba}}{|\boldsymbol{a}+\boldsymbol{b}|} = \frac{1+\boldsymbol{ba}}{\sqrt{2(1+\boldsymbol{b}\cdot\boldsymbol{a})}} = \frac{1+\boldsymbol{b}\cdot\boldsymbol{a}}{\sqrt{2(1+\boldsymbol{b}\cdot\boldsymbol{a})}} + \frac{\boldsymbol{b}\wedge\boldsymbol{a}}{\sqrt{2(1+\boldsymbol{b}\cdot\boldsymbol{a})}} \tag{2-53}$$

设单位向量 $\boldsymbol{a}$ 和 $\boldsymbol{b}$ 的夹角为 ϑ，根据半角公式可得

$$\begin{cases} \cos\dfrac{\vartheta}{2} = \sqrt{\dfrac{1+\cos\vartheta}{2}} = \sqrt{\dfrac{1+\boldsymbol{a}\cdot\boldsymbol{b}}{2}} \\ \sin\dfrac{\vartheta}{2} = \sqrt{\dfrac{1-\cos\vartheta}{2}} = \sqrt{\dfrac{1-\boldsymbol{a}\cdot\boldsymbol{b}}{2}} \end{cases} \tag{2-54}$$

则旋转算子 $\boldsymbol{R}_{a\to b}$ 可以表示为

$$\begin{aligned} \boldsymbol{R}_{a\to b} &= \frac{1+\boldsymbol{b}\cdot\boldsymbol{a}}{\sqrt{2(1+\boldsymbol{b}\cdot\boldsymbol{a})}} + \frac{\boldsymbol{b}\wedge\boldsymbol{a}}{\sqrt{2(1+\boldsymbol{b}\cdot\boldsymbol{a})}} = \frac{\sqrt{1+\boldsymbol{b}\cdot\boldsymbol{a}}}{\sqrt{2}} + \frac{\sqrt{1-\boldsymbol{b}\cdot\boldsymbol{a}}}{\sqrt{2}}\,\frac{\boldsymbol{b}\wedge\boldsymbol{a}}{\sqrt{[1-(\boldsymbol{b}\cdot\boldsymbol{a})^2]}} \\ &= \cos\frac{\vartheta}{2} - \sin\frac{\vartheta}{2}\boldsymbol{H} \end{aligned} \tag{2-55}$$

其中，$\boldsymbol{H}$ 为旋转平面，可表示为

$$\boldsymbol{H}=\frac{\boldsymbol{a}\wedge\boldsymbol{b}}{\sqrt{[1-(\boldsymbol{b}\cdot\boldsymbol{a})^2]}} \tag{2-56}$$

且 $\boldsymbol{H}$ 为平面 $\boldsymbol{a}\wedge\boldsymbol{b}$ 中的单位二次面片，满足 $\boldsymbol{H}^2=-1$ 即 $|\boldsymbol{H}^2|=1$。因此旋转算子可用旋转平面和旋转角度表达。

基于旋转算子的表达方法，矢量 $\boldsymbol{L}_m^f$ 旋转到矢量 $\boldsymbol{L}_n^f$ 的旋转算子 $\boldsymbol{R}_{m,n}^f$ 可由旋转角度 $\vartheta_{m,n}^f$ 和旋转平面 $\boldsymbol{H}_{m,n}^f$ 表示：

$$\boldsymbol{R}_{m,n}^f=\cos\frac{\vartheta_{m,n}^f}{2}-\sin\frac{\vartheta_{m,n}^f}{2}\boldsymbol{H}_{m,n}^f \tag{2-57}$$

根据定义，旋转角度可根据两矢量的内积计算得到：

$$\vartheta_{m,n}^f=\arccos(\boldsymbol{L}_m^f\cdot\boldsymbol{L}_n^f) \tag{2-58}$$

旋转平面 $\boldsymbol{H}_{m,n}^f$ 为单位面片，可进一步利用转化后的表示平面的基向量表示为

$$\boldsymbol{H}_{m,n}^f=\kappa_1\hat{\boldsymbol{e}}_1\wedge\hat{\boldsymbol{e}}_2+\kappa_2\hat{\boldsymbol{e}}_1\wedge\hat{\boldsymbol{e}}_3+\kappa_3\hat{\boldsymbol{e}}_2\wedge\hat{\boldsymbol{e}}_3 \tag{2-59}$$

且同时满足 $|(\boldsymbol{H}_{m,n}^f)^2|=1$，则有 $\kappa_1^2+\kappa_2^2+\kappa_3^2=1$，其中 κ_1、κ_2、κ_3 为常数，根据 κ_1、κ_2、κ_3 满足的关系，为了保证求解的唯一性，针对旋转平面 $\boldsymbol{H}_{m,n}^f$，将 κ_1、κ_2、κ_3 表示为

$$\begin{cases}\kappa_1=\sin\psi_{m,n}^f\cos\varphi_{m,n}^f\\ \kappa_2=\sin\psi_{m,n}^f\sin\varphi_{m,n}^f\\ \kappa_3=\cos\psi_{m,n}^f\end{cases},\ \psi_{m,n}^f\in[0,\pi],\ \varphi_{m,n}^f\in[0,2\pi] \tag{2-60}$$

综上所示，可将矢量 $\boldsymbol{L}_m^f$ 旋转到矢量 $\boldsymbol{L}_n^f$ 的旋转算子 $\boldsymbol{R}_{m,n}^f$ 表示为

$$\boldsymbol{R}_{m,n}^f=\cos\frac{\vartheta_{m,n}^f}{2}-\sin\frac{\vartheta_{m,n}^f}{2}(\sin\psi_{m,n}^f\cos\varphi_{m,n}^f\hat{\boldsymbol{e}}_1\wedge\hat{\boldsymbol{e}}_2+\sin\psi_{m,n}^f\sin\varphi_{m,n}^f\hat{\boldsymbol{e}}_1\wedge\hat{\boldsymbol{e}}_3+\cos\psi_{m,n}^f\hat{\boldsymbol{e}}_2\wedge\hat{\boldsymbol{e}}_3) \tag{2-61}$$

这样旋转算子 $\boldsymbol{R}_{m,n}^f$ 可用三个角度 $\vartheta_{m,n}^f$、$\psi_{m,n}^f$、$\varphi_{m,n}^f$ 来表征。本章将这三个角度形成向量作为骨骼 $\boldsymbol{B}_m^f$ 到 $\boldsymbol{B}_n^f$ 的旋转特征，设为 $\boldsymbol{M}_{m,n}^f$：

$$\boldsymbol{M}_{m,n}^f=[\vartheta_{m,n}^f,\ \psi_{m,n}^f,\ \varphi_{m,n}^f] \tag{2-62}$$

其中，旋转角度 $\vartheta_{m,n}^f$ 根据两矢量 $\boldsymbol{L}_m^f$ 和 $\boldsymbol{L}_n^f$ 内积计算得到，另外两个角度 $\psi_{m,n}^f$ 和 $\varphi_{m,n}^f$ 表征旋转平面 $\boldsymbol{H}_{m,n}^f$，旋转平面 $\boldsymbol{H}_{m,n}^f$ 为 $\boldsymbol{L}_m^f$ 和 $\boldsymbol{L}_n^f$ 外积形成的平面上的单位面片，可表示为

$$\boldsymbol{H}_{m,n}^f=\frac{1}{\sqrt{|(\boldsymbol{L}_m^f\wedge\boldsymbol{L}_n^f)^2|}}\boldsymbol{L}_m^f\wedge\boldsymbol{L}_n^f=\kappa_1\hat{\boldsymbol{e}}_1\wedge\hat{\boldsymbol{e}}_2+\kappa_2\hat{\boldsymbol{e}}_1\wedge\hat{\boldsymbol{e}}_3+\kappa_3\hat{\boldsymbol{e}}_2\wedge\hat{\boldsymbol{e}}_3 \tag{2-63}$$

根据连接骨架的两关节点的坐标，可计算得到：

$$\kappa_1=\frac{1}{W_{m,n}^f}[(\hat{x}_i^f-\hat{x}_j^f)(\hat{y}_l^f-\hat{y}_h^f)-(\hat{y}_i^f-\hat{y}_j^f)(\hat{x}_l^f-\hat{x}_h^f)]$$

$$\kappa_2=\frac{1}{W_{m,n}^f}[(\hat{y}_i^f-\hat{y}_j^f)(\hat{z}_l^f-\hat{z}_h^f)-(\hat{z}_i^f-\hat{z}_j^f)(\hat{y}_l^f-\hat{y}_h^f)]$$

$$\kappa_3 = \frac{1}{W_{m,n}^f}\left[(\hat{z}_i^f - z_j^f)(\hat{x}_l^f - \hat{x}_h^f) - (\hat{x}_i^f - \hat{x}_j^f)(\hat{z}_l^f - \hat{z}_h^f)\right] \tag{2-64}$$

其中，$W_{m,n}^f = \sqrt{|(\boldsymbol{L}_m^f \wedge \boldsymbol{L}_n^f)^2|} \cdot N_{ij}^f \cdot N_{lh}^f$。根据式(2-64)可计算得到两角度 $\psi_{m,n}^f$ 和 $\varphi_{m,n}^f$：

$$\begin{cases} \sin\psi_{m,n}^f \cos\varphi_{m,n}^f = \sigma_1 \\ \sin\psi_{m,n}^f \sin\varphi_{m,n}^f = \sigma_2 \\ \cos\psi_{m,n}^f = \sigma_3 \end{cases}, \psi_{m,n}^f \in [0, \pi], \varphi_{m,n}^f \in [0, 2\pi] \tag{2-65}$$

从而计算得到骨骼 $\hat{\boldsymbol{B}}_m^f$ 到 $\hat{\boldsymbol{B}}_n^f$ 的旋转特征 $\boldsymbol{M}_{m,n}^f$。

综上所述，对于当前第 f 帧，共 $N-1$ 个骨骼，可形成$(N-1)\times(N-2)$对骨骼的旋转关系，得到$(N-1)\times(N-2)$个旋转特征。

2. 相邻时刻骨架中的相对空间姿态特征

除了考虑人体行为当前姿态，还需考虑姿态随时间变化的特征，以表征人体行为运动情况。本节在描述同一帧图像中不同骨骼旋转特征的基础上，同时设计了相邻时刻两个不同骨骼的旋转关系，以描述人体行为姿态变化情况。

如图 2-12 所示，以第 $f-1$ 帧骨架中骨骼 $\hat{\boldsymbol{B}}_p^{f-1}$ 旋转到第 f 帧骨架中骨骼 $\hat{\boldsymbol{B}}_q^f$ 为例，说明相对空间姿态变化的特征计算过程。骨骼 $\hat{\boldsymbol{B}}_p^{f-1}$ 和 $\hat{\boldsymbol{B}}_q^f$ 分别由关节点 $\hat{\boldsymbol{p}}_c^{f-1}$、$\hat{\boldsymbol{p}}_s^{f-1}$ 和 $\hat{\boldsymbol{p}}_w^f$、$\hat{\boldsymbol{p}}_t^f$ 组成，且在几何代数空间 $\mathrm{Cl}(\boldsymbol{v}^3)$中两骨骼 $\hat{\boldsymbol{B}}_p^{f-1}$ 和 $\hat{\boldsymbol{B}}_q^f$ 分别表示为矢量 $\boldsymbol{L}_p^{f-1}$ 和 $\boldsymbol{L}_q^f$，本节将骨骼 $\hat{\boldsymbol{B}}_p^{f-1}$ 旋转到骨骼 $\hat{\boldsymbol{B}}_q^f$ 的旋转特征作为相邻时刻骨架空间变化特征，因此，将矢量 $\boldsymbol{L}_p^{f-1}$ 和 $\boldsymbol{L}_q^f$ 均定义为单位矢量，将实现从矢量 $\boldsymbol{L}_p^{f-1}$ 旋转到矢量 $\boldsymbol{L}_q^f$ 的旋转算子定义为 $\bar{\boldsymbol{R}}_{p,q}^f$，如下：

$$\boldsymbol{L}_q^f = \bar{\boldsymbol{R}}_{p,q}^f \boldsymbol{L}_p^{f-1} (\bar{\boldsymbol{R}}_{p,q}^f)^{-1} \tag{2-66}$$

其中，$(\bar{\boldsymbol{R}}_{p,q}^f)^{-1}$ 为 $\bar{\boldsymbol{R}}_{p,q}^f$ 的逆。

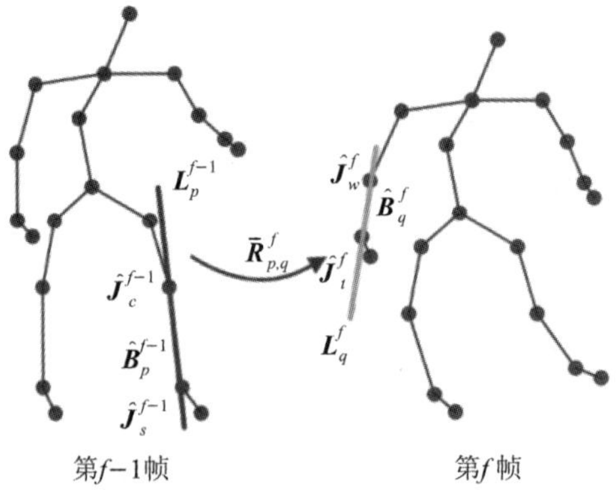

图 2-12 相邻帧骨架中不同骨骼 $\hat{\boldsymbol{B}}_p^{f-1}$ 和 $\hat{\boldsymbol{B}}_q^f$ 的旋转关系示意图

根据连接骨骼的关节点坐标，可得两矢量的表示如下：

$$\boldsymbol{L}_p^{f-1}=\frac{1}{N_{cs}^{f-1}}[(\hat{x}_c^{f-1}-\hat{x}_s^{f-1})\hat{\boldsymbol{e}}_1+(\hat{y}_c^{f-1}-\hat{y}_s^{f-1})\hat{\boldsymbol{e}}_2+(\hat{z}_c^{f-1}-\hat{z}_s^{f-1})\hat{\boldsymbol{e}}_3] \tag{2-67}$$

$$\boldsymbol{L}_q^f=\frac{1}{N_{wt}^f}[(\hat{x}_w^f-\hat{x}_t^f)\hat{\boldsymbol{e}}_1+(\hat{y}_w^f-\hat{y}_t^f)\hat{\boldsymbol{e}}_2+(\hat{z}_w^f-\hat{z}_t^f)\hat{\boldsymbol{e}}_3] \tag{2-68}$$

其中

$$N_{cs}^{f-1}=\sqrt{(\hat{x}_c^{f-1}-\hat{x}_s^{f-1})^2+(\hat{y}_c^{f-1}-\hat{y}_s^{f-1})+(\hat{z}_c^{f-1}-\hat{z}_s^{f-1})^2}$$

$$N_{wt}^f=\sqrt{\hat{x}_w^f-\hat{x}_t^f)^2+(\hat{y}_w^f-\hat{y}_t^f)^2+(\hat{z}_w^f-\hat{z}_t^f)^2}$$

这样从矢量 $\boldsymbol{L}_p^{f-1}$ 旋转到矢量 $\boldsymbol{L}_q^f$ 的旋转角度 $\bar{\vartheta}_{p,q}^f$ 可表示为

$$\bar{\vartheta}_{p,q}^f=\arccos(\boldsymbol{L}_p^{f-1}\cdot\boldsymbol{L}_q^f) \tag{2-69}$$

从矢量 $\boldsymbol{L}_p^{f-1}$ 旋转到矢量 $\boldsymbol{L}_q^f$ 的旋转平面定义为 $\overline{\boldsymbol{H}}_{p,q}^f$，为矢量 $\boldsymbol{L}_p^{f-1}$ 和 $\boldsymbol{L}_q^f$ 张成平面上的单位二重面片，其表示如下：

$$\overline{\boldsymbol{H}}_{p,q}^f=\frac{1}{\sqrt{|(\boldsymbol{L}_p^{f-1}\wedge\boldsymbol{L}_q^f)^2|}}\boldsymbol{L}_p^{f-1}\wedge\boldsymbol{L}_q^f \tag{2-70}$$

同理，可利用两个角度 $\bar{\psi}_{p,q}^f$ 和 $\bar{\varphi}_{p,q}^f$ 表征旋转平面 $\overline{\boldsymbol{H}}_{p,q}^f$，并利用连接骨骼的关节点坐标计算得到这两个角度的大小，这样旋转算子 $\overline{\boldsymbol{R}}_{p,q}^f$ 可由角度 $\bar{\vartheta}_{p,q}^f$、$\bar{\psi}_{p,q}^f$ 和 $\bar{\varphi}_{p,q}^f$ 表示。本节将这三个角度形成的向量表示为骨骼 $\boldsymbol{B}_p^{f-1}$ 旋转到骨骼 $\boldsymbol{B}_q^f$ 的旋转特征，该旋转特征用于描述相邻骨架的相对空间特征，旋转特征设为 $\boldsymbol{M}_{p,q}^f$：

$$\overline{\boldsymbol{M}}_{p,q}^f=[\bar{\vartheta}_{p,q}^f,\ \bar{\psi}_{p,q}^f,\ \bar{\varphi}_{p,q}^f] \tag{2-71}$$

对于当前第 f 帧共有 $N-1$ 骨骼，第 $f-1$ 帧共有 $N-1$ 个骨骼，因此可形成 $(N-1)\times(N-1)$ 对骨骼的旋转关系，得到 $(N-1)\times(N-1)$ 个相邻骨架的相对空间特征。

3. 相对空间姿态特征编码

本节设计了两类相对空间特征，即基于当前时刻的相对空间姿态特征及其与相邻时刻的相对空间姿态特征，分别将两类特征作为深度网络的输入进行分类，本节利用卷积神经网络 Resnet-50 实现特征分类。

首先将所有时刻计算得到的相对空间特征表示为一张 RGB 图像，然后将 RGB 图像作为 Resnet-50 的输入，将行为识别问题转化为图片分类问题。先将计算得到的空间特征值转化到 0～255 灰度值之间，由于每一帧中每一对骨骼旋转得到的是三个元素形成的向量，则每一个元素可表示为 RGB 中的一个像素值：

$$(R,G,B)_{r,f}=(\vartheta_{m,n}^f,\ \psi_{m,n}^f,\ \varphi_{m,n}^f) \tag{2-72}$$

如图 2-13 所示，本节将某个视频动作形成骨架序列产生的相对空间姿态特征放入到一张 RGB 图片中，用纵轴表示帧数，用横轴表示需要计算旋转关系的具体骨骼对的编号，用横轴与纵轴对应的三个角度形成的旋转特征表示该坐标处的 R、G、B 值，图 2-13 中骨骼对编号 $r=1$ 表示骨骼 1 旋转到骨骼 2 计算得到的相对空间姿态特征。则一个骨骼序列根据计算得到的同一时刻的相对空间特征和相邻时刻的相对空间特征，可形成 2 张 RGB 图

片。将生成的 RGB 图片分别作为 Resnet-50 的输入，将最后 2 张图片在全连接层后的特征进行融合，进而得到基于骨骼形成几何特征的行为识别结果。

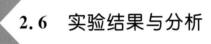

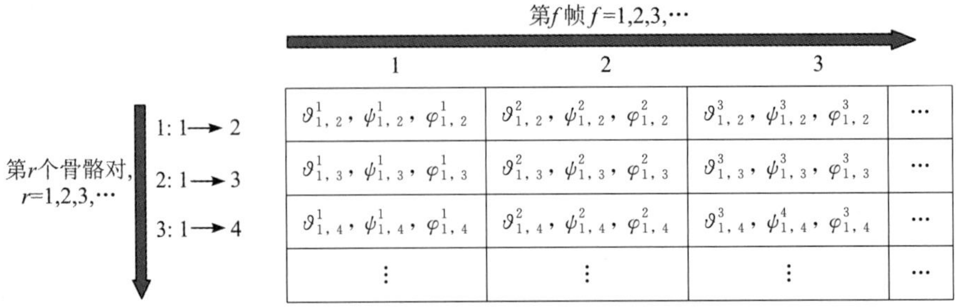

图 2-13 骨骼表示矢量的相对空间特征转化为 RGB 图片的示意图

2.6 实验结果与分析

本节针对提出的基于几何代数旋转算子的视角转换方法、基于关节几何特征以及骨骼几何特征的行为识别方法，在三种应用广泛的数据集(NTU RGB+D 60 数据集、Northwestern-UCLA 数据集以及 UTD-MHAD 数据集)上进行实验，并对实验结果进行说明和分析。

1. 实验参数设置

本节采用 Resnet-50 对生成的特征图片进行分类，且预训练参数来自 ImageNet 的分类结果。Resnet-50 的 dropout 概率值设为 0.5，动量参数设为 0.9，权重下降率设为 0.0004，学习率初始值设为 0.01。针对 NTU RGB+D 60 数据集数据量较大的问题，在该数据集上的 batchsize 设为 64，而 Northwestern-UCLA 数据集上的 batchsize 设为 16。

2. 不同方法的实验结果分析

表 2-1 是所提出的无视角转换和有视角转换方法在 NTU RGB+D 60 和 Northwestern-UCLA 数据集上的识别结果。由实验结果可知，在利用几何代数方法实现视角不变性后，转化后的骨架数据可实现更好的识别效果，具体地，视角变换后的方法在 NTU RGB+D 60 数据集的 CS 和 CV 评价协议上分别提升了 0.27%和 2.51%，验证了本章提出的视角转换方法的有效性。

表 2-1 视角转换方法的实验对比结果

方 法	NTU RGB+D 60 数据集		Northwestern-UCLA 数据集
	CS/%	CV/%	CV/%
无视角转换所有关节	82.98	86.28	76.30
有视角转换所有关节	83.25	88.79	89.57

表 2-2 是基于关节几何特征的识别方法在两个数据集上的实验结果。其中，“P”为所有关节按照序号顺序排列形成图片后进行分类和行为识别的方法，实验将身体不同部位的关节特征进行组合得到多种对比方法，并在不同数据集上进行结果对比。

表 2-2　基于关节几何特征的识别方法的实验结果

方　法	NTU RGB+D 60 数据集		Northwestern-UCLA 数据集
	CS/%	CV/%	CV/%
P(所有关节顺序排列)	83.25	88.79	89.57
P_1(双手关节位置特征)	80.58	81.74	81.74
P'_1(双手关节几何特征)	**81.78**	**84.78**	**84.78**
P_2(右手与左脚关节位置特征)	70.78	81.09	81.09
P'_2(右手与左脚关节几何特征)	**78.82**	**87.17**	**87.17**
P_3(左手与右脚关节位置特征)	77.10	88.04	88.04
P'_3(左手与右脚关节几何特征)	**81.45**	**89.35**	**89.35**
$P_1+P_2+P_3$(关节位置特征)	84.61	91.04	89.75
$P'_1+P'_2+P'_3$(关节几何特征)	**85.84**	**92.38**	**93.70**

从表 2-2 中可以看出，采用方法“$P_1+P_2+P_3$”比传统方法“P”的识别效果有较大提升，在 NTU RGB+D 60 数据集上，CS 和 CV 分别提升了 1.36%和 2.25%，这说明了将骨架关节按照空间连接关系进行排列并分成几个不同身体部分进行识别的有效性。此外，本章在关节位置特征的基础上，又考虑了关节之间的距离特征，共同形成关节几何特征，再根据关节几何特征转化为图片进行识别，这种方法“$P'_1+P'_2+P'_3$”的识别效果较仅利用关节位置特征的方法“$P_1+P_2+P_3$”在识别率上又有较大的提升，进一步说明了基于关节几何特征识别方法的有效性。

本章在对关节几何特征进行描述的基础上，还对骨架中骨骼的几何特征进行描述，表 2-3 是基于骨骼几何特征的识别方法实验结果。由实验结果可知，基于几何代数旋转算子描述的骨骼空间特征在不同数据集上均能取得较好的识别效果，且将两类骨骼空间特征进行融合后识别率有较大提升，这说明了所提出的两类特征具有较好的互补性。

表 2-3　基于骨骼几何特征的识别方法的实验结果

方　法	NTU RGB+D 60 数据集		Northwestern-UCLA 数据集
	CS/%	CV/%	CV/%
相同帧骨骼相对空间特征	81.55	84.78	90.65
相邻帧骨骼相对空间特征	81.26	82.47	89.08
骨骼相对空间特征	**83.01**	**87.32**	**91.31**

3. 与其他方法的对比实验

下面在三个数据集上将本章提出的方法与其他方法进行对比，并根据对比结果进行分析与说明。

1）在 NTU RGB+D 60 数据集上的对比结果

表 2-4 给出了本章提出的方法与其他方法在 NTU RGB+D 60 数据集上的对比实验结果。根据表 2-4 的结果可得：本章提出的基于骨架中关节和骨骼几何特征的方法在 NTU RGB+D 60 数据集上具有较高的识别效果。也可以看出，采用深度学习的方法如 CNN、RNN 或者 GCN 等方法的识别效果很大程度上优于传统方法。此外，本章提出的基于视角转换、基于关节点几何特征以及骨骼几何特征的行为识别方法效果良好，且优于其他所有基于几何特征的骨架行为识别方法。

表 2-4 不同方法在 NTU RGB+D 60 数据集上的对比结果

方 法	NTU RGB+D 60 数据集	
	CS/%	CV/%
Lie Group	50.08	52.76
Dynamic Skeletons	60.23	65.22
Joint Trajectory Maps	76.32	81.08
Joint Distance Maps	76.20	82.30
Clips+CNN+MTLN	79.57	84.83
Beyond Joints	79.50	87.60
Synthesized CNN	80.03	87.21
ST-GCN	81.50	88.30
TSSI+GLAN+SSAN	82.40	89.10
SDF-LSTM+TDF-CNN	82.96	90.12
Co-occurrence Feature-CNN	86.50	91.10
VA-CNN-RNN	89.40	95.00
关节点几何特征	**85.84**	**92.38**
骨骼几何特征	**83.01**	**87.32**
关节点+骨骼几何特征	**86.52**	**93.02**

图 2-14 为本章提出的方法在 NTU RGB+D 60 数据集上的混淆矩阵，可以看出，在 NTU RGB+D 60 数据集 60 类动作中，绝大部分的动作类型都能被有效地识别并取得较高的识别效果，进一步对比可发现动作“刷牙”和动作“梳头”的混淆度较高，主要原因是这两类动作在基于骨架数据的描述上非常相似。

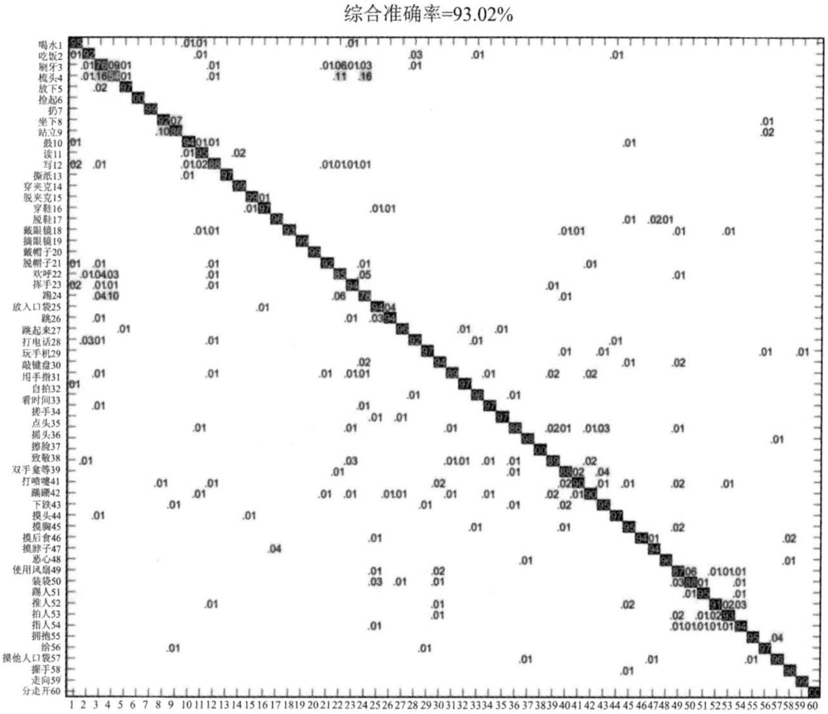

图 2-14　在 NTU RGB+D 60 数据集上的混淆矩阵

2）在 Northwestern-UCLA 数据集上的对比结果

表 2-5 给出了本章提出的方法与其他方法在 Northwestern-UCLA 数据集上的识别效果对比结果。由表 2-5 的结果可得，本章提出的基于关节几何特征以及骨骼几何特征的方法在 Northwestern-UCLA 数据集上均具有较好的识别效果。基于几何代数视角转化的方法能有效应对该数据集中不同照相机视角带来的骨架数据变化问题。在此基础上，根据骨架中的关节以及骨骼中的几何特征表示不同行为姿态，相比于其他骨架特征表示方法能更充分与准确地挖掘出骨架序列中存在的几何特征，进而实现更好的识别效果。

表 2-5　不同方法在 Northwestern-UCLA 数据集上的对比结果

方　法	准确率/%
Lie Group	74.20
HBRNN-L	78.52
Denoised-LSTM	80.25
Multi-task RNN	87.30
Ensemble TS-LSTM	89.22
Synthesized CNN	92.61
Clips+CNN+MTLN	93.40
关节点几何特征	**93.70**
骨骼几何特征	**91.31**
关节点+骨骼几何特征	**94.15**

由图 2-15 的混淆矩阵可得，本章提出的方法在这 10 类动作上均具有较高的识别准确率。其中，动作“双手拾起”和动作“携带”的混淆度有 15%，主要原因是这两类动作具有很高的相似度。

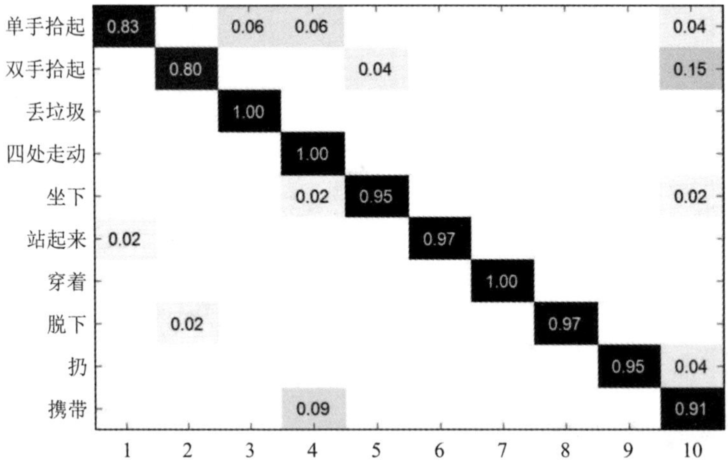

图 2-15 在 Northwestern-UCLA 数据集上的混淆矩阵

3）在 UTD-MHAD 数据集上的对比结果

表 2-6 给出了本章提出的方法与其他方法在 UTD-MHAD 数据集上的识别结果对比情况。由表 2-6 可得，本章提出的方法在 UTD-MHAD 数据集上表现良好，能达到很高的识别准确率，且相比于该数据集给出的 baseline 识别效果有很大的提升，验证了本章提出方法的有效性。

表 2-6 不同方法在 UTD-MHAD 数据集上的对比结果

方 法	准确率/%
Kinect & Inertial	79.10
Convariance3DJ	85.60
Joint Trajectory Maps	87.90
Joint Distance Maps	88.10
Hard Sample Mining and Learning	92.40
ResNet1-52+3scale	96.30
关节点几何特征	**96.52**
骨骼几何特征	**94.30**
关节点+骨骼几何特征	**97.90**

图 2-16 为基于骨架中几何特征表示方法的实验结果在 UTD-MHAD 数据集上的混淆矩阵。可以发现，本章提出的方法几乎能识别所有动作类型，最大的混淆在动作“弯举”和动作“网球发球”中产生，主要原因是这两类动作有较大的相似性。

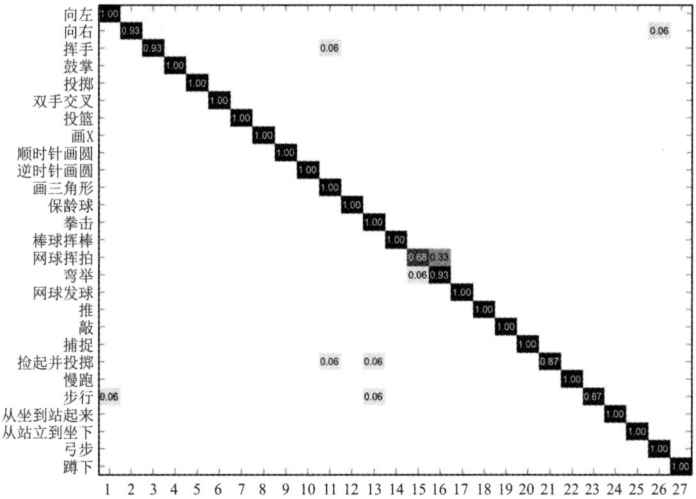

图 2-16　在 UTD-MHAD 数据集上的混淆矩阵

本章小结

本章为了挖掘骨架序列中存在的时空几何特征以提高行为识别的效果，利用几何代数在多维几何对象的统一表达与运算上的优势，将几何代数作为几何描述基础和几何计算工具，建立了描述人体骨架的几何代数模型，并提出了在几何代数空间中的视角转换方法、基于关节几何特征以及骨骼几何特征的行为识别方法。实验结果表明，本章所提出的方法在三种应用广泛的数据集上均表现优异。

第3章

基于时空视角不变表征的骨架行为识别

现有骨架行为识别方法面临的一个主要挑战是在多视角变化和噪声的干扰下，如何设计一个高效的框架从骨架序列中提取具有判别性的时空特征，以实现准确的骨架行为识别。本章在上一章构建的基于几何代数的人体骨架时空模型基础上，结合骨架序列的几何特性，提出了一种基于时空视角不变的骨架序列形态与运动表征的骨架行为识别方法，以时空融合的方式对骨架序列的空间特征和时间演化信息进行描述，实现多视角变化下的骨架行为识别。为了从骨架数据中学习更具判别性的特征，本章不仅提取关节点和骨骼的形态特征，还对它们的相对运动进行显式建模以强调骨架序列中的时序动态变化，用骨架序列的形态与运动表征共同描述了人体骨架的运动模式。

3.1 基于时空视角不变表征的骨架行为识别框架

本节仍然采用几何代数作为骨架序列时空表示的数学工具，基于几何代数在时空域中对骨架序列进行表示，并在此基础上，开展基于时空视角不变表征的骨架行为识别方法研究，本节提出的骨架行为识别框架如图 3-1 所示。

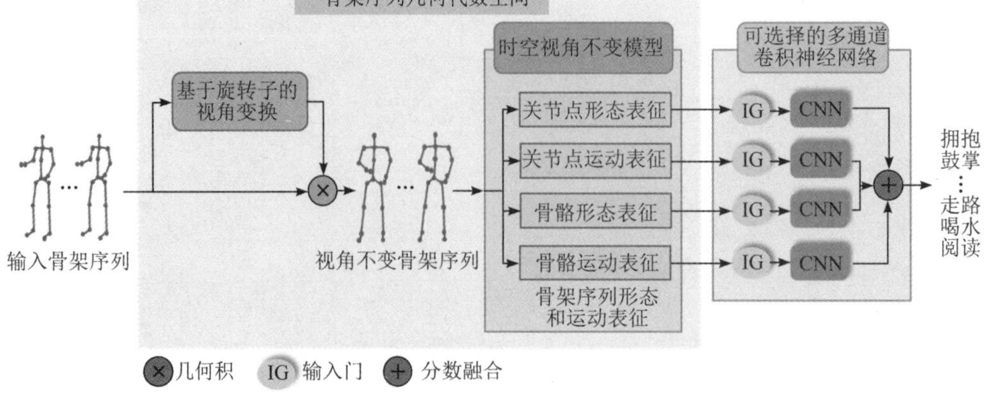

图 3-1　基于时空视角不变表征的骨架行为识别框架图

本章为了克服多视角差异性带来的干扰问题，首先，提出了基于旋转子(矩阵)的视角变换方法，将骨架序列整体地变换到基于骨架序列正面朝向的观察系，经过视角变换后的骨架序列具有视角不变性，同时保留了各个骨架帧之间原始的空间关系。接着，构建了一个骨架序列时空视角不变模型，统一集成了关节点和骨骼的空间构型和时序动态信息。基于此模型，提取得到四种互补的骨架序列形态与运动表征，分别是关节点形态表征、关节点运动表征、骨骼形态表征和骨骼运动表征。最后，提出了一个可选择的多通道卷积神经网络，对由以上骨架序列表征编码得到的彩色图片进行深度时空特征提取，并通过融合多通道卷积神经网络的识别结果得到最终的骨架行为类别。

3.2　基于旋转子的骨架序列视角变换

在上一章建立的骨架时空代数空间 $\mathcal{G}_3$ 中，骨架序列是基于摄像机观察系 S_c：$\{\boldsymbol{e}_1, \boldsymbol{e}_2, \boldsymbol{e}_3\}$ 进行表示的，观察系的原点位于深度摄像机(如 Kinect)上。当动作执行对象在不同的摄像机下执行动作，且随着时间进行身体转动时，会导致摄像机捕获的骨架序列具有多视角差异性。因此，即使是从同一种动作类别骨架序列中学习的表征也具有较大的差异性，这使得对骨架序列进行准确识别变得极具挑战性。

为了克服视角多样性引入的类内差异性，同时学习到更加鲁棒的骨架序列表征，原有的工作一般采用两种预处理方法对骨架序列进行视角变换，分别是基于帧的视角变换和基于序列的视角变换方法。基于帧的视角变换方法将骨架序列每一个骨架帧的髋中心关节点平移到坐标系原点，接着将它们都旋转至预先设定的统一朝向。这类方法解决了视角差异问题，但是丢失了各个骨架帧间的相对空间分布和运动信息。基于序列的视角变换方法将整个骨架序列视作一个整体，通过计算一个旋转矩阵对所有骨架帧统一地进行旋转变换，从而得到新的骨架序列，它保留了各个骨架帧间的相对空间关系和运动信息。然而，这类方法大多利用由髋、肩、脊柱等关节点构成的人体躯干来估计旋转矩阵，这在部分场景下是不合适的，以“弯腰”动作为例，该动作正是由躯干内部的运动完成的。此外，这类方法都需要将人体骨架向三个坐标轴进行投影，分别估计三个方向旋转的欧拉角进而得到旋转矩阵，再进行旋转变换，操作比较复杂。因此，本节利用几何代数提出基于旋转子的视角变换方法，将骨架序列整体地变换至正面朝向的观察系，该方法属于基于序列的视角变换方法，比原有方法更加简单高效。

给定一个骨架序列，可以观察到髋部中心点(Hip Center，HC)、左髋关节点(Left Hip，LH)以及右髋关节点(Right Hip，RH)这三个关节点之间的相对位置关系几乎不受肢体运动的影响，由它们组成的髋部在人体运动过程中基本保持相对稳定，如同刚性部件。因此，本节利用整个骨架序列的髋部关节点估计一个基于骨架序列正面朝向的观察系，详述如下。

定义 3-1(平均髋部)　在$\mathcal{G}_3$空间中，骨架序列第t帧的髋部关节点表示为$\boldsymbol{\Phi}_h^t=\{\boldsymbol{p}_{\mathrm{hc}}^t, \boldsymbol{p}_{\mathrm{lh}}^t, \boldsymbol{p}_{\mathrm{rh}}^t\}$，则骨架序列$\mathcal{T}$的平均髋部定义为

$$\begin{aligned}\boldsymbol{\Phi}_h &= \{\bar{\boldsymbol{p}}_{\mathrm{hc}}, \bar{\boldsymbol{p}}_{\mathrm{lh}}, \bar{\boldsymbol{p}}_{\mathrm{rh}}\} \\ &= \left\{\frac{1}{T}\sum_{t=1}^{T}\boldsymbol{p}_{\mathrm{hc}}^t, \frac{1}{T}\sum_{t=1}^{T}\boldsymbol{p}_{\mathrm{lh}}^t, \frac{1}{T}\sum_{t=1}^{T}\boldsymbol{p}_{\mathrm{rh}}^t\right\}\end{aligned} \tag{3-1}$$

其中，$\bar{\boldsymbol{p}}_{\mathrm{hc}}$、$\bar{\boldsymbol{p}}_{\mathrm{lh}}$和$\bar{\boldsymbol{p}}_{\mathrm{rh}}$分别表示骨架序列中所有骨架帧的髋部关节点髋部中心点(hc)、左髋关节点(lh)和右髋关节点(rh)的三维坐标平均值，hc，lh，rh∈(1，2，…，N)，T为骨架序列的总帧数。

在$\mathcal{G}_3$空间中，$\boldsymbol{\Phi}_h$构成了一个平面$\boldsymbol{\Pi}$，可表示为

$$\boldsymbol{\Pi}=(\bar{\boldsymbol{p}}_{\mathrm{rh}}-\bar{\boldsymbol{p}}_{\mathrm{hc}})\wedge(\bar{\boldsymbol{p}}_{\mathrm{lh}}-\bar{\boldsymbol{p}}_{\mathrm{rh}})=(\bar{\boldsymbol{p}}_{\mathrm{rh}}-\bar{\boldsymbol{p}}_{\mathrm{hc}})\wedge\boldsymbol{l} \tag{3-2}$$

其中，∧是几何代数中的外积运算，$\bar{\boldsymbol{p}}_{\mathrm{lh}}-\bar{\boldsymbol{p}}_{\mathrm{rh}}$是关节点rh指向关节点lh方向的平均向量，用$\boldsymbol{l}$表示。将平面$\boldsymbol{\Pi}$的法向量表示为$\boldsymbol{n}$，它可以视作平面$\boldsymbol{\Pi}$的补向量，通过标量$I_3$计算得到，即$\boldsymbol{n}=-I_3\boldsymbol{\Pi}$。

因为$\boldsymbol{l}$与$\boldsymbol{n}$相互垂直，则

$$\boldsymbol{v}=\frac{-I_3(\boldsymbol{l}\wedge\boldsymbol{n})}{\mathrm{norm}[-I_3(\boldsymbol{l}\wedge\boldsymbol{n})]} \tag{3-3}$$

其中，norm(·)表示向量的模运算，$\boldsymbol{v}$表示同时与$\boldsymbol{l}$和$\boldsymbol{n}$相互垂直的单位向量。

基于骨架序列中所有骨架帧的髋部关节点，可以得到一组正交基底{$\boldsymbol{v}$，$\boldsymbol{l}$，$\boldsymbol{n}$}，由这些基底张成了基于骨架序列正面朝向观察系S_f：{$\boldsymbol{v}$，$\boldsymbol{l}$，$\boldsymbol{n}$}，如图3-2(a)所示。

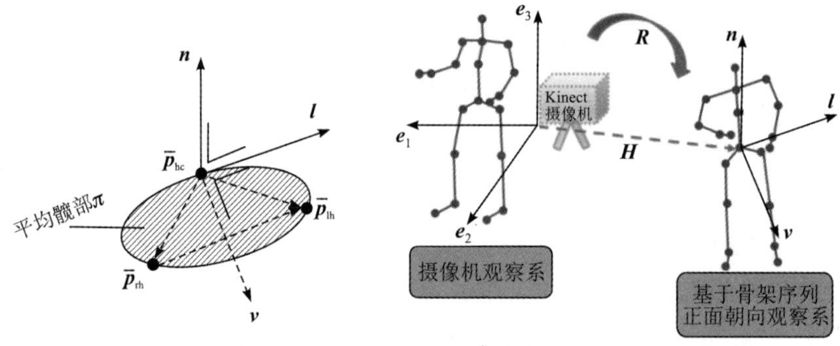

(a) 骨架序列的平均髋部　　(b) 基于旋转子的视角变换

图3-2　基于旋转子的骨架序列正面朝向视角变换示意图

在上述基础上，我们基于旋转子对骨架序列进行视角变换，如图3-2(b)所示。首先，将在摄像机观察系S_c骨架序列的$\bar{\boldsymbol{p}}_{\mathrm{hc}}$平移到基于骨架序列正面朝向的观察系$S_f$的原点。进行该操作是因为帧间的平移运动带有较少与行为相关的信息，且去除帧间的平移运动信息可以减少类内差异性。接着，将骨架序列整体地从S_c旋转变换到S_f。根据式(3-3)，利用基于旋转子的视角变换(包括平移和旋转变换)对每一个骨架关节点$\boldsymbol{p}_i^t$进行变换：

$$\hat{\boldsymbol{p}}_i^t=\boldsymbol{R}(\boldsymbol{p}_i^t+\boldsymbol{H})\widetilde{\boldsymbol{R}} \tag{3-4}$$

其中：$\boldsymbol{H}$ 是一个平移算子，它将观察系 S_c 下骨架序列的 $\bar{\boldsymbol{p}}_{\mathrm{hc}}$ 平移到观察系 S_f 的原点，$\boldsymbol{H}=\bar{\boldsymbol{p}}_{\mathrm{hc}}-\boldsymbol{0}\cdot\boldsymbol{I}$；$\boldsymbol{R}$ 是一个旋转子，它将 $\mathcal{G}_3$ 空间中每一个骨架关节点在由 $\{\boldsymbol{e}_1, \boldsymbol{e}_2, \boldsymbol{e}_3\}$ 和 $\{\boldsymbol{v}, \boldsymbol{l}, \boldsymbol{n}\}$ 组成的平面上进行旋转变换。$\boldsymbol{R}$ 可以分解为两个连续的步骤，具体如下所述。

第一步，在平面 $\boldsymbol{e}_1\wedge\boldsymbol{v}$ 上将每一个 $\boldsymbol{p}_i^t$ 逆时针旋转角度 θ，这可以由一个旋转子完成：

$$\boldsymbol{R}_\theta=\exp\left[-\frac{\theta}{2}(\boldsymbol{e}_1\wedge\boldsymbol{v})\right] \tag{3-5}$$

其中，$\theta=\arccos(\boldsymbol{e}_1\cdot\boldsymbol{v})$。此时，$\boldsymbol{e}_1$ 被旋转至与向量 $\boldsymbol{v}$ 相互平行，有 $\boldsymbol{v}=\boldsymbol{R}_\theta\boldsymbol{e}_1\widetilde{\boldsymbol{R}}_\theta$。

通过旋转子 $\boldsymbol{R}_\theta$ 的旋转，$\{\boldsymbol{e}_1, \boldsymbol{e}_2, \boldsymbol{e}_3\}$ 被分别旋转至 $\{\boldsymbol{v}, \hat{\boldsymbol{e}}_2, \hat{\boldsymbol{e}}_3\}$，其中，$\boldsymbol{v}=\boldsymbol{R}_\theta\boldsymbol{e}_1\widetilde{\boldsymbol{R}}_\theta$，$\hat{\boldsymbol{e}}_2=\boldsymbol{R}_\theta\boldsymbol{e}_2\widetilde{\boldsymbol{R}}_\theta$，$\hat{\boldsymbol{e}}_3=\boldsymbol{R}_\theta\boldsymbol{e}_3\widetilde{\boldsymbol{R}}_\theta$，且有 $\boldsymbol{v}$ 与 $\hat{\boldsymbol{e}}_2$ 相互垂直。由于 $\boldsymbol{v}$ 与 $\boldsymbol{l}$ 是相互垂直的，因此，$\boldsymbol{v}$ 与由 $\hat{\boldsymbol{e}}_2$ 和 $\boldsymbol{l}$ 张成的平面相互垂直，即 $I_3\boldsymbol{v}=\hat{\boldsymbol{e}}_2\wedge\boldsymbol{l}$，这表明了可以绕着 $\boldsymbol{v}$ 轴将 $\hat{\boldsymbol{e}}_2$ 旋转至 $\boldsymbol{l}$。

第二步，将 $\hat{\boldsymbol{e}}_2$ 绕着 $\boldsymbol{v}$ 轴（被旋转过的 $\boldsymbol{e}_1$ 轴）旋转至 $\boldsymbol{l}$。该轴所对应的平面可以通过与标量 I_3 的几何积计算得到：

$$\boldsymbol{B}_v=I_3\boldsymbol{v}=I_3\boldsymbol{R}_\theta\boldsymbol{e}_1\widetilde{\boldsymbol{R}}_\theta=\boldsymbol{R}_\theta(\boldsymbol{e}_2\wedge\boldsymbol{e}_3)\widetilde{\boldsymbol{R}}_\theta \tag{3-6}$$

因此，第二个旋转子可以表示为

$$\begin{aligned}\boldsymbol{R}_\varphi&=\exp\left(-\frac{\varphi}{2}\boldsymbol{B}_v\right)\\&=\exp\left[-\frac{\varphi}{2}\boldsymbol{R}_\theta(\boldsymbol{e}_2\wedge\boldsymbol{e}_3)\widetilde{\boldsymbol{R}}_\theta\right]\\&=\boldsymbol{R}_\theta\exp\left[-\frac{\varphi}{2}(\boldsymbol{e}_2\wedge\boldsymbol{e}_3)\right]\widetilde{\boldsymbol{R}}_\theta\end{aligned} \tag{3-7}$$

上式表示在平面 $\hat{\boldsymbol{e}}_2\wedge\boldsymbol{l}$ 上的旋转，旋转角度为 $\varphi=\arccos(\hat{\boldsymbol{e}}_2\cdot\boldsymbol{l})$。

经过以上两步的旋转，$\boldsymbol{e}_1$ 被旋转至与向量 $\boldsymbol{v}$ 平行，$\boldsymbol{e}_2$ 被旋转至与向量 $\boldsymbol{l}$ 平行。显然，可以得到 $\boldsymbol{e}_3$ 被旋转至与向量 $\boldsymbol{n}$ 平行的结论。至此，S_c 被旋转变换到 S_f。最终的旋转子 $\boldsymbol{R}$ 可表示为

$$\begin{aligned}\boldsymbol{R}=\boldsymbol{R}_\varphi\boldsymbol{R}_\theta&=\left[\boldsymbol{R}_\theta\exp\left(-\frac{\varphi}{2}(\boldsymbol{e}_2\wedge\boldsymbol{e}_3)\right)\widetilde{\boldsymbol{R}}_\theta\right]\boldsymbol{R}_\theta\\&=\exp\left[-\frac{\theta}{2}(\boldsymbol{e}_1\wedge\boldsymbol{v})\right]\exp\left[-\frac{\varphi}{2}(\boldsymbol{e}_2\wedge\boldsymbol{e}_3)\right]\\&=\exp\left[-\frac{\theta}{2}(\boldsymbol{e}_1\wedge\boldsymbol{v})-\frac{\varphi}{2}(\boldsymbol{e}_2\wedge\boldsymbol{e}_3)\right]\end{aligned} \tag{3-8}$$

由此可见，$\boldsymbol{R}$ 得到了很好的解耦，且十分简洁。与欧拉角组成的旋转矩阵相比，它更具有直接的几何意义和简单的计算。

结合式(3-4)和式(3-8)，$\hat{\boldsymbol{p}}_i^t$ 可以表示为

$$\begin{aligned}\hat{\boldsymbol{p}}_i^t&=\boldsymbol{R}(\boldsymbol{p}_i^t+\boldsymbol{H})\widetilde{\boldsymbol{R}}\\&=\exp\left[-\frac{\theta}{2}(\boldsymbol{e}_1\wedge\boldsymbol{v})-\frac{\varphi}{2}(\boldsymbol{e}_2\wedge\boldsymbol{e}_3)\right](\boldsymbol{p}_i^t+\boldsymbol{H})\exp\left[\frac{\theta}{2}(\boldsymbol{e}_1\wedge\boldsymbol{v})+\frac{\varphi}{2}(\boldsymbol{e}_2\wedge\boldsymbol{e}_3)\right]\end{aligned} \tag{3-9}$$

其中，$\theta=\arccos(\boldsymbol{e}_1\cdot\boldsymbol{v})$，$\varphi=\arccos(\hat{\boldsymbol{e}}_2\cdot\boldsymbol{l})$，$\boldsymbol{H}=\bar{\boldsymbol{p}}_{\text{hc}}-\boldsymbol{0}\cdot\boldsymbol{I}$。

利用本节提出的基于旋转子的视角变换方法，可以在基于骨架序列正面朝向的观察系对骨架序列进行重新观察。如此一来，原始骨架关节点的三维坐标特征全部被转换为具有视角不变性的骨架序列表征。基于旋转子的视角变换方法是一种基于序列的视角变换方法，对骨架序列进行整体变换，这不仅消除了摄像机与动作执行对象之间的视角差异以及骨架帧间的平移信息，还保留了各个骨架帧之间的相对旋转运动信息。

3.3 骨架序列的时空视角不变模型

人体骨架可以视为通过关节连接的刚性骨骼组成的铰链系统，因此，人体行为可以看作是这些刚性骨骼在空间中的连续变化。基于这个出发点，我们认为关节点和骨骼共同决定着人体骨架的运动模式。具体地，本节通过在$\mathcal{G}_3$中构建了一个骨架序列的时空视角不变模型(Spatio-Temporal View Invariant Model，STVIM)——$S=\{\boldsymbol{P},E\}$，通过它对人体骨架的空间构型和时序动态变化进行学习。

在构建的骨架序列时空视角不变模型S中，P代表关节点特征集合，可表示为

$$P=\{\hat{\boldsymbol{p}}_i^t \mid i\in(1,2,\cdots,N),\ t\in(1,2,\cdots,T)\} \tag{3-10}$$

其中，$\hat{\boldsymbol{p}}_i^t\in\mathcal{G}_3$为经过基于旋转子视角变化后的骨架序列第$t$帧的第$i$个关节点，可表示为

$$\hat{\boldsymbol{p}}_i^t=t+\hat{x}_i^t\boldsymbol{e}_1+\hat{y}_i^t\boldsymbol{e}_2+\hat{z}_i^t\boldsymbol{e}_3 \tag{3-11}$$

其中：t代表第t帧；上标t表示骨架序列中第i个关节点第t时刻的值；$(\hat{x}_i^t,\hat{y}_i^t,\hat{z}_i^t)$为空间$\mathcal{G}_3$中$\hat{\boldsymbol{p}}_i^t\in\mathcal{G}_3$投影到基底$\{\boldsymbol{e}_1,\boldsymbol{e}_2,\boldsymbol{e}_3\}$所对应的坐标。

由于每一个$\hat{\boldsymbol{p}}_i^t$包含了关节点的空间和时间信息，因此，P包含了整个骨架序列所有关节点的空间构型和时序信息，且具有视角不变性。

依据人体骨架结构，连接两个关节点形成骨骼。设$\boldsymbol{b}_l^t$为第t帧的第l段骨骼，且由关节点$\hat{\boldsymbol{p}}_i^t$和$\hat{\boldsymbol{p}}_j^t$连接形成，可表示为

$$\begin{aligned}\boldsymbol{b}_l^t&=\hat{\boldsymbol{p}}_j^t-\hat{\boldsymbol{p}}_i^t\\&=t+(\hat{x}_j^t-\hat{x}_i^t)\boldsymbol{e}_1+(\hat{y}_j^t-\hat{y}_i^t)\boldsymbol{e}_2+(\hat{z}_j^t-\hat{z}_i^t)\boldsymbol{e}_3\end{aligned} \tag{3-12}$$

其中，$l\in(1,2,\cdots,N-1)$，$(\hat{x}_j^t,\hat{y}_j^t,\hat{z}_j^t)$为空间$\mathcal{G}_3$中的$\hat{\boldsymbol{p}}_j^t$投影到基底$\{\boldsymbol{e}_1,\boldsymbol{e}_2,\boldsymbol{e}_3\}$所对应的坐标。$(i,j)\in H$，$H$表示人体骨架中自然连接的关节点集合，可以依据不同的数据集改变。因此，每一个$\boldsymbol{b}_l^t$包含了骨骼的空间和时间信息，将包含$N-1$段骨骼的所有骨架帧沿着时间维度进行拼接，形成骨骼特征集合E，可表示为

$$E=\{\boldsymbol{b}_l^t \mid \boldsymbol{l}\in(1,2,\cdots,N-1),\ t\in(1,2,\cdots,T)\} \tag{3-13}$$

其中，E表示整个骨架序列所有骨骼的空间构型和时序动态信息，且对视角变换具有鲁棒性。

综上所述，骨架序列的时空视角不变模型 $S=\{P, E\}$ 统一地集成了关节点和骨骼的空间构型和时序动态信息。此外，该模型具有视角不变性，后续可以基于该模型学习不同的具有鲁棒性的骨架序列表征。

3.4　骨架序列形态与运动表征学习

空间和时间域上具有判别性的特征对于骨架行为识别十分重要。骨架关节点和骨骼包含丰富的人体结构空间信息，适合学习骨架序列的形态表征。对于时间域上的建模，运动向量是描述时序动态信息的有力媒介。因此，骨架序列的形态和运动表征分别是空间和时间域上具有判别性特征的直接体现。本节在骨架序列时空视角不变模型中提取关节点和骨骼的形态与运动表征，包括关节点形态表征、关节点运动表征、骨骼形态表征和骨骼运动表征。

定义 3－2　关节点形态向量(Joint-Shape Vector，JSV)：在 S 中，根据式(3－11)，骨架序列第 t 帧第 i 个关节点可表示为 $\hat{\boldsymbol{p}}_i^t=t+\hat{x}_i^t\boldsymbol{e}_1+\hat{y}_i^t\boldsymbol{e}_2+\hat{z}_i^t\boldsymbol{e}_3$，则关节点 $\hat{\boldsymbol{p}}_i^t$ 的形态向量 JSV 可表示为

$$\boldsymbol{p}_i^t=[\hat{x}_i^t,\ \hat{y}_i^t,\ \hat{z}_i^t] \tag{3-14}$$

其中，$i\in(1, 2, \cdots, N)$，$t\in(1, 2, \cdots, T)$。

定义 3－3　关节点运动向量(Joint-Motion Vector，JMV)：在 S 中，设 $\hat{\boldsymbol{p}}_i^t$ 和 $\hat{\boldsymbol{p}}_i^{t+1}$ 是骨架序列第 t 帧和 $t+1$ 帧的关节点，则关节点 $\hat{\boldsymbol{p}}_i^t$ 的运动向量可表示为

$$\boldsymbol{v}_i^t=\hat{\boldsymbol{p}}_i^{t+1}-\hat{\boldsymbol{p}}_i^t=t+(\hat{x}_i^{t+1}-\hat{x}_i^t)\boldsymbol{e}_1+(\hat{y}_i^{t+1}-\hat{y}_i^t)\boldsymbol{e}_2+(\hat{z}_i^{t+1}-\hat{z}_i^t)\boldsymbol{e}_3 \tag{3-15}$$

它反映了 $\hat{\boldsymbol{p}}_i^t$ 在时间域上的运动方向和运动幅度。关节点 $\hat{\boldsymbol{p}}_i^t$ 的运动向量 JMV 也可表示为

$$\boldsymbol{v}_i^t=[\hat{x}_i^{t+1}-\hat{x}_i^t,\ \hat{y}_i^{t+1}-\hat{y}_i^t,\ \hat{z}_i^{t+1}-\hat{z}_i^t] \tag{3-16}$$

定义 3－4　骨骼形态向量(Bone-Shape Vector，BSV)：在 S 中，根据式(3－16)，骨架序列第 t 帧第 l 段骨骼可表示为

$$\boldsymbol{b}_l^t=\hat{\boldsymbol{p}}_j^t-\hat{\boldsymbol{p}}_i^t=t+(\hat{x}_j^t-\hat{x}_i^t)\boldsymbol{e}_1+(\hat{y}_j^t-\hat{y}_i^t)\boldsymbol{e}_2+(\hat{z}_j^t-\hat{z}_i^t)\boldsymbol{e}_3 \tag{3-17}$$

则骨骼 $\boldsymbol{b}_l^t$ 的形态向量 JSV 可表示为

$$\boldsymbol{b}_l^t=[\hat{x}_j^t-\hat{x}_i^t,\ \hat{y}_j^t-\hat{y}_i^t,\ \hat{z}_j^t-\hat{z}_i^t] \tag{3-18}$$

其中，$l\in(1, 2, \cdots, N-1)$，$t\in(1, 2, \cdots, T)$。

定义 3－5　骨骼运动向量(Bone-Motion Vector，BMV)：在 S 中，设 $\boldsymbol{b}_l^t$ 和 $\boldsymbol{b}_l^{t+1}$ 是骨架序列第 t 帧和 $t+1$ 帧的第 l 段骨骼，则 $\boldsymbol{b}_l^{t+1}$ 可由 $\boldsymbol{b}_l^t$ 旋转得到，可表示为

$$\boldsymbol{b}_l^{t+1}=\boldsymbol{R}_l^t\boldsymbol{b}_l^t\widetilde{\boldsymbol{R}}_l^t \tag{3-19}$$

其中，$\boldsymbol{R}_l^t$ 是时间独立的旋转子，$\widetilde{\boldsymbol{R}}_l^t$ 为其反运算，并满足 $\boldsymbol{R}_l^t\widetilde{\boldsymbol{R}}_l^t=1$。通过这种方法，本节将 $\boldsymbol{b}_l^t$ 的旋转运动嵌入到 $\boldsymbol{R}_l^t$ 中，$\boldsymbol{R}_l^t$ 可表示为

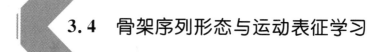

$$\boldsymbol{R}_l^t = \exp\left(-\frac{\psi}{2}\boldsymbol{\Omega}_l^t\right) \tag{3-20}$$

其中，$\psi = \arccos(\boldsymbol{b}_l^t \cdot \boldsymbol{b}_l^{t+1})$，$\boldsymbol{\Omega}_l^t$ 是一个二重向量，它定义了$\mathcal{G}_3$ 中的旋转平面，即 $\boldsymbol{\Omega}_l^t = \boldsymbol{b}_l^t \wedge \boldsymbol{b}_l^{t+1}$。

旋转子$\{\boldsymbol{R}_l^t, l \in (1, 2, \cdots, N-1), t \in (1, 2, \cdots, T-1)\}$形成一个连续的李群，而二重向量$\{\boldsymbol{\Omega}_l^t, l \in (1, 2, \cdots, N-1), t \in (1, 2, \cdots, T-1)\}$构成了李群对应的李代数，二者一一对应。本节使用李代数 $\boldsymbol{\Omega}_l^t$ 表示 $\boldsymbol{b}_l^t$ 的运动特征。然而，使用$\mathcal{G}_3$ 中骨架序列的二重向量 $\boldsymbol{\Omega}_l^t$ 进行分类不是一个简单的任务。为了解决这个困难，本节将 $\boldsymbol{\Omega}_l^t$ 投影到$\mathcal{G}_3$ 的二重基底$\{\boldsymbol{e}_1 \wedge \boldsymbol{e}_2, \boldsymbol{e}_2 \wedge \boldsymbol{e}_3, \boldsymbol{e}_3 \wedge \boldsymbol{e}_1\}$上，详细叙述如下。

设 $\boldsymbol{b}_l^t$ 和 $\boldsymbol{b}_l^{t+1}$ 是骨架序列第 t 帧和 $t+1$ 帧的第 l 段骨骼，则它们的 $\boldsymbol{\Omega}_l^t$ 可表示为

$$\boldsymbol{\Omega}_l^t = \boldsymbol{b}_l^t \wedge \boldsymbol{b}_l^{t+1} = t + \alpha_l^t(\boldsymbol{e}_1 \wedge \boldsymbol{e}_2) + \beta_l^t(\boldsymbol{e}_2 \wedge \boldsymbol{e}_3) + \gamma_l^t(\boldsymbol{e}_3 \wedge \boldsymbol{e}_1) \tag{3-21}$$

其中：

$$\alpha_l^t = (\hat{x}_j^t - \hat{x}_i^t)(\hat{y}_j^{t+1} - \hat{y}_i^{t+1}) - (\hat{y}_j^t - \hat{y}_i^t)(\hat{x}_j^{t+1} - \hat{x}_i^{t+1})$$

$$\beta_l^t = (\hat{y}_j^t - \hat{y}_i^t)(\hat{z}_j^{t+1} - \hat{z}_i^{t+1}) - (\hat{z}_j^t - \hat{z}_i^t)(\hat{y}_j^{t+1} - \hat{y}_i^{t+1})$$

$$\gamma_l^t = (\hat{z}_j^t - \hat{z}_i^t)(\hat{x}_j^{t+1} - \hat{x}_i^{t+1}) - (\hat{x}_j^t - \hat{x}_i^t)(\hat{z}_j^{t+1} - \hat{z}_i^{t+1})$$

将三个参数 α_l^t、β_l^t 和 γ_l^t 进行串接可表示骨骼 $\boldsymbol{b}_l^t$ 的运动向量 BMV：

$$\boldsymbol{\Omega}_l^t = [\alpha_l^t, \beta_l^t, \gamma_l^t] \tag{3-22}$$

至此，本节通过计算得到人体骨架序列中每个关节点和骨骼的形态与运动向量$\{\boldsymbol{p}_i^t, \boldsymbol{v}_i^t, \boldsymbol{b}_l^t, \boldsymbol{\Omega}_l^t\}$，它们对应的表征可以通过将它们沿着空间和时间域方向进行串接获得，分别称为关节点形态表征(Joint-Shape Representation，JSR)、关节点运动表征(Joint-Motion Representation，JMR)、骨骼形态表征(Bone-Shape Representation，BSR)和骨骼运动表征(Bone-Motion Representation，BMR)，作为向量时具体的表示如下：

$$\begin{cases} \mathbf{JSR} = [\boldsymbol{p}^1, \boldsymbol{p}^2, \cdots, \boldsymbol{p}^t, \cdots, \boldsymbol{p}^T]^{\mathrm{T}}, \text{其中 } \boldsymbol{p}^t = [\boldsymbol{p}_1^t, \boldsymbol{p}_2^t, \cdots, \boldsymbol{p}_N^t] \\ \mathbf{JMR} = [\boldsymbol{v}^1, \boldsymbol{v}^2, \cdots, \boldsymbol{v}^t, \cdots, \boldsymbol{v}^{T-1}]^{\mathrm{T}}, \text{其中 } \boldsymbol{v}^t = [\boldsymbol{v}_1^t, \boldsymbol{v}_2^t, \cdots, \boldsymbol{v}_N^t] \\ \mathbf{BSR} = [\boldsymbol{b}^1, \boldsymbol{b}^2, \cdots, \boldsymbol{b}^t, \cdots, \boldsymbol{b}^T]^{\mathrm{T}}, \text{其中 } \boldsymbol{b}^t = [\boldsymbol{b}_1^t, \boldsymbol{b}_2^t, \cdots, \boldsymbol{b}_{N-1}^t] \\ \mathbf{BMR} = [\boldsymbol{\Omega}^1, \boldsymbol{\Omega}^2, \cdots, \boldsymbol{\Omega}^t, \cdots, \boldsymbol{\Omega}^{T-1}]^{\mathrm{T}}, \text{其中 } \boldsymbol{\Omega}^t = [\boldsymbol{\Omega}_1^t, \boldsymbol{\Omega}_2^t, \cdots, \boldsymbol{\Omega}_{N-1}^t] \end{cases} \tag{3-23}$$

综上所述，本节提取得到四种骨架序列形态与运动表征，分别是 JSR、JMR、BSR 和 BMR。它们不仅描述了骨架序列每一个骨架帧上的关节点和骨骼的形态构型，并且显式地表示了关节点和骨骼在时间域上的运动信息。更重要的是，这四种表征是相互补充的，共同为描述骨架行为提供更加丰富的信息，这将会在后续的实验部分进行讨论。

3.5 可选择的多通道卷积神经网络

在本节中，首先将上面学习得到的骨架序列形态与运动表征 JSR、JMR、BSR 和 BMR

分别编码为彩色图片，以方便送进卷积神经网络中进行时空语义信息的提取。接着，提出了一个具有通道选择性的多通道卷积神经网络，对编码的彩色图片进行深度特征的提取与融合，并研究骨架序列形态与运动表征之间的相关性与互补性。

3.5.1　骨架序列形态与运动表征编码

根据现有基于卷积神经网络的骨架行为识别方法对骨架数据的处理方法，我们将 JSR、JMR、BSR 和 BMR 分别编码为四种彩色图片 $\{I_q，q=1，2，3，4\}$。具体地，用每种彩色图片的横坐标表示每个时刻骨架帧的关节点或骨骼标签，用纵坐标表示时间标签，对应 JSV、JMV、BSV 和 BMV 向量的三个值分别表示彩色图片 R、G、B 三通道的颜色值。通过这种方法，骨架动作序列的空间和时间特征分布以及相对运动信息被清晰地编码在这些彩色图片中。

考虑到骨架序列形态与运动表征的向量值和普通彩色图片像素值的差异性，本节将向量中各值的取值范围归一化为[0，255]，即

$$\hat{\boldsymbol{s}}_q = \text{floor}\left(255 \times \frac{\boldsymbol{s}_q - \boldsymbol{s}_q^{\min}}{\boldsymbol{s}_q^{\max} - \boldsymbol{s}_q^{\min}}\right) \tag{3-24}$$

其中，$\boldsymbol{s}_q \in \{\boldsymbol{p}_i^t，\boldsymbol{v}_i^t，\boldsymbol{b}_l^t，\boldsymbol{\Omega}_l^t\}$，$\boldsymbol{s}_q^{\max}$ 和 $\boldsymbol{s}_q^{\min}$ 分别是所有 $\boldsymbol{s}_q$ 中的最大值和最小值，$\boldsymbol{s}_q^{\min} = [s_q^{\min}，s_q^{\min}，s_q^{\min}]$，$\hat{\boldsymbol{s}}_q$ 为归一化后彩色图片对应的像素值，floor(·)为取整函数。经过归一化处理，彩色图片的纹理描述了骨架动作序列中的相对空间和时间信息，同时消除了由于不同数据集引入的不同量纲因素，因此，相同类别行为的同一种表征将会编码得到纹理相似的彩色图片。

由于不同骨架序列包含的骨架帧数量不同，编码得到的彩色图片 $\{I_q，q=1，2，3，4\}$ 的尺寸也不同，无法将它们直接送进 CNN 中进行深度特征提取。因此，本节将图片的尺寸统一为 224×224，这与 CNN 接收的图片尺寸是一致的。图 3-3 展示了由三个数据集中共有的三种行为(分别是“坐下”“起立”和“扔东西”)的四种骨架序列形态与运动表征(即 JSR、JMR、BSR 和 BMR)编码得到的彩色图片，可以看出，由不同行为序列中学习的不同表征

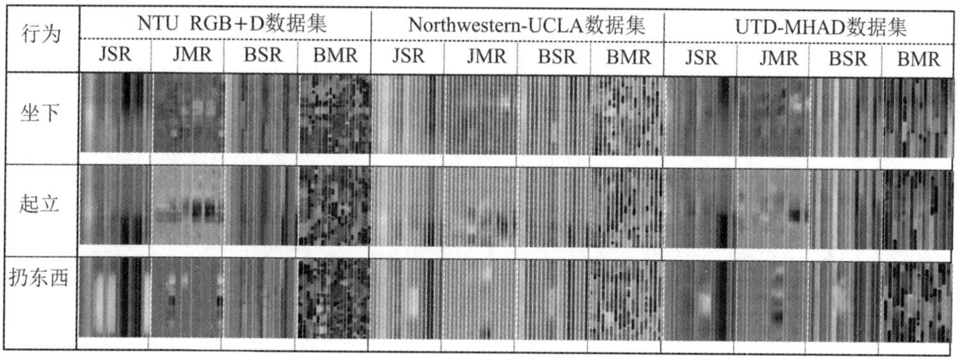

图 3-3　不同数据集中共有的三种行为学习的骨架序列形态与运动表征所对应的彩色图片

所对应的彩色图片纹理特征各不相同，值得注意的是，对于不同的数据集，相同行为学习得到的同种表征对应的彩色图片具有相似的纹理。

3.5.2 可选择的多通道卷积神经网络

为了探索四种不同骨架序列表征之间的相关性与互补性，并进一步获得更具有判别性的深度特征以提升最终的行为识别准确率，本节提出了一个具有通道选择性的多通道卷积神经网络(简称为可选择的多通道 CNN)，对由骨架序列表征编码得到的彩色图片进行深度特征提取和融合，如图 3-4 所示。

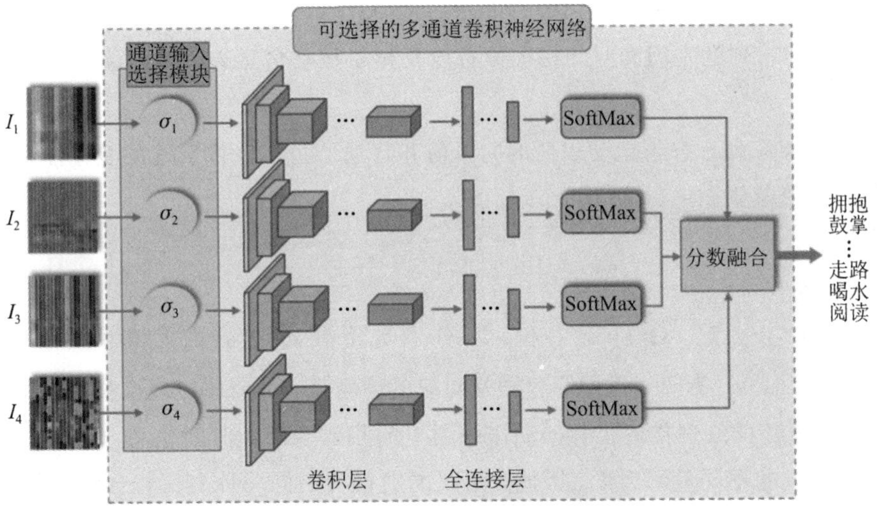

图 3-4 可选择的多通道 CNN 框架图

可选择的多通道 CNN 包含三个部分：1 个通道输入选择模块、4 个 CNN 通道和 1 个分数融合模块，具体描述如下。

通道输入选择模块包含 4 个输入门，分别控制 4 个 CNN 通道的输入，即$\{\sigma_q, q=1, 2, 3, 4\}$，且 $\sigma_q \in \{0, 1\}$，其中"1"表示选择第 q 个 CNN 通道对应的输入图片 I_q，而"0"表示 I_q 不被选择。通过这种方式，$\{I_q, q=1, 2, 3, 4\}$可以产生 $2^4-1=15$ 种不同的组合，分别是 $\{I_1\}$、$\{I_2\}$、$\{I_3\}$、$\{I_4\}$、$\{I_1, I_2\}$、$\{I_1, I_3\}$、$\{I_1, I_4\}$、$\{I_2, I_3\}$、$\{I_2, I_4\}$、$\{I_3, I_4\}$、$\{I_1, I_2, I_3\}$、$\{I_1, I_2, I_4\}$、$\{I_1, I_3, I_4\}$、$\{I_2, I_3, I_4\}$和$\{I_1, I_2, I_3, I_4\}$。每一种组合代表一种通道输入选择，每一种选择中包含的输入图片将被分别送进接下来的 CNN 通道中。

每一个 CNN 通道包含若干个卷积层、全连接(Fully Connected，FC)层和一个 SoftMax 层。给定一个骨架序列 $\mathcal{I}$，通过表征学习和编码可以获得四种彩色图片$\{I_q, q=1, 2, 3, 4\}$。对于输入 CNN 中的每一种彩色图片 I_q，由 CNN 的 SoftMax 层输出的概率可表示为

$$\mathrm{prob}(l \mid I_q)=\frac{\mathrm{e}^{v_q^l}}{\sum_{l=1}^{L}\mathrm{e}^{v_q^l}} \tag{3-25}$$

其中，$\boldsymbol{v}_q$ 表示 CNN 中最后一个全连接层的输出，$\boldsymbol{v}_q=[v_q^1, v_q^2, \cdots, v_q^l, \cdots, v_q^L]$，$L$ 是全部动作的类别数量，$\mathrm{prob}(l/I_q)$代表 I_q 属于第 l 个动作类别的概率。

分数融合模块可对各个被选择的 CNN 通道进行融合并计算得到骨架序列$\mathcal{I}$的最终识别分数，可表示为

$$\mathrm{score}(l \mid \mathcal{I})=\frac{1}{\mathrm{sum}(\sigma_q)}\sum_{q=1}^{4}\sigma_q \cdot \mathrm{prob}(l \mid I_q) \tag{3-26}$$

其中：$\sigma_q \in \{0, 1\}$，表示 I_q 是否被选择，即对应的 CNN 通道是否参与决策融合；$\mathrm{sum}(\sigma_q)$表示参与决策融合的 CNN 的通道数；$\mathrm{score}(l|\mathcal{I})$为多通道 CNN 输出概率分数的平均融合值，代表骨架序列$\mathcal{I}$属于第 l 个动作类别的最终分数。

最终，所有 $\mathrm{score}(l|\mathcal{I})$中的最大值所对应的索引 l 为骨架序列$\mathcal{I}$被识别成的动作类别，可表示为

$$\mathrm{label}=\mathrm{Find}\{\max[\mathrm{score}(l \mid \mathcal{I})]\} \tag{3-27}$$

其中，Find(•)是寻找最大值索引的函数。

3.6　实验结果与分析

用本章方法进行对比实验的数据集分别是 NTU RGB＋D、Northwestern-UCLA 和 UTD-MHAD 数据集。首先，详细描述了本章的实验设置；接着，通过消融实验对本章提出的方法进行性能评估与结果分析；最后，将本章提出的方法与其他方法的性能进行对比。

3.6.1　实验设置

本章提出的可选择的多通道卷积神经网络是基于深度学习框架 PyTorch 1.0 实现的，使用的 GPU 为 NVIDIA GeForce GTX 1080＋8G RAM。采用加载预训练模型对模型进行微调的训练方式，先将模型加载在大规模数据集 ImageNet 上预训练得到 CNN 模型，然后对可选择的多通道卷积神经网络中被选择的每一个 CNN 通道分别进行参数初始化，被选择的每个 CNN 通道分别在不同数据集上进行迭代训练，最后通过融合方法进行决策级融合并输出识别结果。训练过程中使用小批量随机梯度下降法（Mini-Batch Gradient Descent，MBGD），动量为 0.9，权重衰减为 0.0004。学习率初始化为 0.01，每 10 个循环次数下降 20%，直到损失函数值收敛趋于稳定，最大循环次数为 100。

在各个数据集上展开实验时，遵循每个数据集的评价指标，将数据集划分为训练集和测试集，并采用五折交叉验证法进行 5 次重复训练，取模型在各个测试集上测试结果的平

均值作为最终的识别结果。本节针对不同规模的数据集采用不同深度的 CNN，并根据每个数据集包含的动作类别总数设置 CNN 最后全连接层的神经元数量。对于最大规模的 NTU RGB+D 数据集采用 ResNet-152 进行实验，将训练网络中的批量大小设置为 32。对于小规模数据集 Northwestern-UCLA 和 UTD-MHAD，则基于多通道 ResNet-50 展开实验，将训练网络中的批量大小设置为 16，目的是防止网络参数太多引起的过拟合现象。

3.6.2　骨架序列形态与运动表征性能评估

为了评估在时空视角不变模型中学习得到的骨架序列形态与运动表征的有效性并探索它们之间的相关性与互补性，本节在三个数据集上分别进行深入分析。表 3-1 展示了 NTU RGB+D、Northwestern-UCLA 和 UTD-MHAD 数据集上不同方法的骨架序列形态与运动表征(JSR、JMR、BSR 和 BMR)的表现性能以及它们的平均融合结果。其中，“JSR”表示将 JSR 送进 CNN 进行分类，“JSR+JMR”表示将 JSR 和 JMR 分别送进 CNN 进行分类后进行决策级融合，而“JSR+JMR+BSR+BMR”表示将全部四种表征分别送入 CNN 进行分类后进行决策级融合。

表 3-1　不同骨架序列形态与运动表征在三个数据集上的性能对比

方法	NTU RGB+D 数据集		Northwestern-UCLA 数据集/%	UTD-MHAD 数据集/%
	CS	CV		
JSR	81.97	88.70	90.87	91.86
JMR	74.29	84.32	84.35	92.33
BSR	80.17	88.43	89.35	92.79
BMR	76.87	84.44	87.39	83.26
JSR+JMR	83.10	89.74	92.17	95.58
JSR+BSR	83.51	90.15	92.39	93.26
JSR+BMR	83.50	89.80	91.96	94.65
JMR+BSR	82.31	90.27	91.74	96.05
JMR+BMR	80.70	88.31	90.65	95.35
BSR+BMR	83.71	90.24	92.17	94.88
JSR+JMR+BSR	84.51	91.30	94.57	95.58
JSR+JMR+BMR	84.45	90.99	93.48	96.98
JSR+BSR+BMR	84.77	91.44	94.13	94.65
JMR+BSR+BMR	84.30	91.45	93.91	96.74
JSR+JMR+BSR+BMR	85.56	92.04	95.00	98.37

观察表 3-1 中基于单表征方法（“JSR”“JMR”“BSR”和“BMR”）的识别结果，可以看出，四种表征中的任意一个都能较好地对人体骨架动作序列进行识别，这表明了本章学习得到的这些表征不仅可以捕捉到每一个骨架帧关节点和骨骼的形态特征，还可以突出各个骨架帧间关节点和骨骼的相对运动信息。此外，这些表征具有不同的表现性能，在 NTU RGB+D 和 Northwestern-UCLA 数据集上，基于骨架序列形态表征的“JSR”和“BSR”具有相近的表现性能，而基于骨架序列运动表征的“JMR”和“BMR”性能相近。且相比之下，“JSR”和“BSR”的识别准确率高于“JMR”和“BMR”，这表明尽管关节点和骨架的运动表征可以描述骨架帧间的时序变化和相对运动信息，但对于骨架序列全局形态信息的描述能力有限。在 UTD-MHAD 数据集上，“JMR”取得了与“JSR”和“BSR”相近的识别准确率，其中一个原因可能是该数据集包含的骨架序列关节点运动能够提供更多与行为相关的信息。

鉴于单个表征描述骨架动作序列的能力有限，本节还采用平均决策融合策略对不同表征进行融合。从表 3-1 可以发现，融合多种表征后的识别准确率均超过了基于单表征的方法，这表明本章在时空视角不变模型中提取得到的这些表征都是对骨架行为的部分描述，且它们之间存在互补性。例如，在 NTU RGB+D 数据集上，基于双表征融合（“JSR+JMR” “JSR+BSR”“JSR+BMR”“JMR+BSR”“JMR+BMR”和“BSR+BMR”）的识别准确率均高于任何一个基于单表征的方法。值得注意的是，“JSR+JMR”和“BSR+BMR”有着相近的识别性能，这验证了骨架动作序列中骨骼特征有着和关节点特征同等的重要性，它们均携带着与行为相关的具有判别性的信息。同时表明了本章提出的对关节点和骨骼同时进行建模的时空视角不变模型的有效性。此外，在 NTU RGB+D 和 Northwestern-UCLA 数据集上，基于三表征融合（“JSR+JMR+BSR”“JSR+JMR+BMR”“JSR+BSR+BMR”和“JMR+BSR+BMR”）的表现均超过基于单表征的方法和基于双表征的融合方法，这是因为它们不仅包含骨架序列的形态特征，还融合了相对运动信息。

由三个数据集的全部评价指标可以发现，基于全部四种表征的融合方法“JSR+JMR+BSR+BMR”获得了最高的识别准确率，在 Northwestern-UCLA 数据集上相比“JSR”、“JMR”、“BSR”和“BMR”单表征方法分别高了 4.13%、10.65%、5.65%和 8.04%，而在 UTD-MHAD 数据集上相比这些单表征方法分别提升了 6.51%、6.04%、5.58%和 15.11%。这些显著的提升表明了融合骨架序列形态与运动表征有利于更完整地对骨架行为进行描述。

3.6.3　基于旋转子的视角变换方法的性能评估

本节对基于旋转子的视角变换方法的有效性进行评估。考虑到 NTU RGB+D 和 Northwestern-UCLA 数据集中骨架序列都是用多视角下的摄像头进行捕捉的，因此在这两个数据集下的实验遵循视角交叉验证原则。表 3-2 是基于旋转子的视角变换方法与常用视角变换方法的对比识别结果。

表 3-2 基于旋转子的视角变换方法在两个数据集上与其他方法的对比识别结果

数据集	NTU RGB+D(CV)/%				Northwestern-UCLA/%			
方法	Raw Data	F-trans+ F-rota	S-trans+ S-rota	Rotor-View TF	Raw Data	F-trans+ F-rota	S-trans+ S-rota	Rotor-View TF
JSR	86.28	86.88	86.73	**88.70**	77.17	66.09	87.61	**90.87**
JMR	80.32	80.14	83.05	**84.32**	76.96	71.52	79.13	**84.35**
BSR	86.82	86.49	87.62	**88.43**	73.48	68.70	89.13	**89.35**
BMR	83.00	82.92	83.30	**84.44**	63.26	60.87	78.91	**87.39**
JSR+JMR	87.76	88.09	88.22	**89.74**	79.13	69.57	88.91	**92.17**
JSR+BSR	88.27	88.60	88.85	**90.15**	79.57	67.17	89.57	**92.39**
JSR+BMR	88.17	88.55	88.47	**89.80**	77.61	67.83	88.91	**91.96**
JMR+BSR	88.31	88.17	89.67	**90.27**	81.52	78.91	89.13	**91.74**
JMR+BMR	86.87	86.58	87.85	**88.31**	74.78	76.52	84.78	**90.65**
BSR+BMR	89.37	88.88	89.57	**90.24**	74.35	68.04	90.00	**92.17**
JSR+JMR+BSR	89.96	89.83	90.41	**91.30**	81.96	71.52	89.78	**94.57**
JSR+JMR+BMR	89.66	89.53	90.06	**90.99**	81.96	72.39	90.22	**93.48**
JSR+BSR+BMR	90.05	90.19	90.55	**91.44**	78.91	70.22	91.30	**94.13**
JMR+BSR+BMR	89.93	89.82	90.87	**91.45**	79.35	78.26	90.43	**93.91**
JSR+JMR+BSR+BMR	90.93	90.67	91.47	**92.04**	83.48	72.39	91.09	**95.00**

在表 3-2 中，“Rotor-View TF”代表本章提出的基于旋转子的视角变换方法，利用几何代数中的旋转子将摄像机观察系下的骨架序列变换到基于骨架序列正面朝向的观察系，消除了骨架序列间的多视角差异。作为对比，本节还介绍了三种方法，分别是“Raw Data”“F-trans+F-rota”和“S-trans + S-rota”并遵循相同的评价指标进行实验复现。具体地，“Raw Data”表示利用未经任何变换处理的原始骨架数据作为输入的方法。“F-trans”方法对每个骨架帧进行平移变换，将摄像机观察系原点平移到每帧上的 hc 关节点。而“S-trans”方法是基于整个骨架序列的平移变换，使得观察系原点平移到骨架序列第一个骨架帧的 hc 关节点，保留了帧间的平移运动信息。其中“F-rota”表示帧层面的旋转变换，即将序列的每一个骨架帧都旋转到一个固定的朝向，使得“左肩关节点”指向“右肩关节点”的向量平行于观

察系的 X 轴，且“脊柱底部关节点”指向“脊柱关节点”的向量平行于观察系的 Y 轴；“S-rota”是序列层面的旋转变换，先计算将第一个骨架帧旋转到同样的固定朝向的旋转矩阵，再利用该旋转矩阵统一地对序列中的所有骨架帧进行旋转变换。因此，“F-trans＋F-rota”代表在“Raw Data”基础上同时执行“F-trans”和“F-rota”形成的基于帧的视角变换方法，与 Shahroudy 的骨架预处理方法相似；而“S-trans＋S-rota”代表向“Raw Data”添加“S-trans”和“S-rota”形成的基于序列的视角变换方法，被 Zhang 等用于对骨架序列进行视角变换。

从表 3－2 可以发现，“S-trans＋S-rota”和“Rotor-View TF”方法在两个数据集上的识别准确率均明显高于“F-trans＋F-rota”方法，这表明了基于序列的视角变换方法比基于帧的视角变换方法更加有效，能够在保证消除视角差异性的前提下，保留原始骨架序列各个帧之间的相对空间关系。此外，以 NTU RGB＋D 数据集的 CV 指标为例，“Raw Data”方法在四种表征上的识别准确率分别为 86.28％、80.32％、86.82％和 83.00％；通过添加基于序列的视角变换方法，“S-trans＋S-rota”的识别准确率分别取得了 0.45％、2.73％、0.80％和 0.30％的提升，这说明了基于序列的视角变换方法的有效性，在一定程度上解决了视角差异性的影响；通过添加本章提出的基于旋转子的视角变换方法，“Rotor-View TF”方法的识别准确率取得了 2.42％、4.00％、1.61％和 1.44％的提升。“Rotor-View TF”比“S-trans＋S-rota”方法表现性能更优的原因在于“Rotor-View TF”方法保留了各个骨架帧之间的相对旋转运动信息，同时消除了摄像机与动作执行对象之间的相对朝向差异以及骨架序列各个骨架帧之间的平移运动信息。将基于旋转子的视角变换方法添加到各种表征融合方法中，“Rotor-View TF”方法的性能表现依旧超过其他三种方法。以“JSR＋JMR＋BSR＋BMR”在 Northwestern-UCLA 数据集上的表现为例，“Rotor-View TF”方法的识别准确率比“Raw Data”、“F-trans＋F-rota”和“S-trans＋S-rota”方法分别提升了 11.52％、22.61％和 4.78％。以上结果均验证了基于旋转子的视角变换方法的有效性与优越性。

3.6.4　所提方法在不同行为上的性能表现分析

本节旨在分析本章提出的方法在不同行为上的表现，主要在 NTU RGB＋D 和 Northwestern-UCLA 数据集上展开实验。

图 3－5 展示了本章方法对 NTU RGB＋D 数据集中各个类别行为的骨架序列形态与运动表征在 CV 指标上的识别准确率。可以看出，不同行为上的识别结果各不相同，对于“捡起”“扔”“撕纸”“穿夹克”“脱夹克”“摘眼镜”“戴帽子”“打电话”“自拍”“点头/弯腰”“擦脸”“致敬”“握手”和“靠近和分开”这些行为，它们对应的四种表征识别准确率全高于 90％，原因是这些行为都包含具有明确且显著的身体运动，容易从中提取到具有判别性的骨架序列形态与运动表征。反观“刷牙”“梳头”和“踢东西”这些行为，由它们提取得到的四种表征的识别准确率均低于 75％，一方面是因为它们包含的运动幅度比较微小，容易被噪声影响；

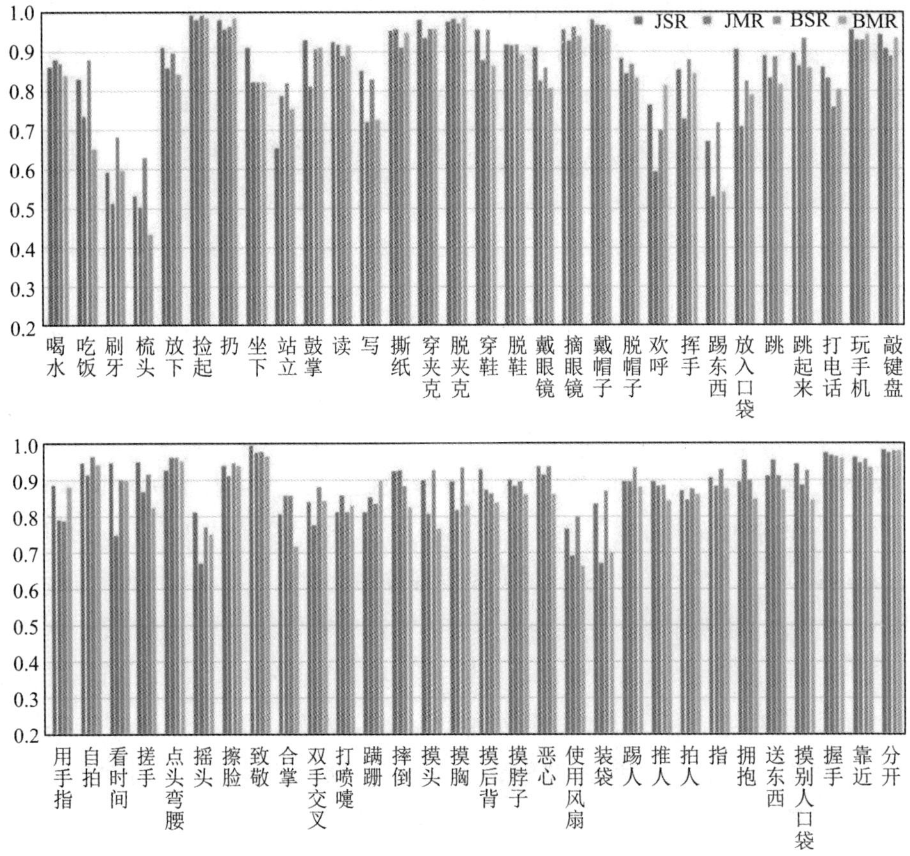

图 3-5 NTU RGB+D 数据集上各个类别行为的骨架序列形态与运动表征的识别准确率

另一方面是因为这些行为属于人与物品的交互行为，而对应的物品没有以关节点的形式被捕捉进该数据集中。此外，从同一种行为中提取得到四种表征的表现性能也各不相同。对于绝大多数行为，形态表征（“JSR”或“BSR”）的表现性能最好，而行为“喝水”“撕纸”“打喷嚏”“摔倒”“拥抱”和“送东西”上表现最好的是“JMR”，“扔”“脱夹克”“欢呼”和“蹒跚”这些行为的“BMR”具有最高的识别准确率。这表明了在骨架行为的描述能力上，骨架序列形态表征比运动表征更有优势。图 3-6 展示了本方法对 Northwestern-UCLA 数据集中 10 个类别行为提取得到的四种表征识别准确率，可以得到与 NTU RGB+D 数据集相同的实验结论。

接着，分析本章方法“JSR+JMR+BSR+BMR”在各个类别行为上的表现性能。“JSR+JMR+BSR+BMR”在 NTU RGB+D 数据集上得到的混淆矩阵如图 3-7 所示。其中，“刷牙”和“梳头”、“起立”和“坐下”、“梳头”和“踢东西”这三对行为有着较高的混淆程度。例如，“刷牙”和“梳头”这两种行为各有超过 10% 的样本被错误地分类到对方类别，原因是二者包含相似的人体骨架姿态，而且手部的细微动作容易被噪声影响。此外，“起立”中有 20% 的样本被混淆为“坐下”，这可能是因为它们是一对互逆的行为，“起立”可以看作

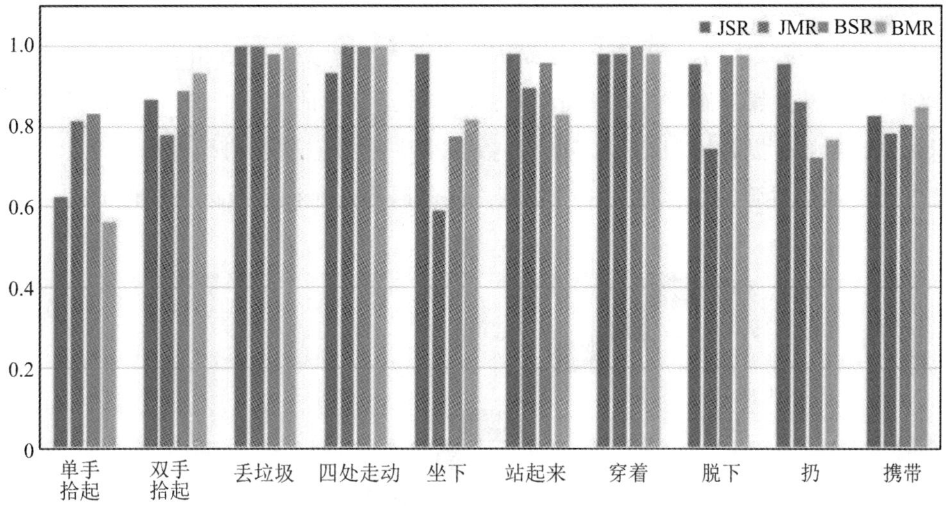

图 3－6　Northwestern-UCLA 数据集上各个类别行为的骨架序列形态与运动表征的识别准确率

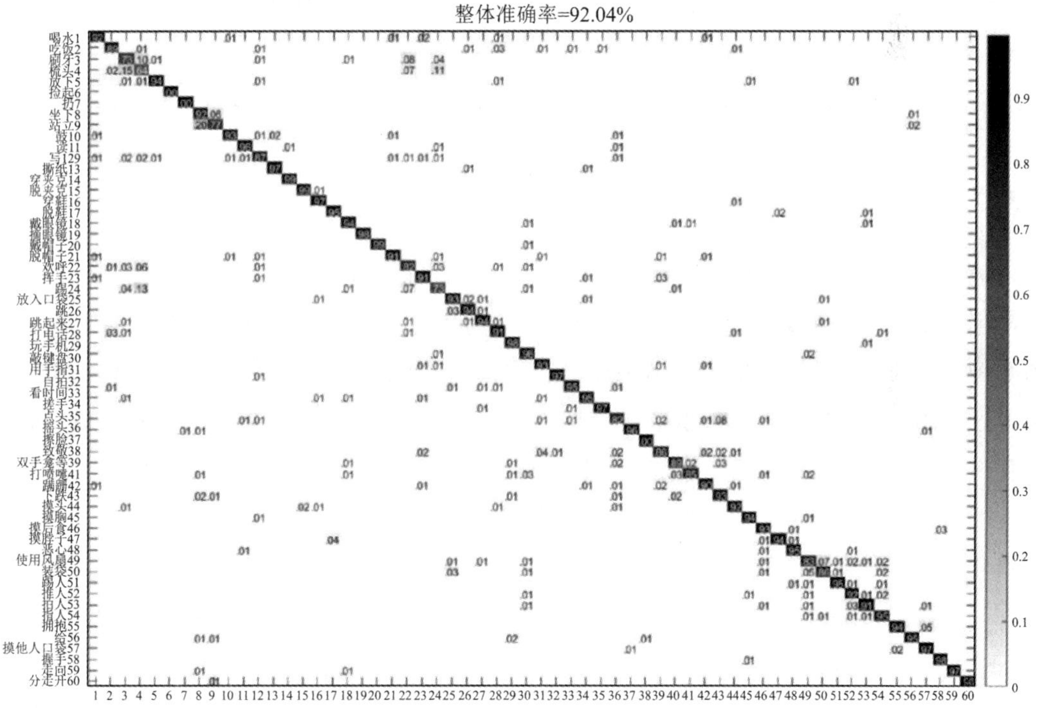

图 3－7　本章方法在 NTU RGB＋D 数据集上的混淆矩阵

“坐下”的逆过程，它们是由相同的原子动作组成的，空间分布信息比较相似。然而，并非所有互为逆过程的行为都会有混淆现象，如“穿鞋”和“脱鞋”、“戴眼镜”和“摘眼镜”、“戴帽子”和“脱帽子”，它们之间的混淆率都很低，因此，暂且将导致“起立”与“坐下”混淆的原因归结为噪声。

图 3－8 是本章方法在 Northwestern-UCLA 数据集上得到的混淆矩阵。其中，“单手拾起”和“丢垃圾”具有较大的混淆程度，这是因为二者的骨架姿态比较相似，区别仅在于手部的动作细节，容易被噪声淹没。值得关注的是，本数据集中的“起立”和“坐下”均被 100％的正确识别。结合上面提到的 NTU RGB＋D 数据集中互为逆过程的行为识别结果，可以证明本章方法能够通过强调动作序列中骨架帧之间的时序性进而有效区分相似的行为。

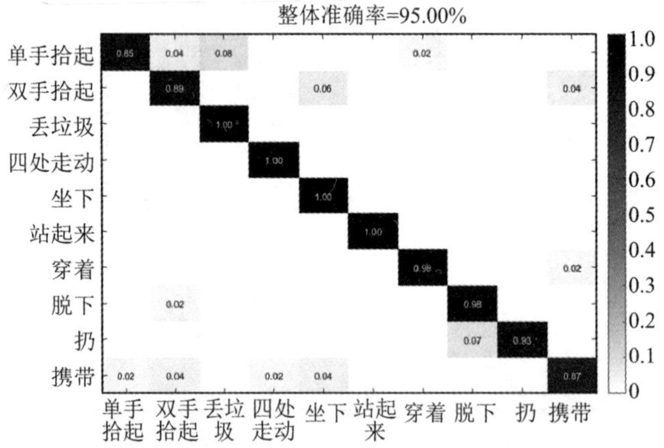

图 3－8　本章方法在 Northwestern-UCLA 数据集上的混淆矩阵

3.6.5　决策级融合方法的性能评估

通过使用平均融合策略对骨架序列形态与运动表征进行融合可以进一步提升行为识别准确率。考虑到四种表征的表现性能各不相同，为了进一步探索融合过程中给各个表征通道分配不同的权值是否会对识别结果产生影响，本节提出了加权融合方法。具体而言，将参与融合的每个表征通道的权值范围设为[0，1]，且所有的权值相加为 1。实验过程中，对于任一数据集，在训练数据集上采用五折交叉验证方式对权值进行选择，并将在训练数据集上取得最佳识别结果的权值作为测试数据集的权值。当权值的取值均为 0.25 时，加权融合退化为平均融合，即平均融合为加权融合的一种特殊情况。表 3－3 展示了这两种融合策略在三个数据集上的性能对比，其中，“单表征”包含四种基于单表征的方法（“JSR”“JMR”“BSR”和“BMR”）的表现性能，“融合”代表将四种表征进行融合后的结果，包含平均融合和加权融合，权值为使用加权融合策略时各单表征通道的权值。可以看到，在 NTU RGB＋D 和 Northwestern-UCLA 数据集的各项评价指标上，加权融合方法获得的识别准确率比平均融合方法略高，分别取得了 0.54％、0.60％和 0.44％的提升。更有趣的现象是，各个表征对于不同数据集的重要性是不同的。例如，“JMR”在 NTU RGB＋D 数据集 CS 和 CV 指标上均取得了比“JSR”更高的识别准确率，而对于 Northwestern-UCLA 数据集，“JSR”的性能又大幅超出“JMR”。另外，对于 UTD-MHAD 数据集，尽管尝试学习不同的表征通道权值，但加权融合方法的识别准确率并未超过平均融合方法。综上结论，建议采用简单而高效的平均融合作为多通道 CNN 的融合方法对骨架序列表征的深度特征进行融合。

表 3-3　平均融合和加权融合方法在三个数据集上的性能对比

数据集		单表征/%				融合		
		JSR	JMR	BSR	BMR	平均融合/%	加权融合/%	权　值
NTU RGB+D	CS	81.97	74.29	80.17	76.87	85.56	**86.10**	[0.17, 0.25, 0.30, 0.28]
	CV	88.70	84.32	88.43	84.44	92.04	**92.64**	[0.16, 0.27, 0.31, 0.26]
Northwestern-UCLA		90.87	84.35	89.35	87.39	95.00	**95.44**	[0.33, 0.08, 0.42, 0.17]
UTD-MHAD		91.86	92.33	92.79	83.26	**98.37**	**98.37**	[0.25, 0.25, 0.25, 0.25]

3.6.6　与其他方法的对比实验结果

本节在 NTU RGB+D、Northwestern-UCLA 和 UTD-MHAD 三个数据集上对所提出的方法与其他方法进行比较。对比方法包括基于传统手工特征和基于深度学习的方法，它们都遵循相同的评价指标。

1. NTU RGB+D 数据集上的实验结果

将本章方法与利用手工特征、RNN/LSTM、CNN 和 GCN 进行骨架行为识别的方法进行比较，对比结果如表 3-4 所示。可观察到，本章方法在 NTU RGB+D 数据集的 CS 和 CV 上均取得了最高的识别准确率，分别为 86.10%和 92.64%，大幅超过了基于手工特征的方法。相比基于 RNN/LSTM 的方法，本章方法也具有明显的优势，例如，方法 Beyond Joints 提出一个新的 LSTM 网络用以处理骨架序列的三种几何特征(分别是点、段和平面)，通过融合的方式在 CS 和 CV 上分别取得了 79.50%和 87.60%的识别准确率。本章方法的优越性得益于不仅利用了骨架序列的空间几何特征(“JSR”和“BSR”)，而且显式地对骨架序列时序上的相对运动信息进行建模(“JMR”和“BMR”)。这同时也表明了相比于利用 RNN/LSTM 等序列模型来处理骨架序列的方法，将骨架序列编码为彩色图片并利用 CNN 进行深度特征提取与分类更加高效，能够更加紧凑且具有判别性地对骨架序列特征的时空分布进行描述。此外，本章方法取得了比大多数基于多通道 CNN 方法更高的识别准确率。特别地，本章方法在 CS 和 CV 上的识别准确率比 Synthesized CNN 方法分别提高了6.07%和 5.43%，原因是 Synthesized CNN 方法通过将骨架序列的关节点特征可视化为 10 种彩色图片并利用多通道 CNN 进行融合，而本章方法仅融合了 4 种骨架序列表征，验证了本章提出的骨架序列形态与运动表征的可判别性与鲁棒性。

表 3－4　本章方法与其他方法在 NTU RGB＋D 数据集上的性能对比

方　法	发表年份	CS/％	CV/％
Lie Group	2014	50.08	52.76
Dynamic Skeletons	2015	60.23	65.22
HBRNN-L	2015	59.07	63.97
Part-aware LSTM	2016	62.93	70.27
STA-LSTM	2017	73.40	81.20
Joint Trajectory Maps	2017	76.32	81.08
Clips＋CNN＋MTLN	2016	79.57	84.83
Synthesized CNN	2017	80.03	87.21
Beyond Joints	2017	79.50	87.60
ST-GCN	2018	81.50	88.30
DPRL＋GCNN	2018	83.50	89.80
Shape-Motion＋CNN	2019	82.83	90.05
SDF-LSTM＋TDF-CNN	2018	82.96	90.12
本章方法(平均融合)	2020	85.56	92.04
本章方法(加权融合)	2020	86.10	92.64

2. Northwestern-UCLA 数据集上的实验结果

由表 3－5 可知，本章方法在 Northwestern-UCLA 数据集上的识别准确率为 95.44％，相比基于手工特征、RNN、CNN 和 GCN 的方法取得了显著的提升。其中，AGC-LSTM 和 Clips＋CNN＋MTLN 方法分别取得了 93.30％和 93.40％的识别准确率，本章方法比这两个方法的识别准确率分别提升了 2.14％和 2.04％，原因是这些方法侧重于描述骨架序列时间域或空间域上的一方面，而本章方法同时考虑空间和时间域，将骨架序列的时空信息紧凑地融合在骨架序列形态与运动表征中，有利于更完整地对骨架运动模式进行描述。

表 3－5　本章方法与其他方法在 Northwestern-UCLA 数据集上的性能对比

方　法	识别准确率/％
HOJ3D	54.50
Actionlet ensemble	76.00
MST-AOG	73.30
Lie Group	74.20

续表

方　　法	识别准确率/%
HBRNN-L	78.52
Multi-task RNN	87.30
Shape-Motion+CNN	91.30
Synthesized CNN	92.61
AGC-LSTM	93.30
Clips+CNN+MTLN	93.40
本章方法(平均融合)	95.00
本章方法(加权融合)	95.44

3. UTD-MHAD 数据集上的实验结果

本节遵循 Chen 等提出的跨对象交叉验证方式在小规模数据集 UTD-MHAD(仅包含 861 段骨架序列)上展开实验。表 3-6 给出了本章方法与其他方法在 UTD-MHAD 数据集上的性能对比。可以看出，本章方法依旧能够取得最高的识别准确率，达到 98.37%。其中，ResNet152+3scale 方法以及 Gated CNN 方法同样利用 ResNet 作为主干网络并取得了较高的识别准确率，分别为 96.30%和 97.90%，而本章方法的识别准确率相比它们分别提高了 2.07%和 0.47%。这表明本章方法不仅适用于大规模数据集如 NTU RGB+D 和 Northwestern-UCLA，在小规模数据集上同样表现优异，这归功于本章提出的框架中基于旋转子的视角变换方法、从时空视角不变模型中提取得到的骨架序列形态与运动表征、可选择的多通道 CNN 等各个部分的统一协调。

表 3-6　本章方法与其他算法在 UTD-MHAD 数据集上的性能对比

方　　法	识别准确率/%
ELC-KSVD	76.20
Kinect & Inertial	79.10
Convariance3DJ	85.60
SOS	87.00
Joint Trajectory Maps	87.90
ResNet152+3scale	96.30
Gated CNN	97.90
本章方法	98.37

本章小结

本章在骨架序列数据的几何代数空间中研究了骨架序列具有判别性和鲁棒性的时空特征的表征方法及行为识别方法。本章提出的基于旋转子的视角变换方法将骨架序列整体地变换至一个基于骨架序列正面朝向的观察系，消除视角差异性的同时保留了骨架序列各个帧之间的相对旋转运动信息，而且相比传统的基于旋转矩阵的视角变换方法更加简洁且高效。本章构建的时空视角不变模型集成了骨架关节点和骨骼的空间构型与时序动态信息，能够从中提取得到具有判别性和鲁棒性的骨架序列形态与运动表征，完整地描述了人体骨架行为。此外，本章提出的可选择的多通道卷积神经网络实现了对由骨架序列表征编码得到的彩色图片进行深度特征的提取与融合，进一步提升了最终骨架行为识别的准确率。

第4章
基于人体骨架空间金字塔模型的行为识别

空间金字塔匹配(Spatial Pyramid Matching, SPM)方法是一种广泛应用于计算机视觉领域的方法，可用于解决图像分类、识别和检索等问题。SPM 通过将输入图像划分为多个不同尺度的子区域，并在每个子区域上计算特征描述符，然后使用金字塔模型对这些特征描述符进行组织和匹配，最后使用分类器对匹配结果进行分类，从而实现对图像的分类和识别。SPM 有效地利用了图像在不同尺度下的信息，提高了图像分类和识别的准确性和鲁棒性，具有计算效率高、适应性强等优点。

人体骨架行为通常是由身体各个部位(例如关节点)的运动所组成的，这些部位的运动具有局部性，即相邻部位的运动往往具有相似性。同时，人体骨架行为中不同部位的运动往往具有一定的相关性和共现性，例如，在行走时，手臂和腿部的运动会同时出现。本章为了提取人体骨架运动中所呈现出来的不同层次、不同粒度的特征，基于人体骨架空间金字塔模型提出了一种新的骨架序列空间金字塔模型，将不同层次的空间信息逐渐地加权聚集在一起，有效地对骨架序列的空间特征进行了建模；在此基础上，提出了一种基于骨架空间金字塔模型的时空特征表示方法，融合时序信息得到人体骨架序列的时空特征，并将其应用于人体骨架行为识别中。

4.1 空间金字塔匹配方法的发展历程

SPM 是在 Grauman 和 Darrell 提出的金字塔匹配方法上发展起来的，已被成功地应用于图像处理与分析中，如图像分类识别、图像匹配、三维形状检索等。

SPM 的发展历程可以追溯到 20 世纪 90 年代。1999 年，Lazebnik 等提出了一种基于空间金字塔的图像分类方法，该方法先将输入图像划分为多个不同尺度的子区域，并在每个子区域上计算特征描述符，再通过对这些特征描述符进行匹配和分类来完成图像识别任务。

2003 年，Felzenszwalb 等提出了一种基于空间金字塔的人脸检测方法，该方法先在不同尺度的子区域上计算特征描述符，然后使用 AdaBoost 算法进行分类来实现人脸检测任务。

2005 年，Lazebnik 等提出了一种基于空间金字塔的图像检索方法，该方法先在不同尺度的子区域上计算特征描述符，然后使用相似性度量来进行图像检索任务。

2006 年，Yang 等提出了一种基于空间金字塔的图像分类方法，该方法先在不同尺度的子区域上计算特征描述符，然后使用支持向量机(SVM)进行分类来实现图像分类任务。

2009 年，Yang 等提出了一种基于空间金字塔的目标检测方法，该方法先在不同尺度的子区域上计算特征描述符，然后使用滑动窗口算法进行目标检测任务。

随着深度学习方法的发展，SPM 也得到了进一步的发展和应用。例如，在基于卷积神经网络的图像分类任务中，使用 SPM 对不同尺度的图像进行特征提取和分类，以提高模型的泛化能力和分类精度。同时，SPM 也被广泛应用于目标检测、语义分割等任务中，以提高模型的性能和精度。

4.2 空间金字塔模型简介

针对图像分类中容易丢失特征空间信息的缺点，SPM 图像表示算法通过将视觉单词之间空间上的位置关系结合到特征直方图中提升 SPM 图像表示的准确性。SPM 首先将图像按金字塔方式划分为多个层级且逐层细化的子区域，然后用图像特征直方图表示每个子区域，最后把所有子区域的特征直方图按一定的权值连接起来，得到整张图像的直方图描述矢量。

首先，我们先介绍金字塔匹配方法，图 4-1 是金字塔匹配方法示意图。

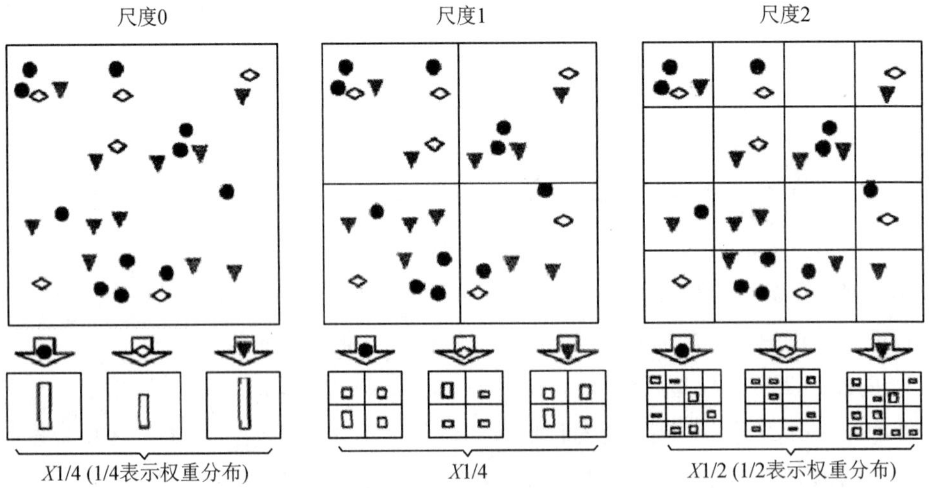

图 4-1 金字塔匹配方法示意图($L=3$)(图中 X 表示特征特点匹配的总对数)

设 $\boldsymbol{X}$ 和 $\boldsymbol{Y}$ 是 d 维特征空间中的两个矢量集，构造一系列分辨率为 0，1，…，L 的网格，其中分辨率为 0 的网格为原图像。在尺度 l 的网格上每维有 2^l 个子区域，则共有 $D=2^{ld}$ 个子区域。设 $H_{\boldsymbol{X}}^l$ 和 $H_{\boldsymbol{Y}}^l$ 分别表示 $\boldsymbol{X}$ 和 $\boldsymbol{Y}$ 在此分辨率上的直方图，则 $H_{\boldsymbol{X}}^l(i)$和 $H_{\boldsymbol{Y}}^l(i)$分别是 $\boldsymbol{X}$ 和 $\boldsymbol{Y}$ 属于此分辨率网格第 i 个子区域中点的数量。因此，分辨率为 l 的网格层上匹配的数目可以用直方图表示出来，具体如下：

$$I(H_{\boldsymbol{X}}^l,\ H_{\boldsymbol{Y}}^l)=\sum_{i=1}^{D}\min[H_{\boldsymbol{X}}^l(i),\ H_{\boldsymbol{Y}}^l(i)] \tag{4-1}$$

为了便于描述，下文中把 $I(H_{\boldsymbol{X}}^l,\ H_{\boldsymbol{Y}}^l)$记为 I^l。在尺度 $l+1$ 层上的匹配特征点集合包含了尺度 l 层的匹配特征点集合，因此用 I^l-I^{l+1} 表示尺度 $l(l=0,\ 1,\ \cdots,\ L-1)$层的匹配数目。在 l 层引进权值$\dfrac{1}{2^{L-l}}$，然后连接全部的块，得到金字塔匹配核的定义：

$$\begin{aligned}k^L(\boldsymbol{X},\boldsymbol{Y})&=I^L+\sum_{l=0}^{L-1}\frac{1}{2^{L-l}}(I^l-I^{l+1})\\&=\frac{1}{2^L}I^0+\sum_{l=0}^{L}\frac{1}{2^{L-l+1}}I^l\end{aligned} \tag{4-2}$$

其中，k^L 表示两个矢量集 $\boldsymbol{X}$、$\boldsymbol{Y}$ 的匹配程度。

在上述金字塔匹配方法的基础上，Lazebnik 等发展了面向图像的空间金字塔匹配方法，该方法被用于图像分类和识别、图像匹配、目标检测等任务中。SPM 方法通过将输入图像划分为多个不同尺度的子区域并在每个子区域上计算特征描述符，最后通过对这些特征描述符进行匹配和分类来完成图像识别任务。

首先，SPM 将输入图像划分为多个不同尺度的子区域，然后在每个子区域上使用一个特征提取器(例如尺度不变特征转换(Scale Invariant Feature Transform，SIFT)、HOG 等)来计算特征描述符。

接下来，SPM 使用一种金字塔结构对这些特征描述符进行组织和匹配。具体来说，SPM 将这些特征描述符按照金字塔结构进行组织，即从最顶层开始，逐渐向下扩展，直到最底层。在每个层上，SPM 使用一种相似性度量(例如欧氏距离、余弦相似性等)对相邻层次的特征描述符进行匹配，并将匹配结果存储在一个金字塔结构中。用于度量 $\boldsymbol{X}$ 和 $\boldsymbol{Y}$ 匹配程度的相似性度量可表示为

$$K^L(\boldsymbol{X},\boldsymbol{Y})=\sum_{m=1}^{M}k^L(\boldsymbol{X}_m,\boldsymbol{Y}_m) \tag{4-3}$$

最后，SPM 使用一种分类器(例如支持向量机、随机森林等)对金字塔结构中的匹配结果进行分类，得到最终的图像分类结果。

SPM 的优点是能够在不同尺度的子区域上提取特征描述符并使用金字塔结构对这些特征描述符进行组织和匹配，从而提高图像分类和识别任务的准确性和鲁棒性。同时，SPM 还能够处理不同尺寸和形状的图像，具有较强的适应性和泛化能力。然而，SPM 也存在一些缺点，例如计算复杂度较高、容易受到噪声和干扰的影响等。因此，在实际应用中，

需要根据具体情况选择合适的 SPM 方法和参数，以获得最佳的图像分类和识别效果。

4.3 人体骨架空间金字塔模型

在行为识别领域，端到端的深度学习关注原始骨架点之间的关系，却忽略了骨架的层次信息，为了较为全面地表征骨架序列整体和局部之间的关系，我们将经典 SPM 模型思想运用到骨架序列的空间建模上。

经典的 SPM 模型先将输入图像划分为多个不同尺度的子区域，然后在每个子区域上计算特征描述符，最后对这些特征描述符进行匹配和分类来完成图像识别任务。然而，骨架序列是一种特殊的图像序列，它表示的是物体的骨骼结构，而不是物体的外观。与传统的图像不同，骨架序列的特征主要包括骨骼点的位置、连接关系和运动轨迹等信息，这些信息与经典 SPM 模型所使用的图像特征有很大的不同。因此，经典的 SPM 模型不能直接应用于骨架序列的建模。

基于骨架序列和经典 SPM 理论的特点，我们提出了一种用于对帧内骨架空间关系进行建模的 SPM 模型，简称为 SS-SPM 模型。该模型从整体到局部，从粗糙到细致，能更加有效地表征骨架序列整体和局部之间的关系，分层次地体现骨架序列关节点特征。SS-SPM 模型的基本思想是将一个骨架分割成越来越细的子骨架，骨架以不同的比例分割，进而多尺度构造一个多层的金字塔结构。

设有骨架 S，运用空间金字塔的思想，依据人体运动的局部性和共现性，在不同的尺度$\{0, 1, \cdots, L\}$下对 S 进行划分，在尺度 l 下把 S 划分成若干个子骨架，如图 4-2 所示。

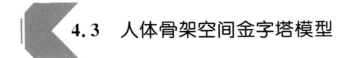

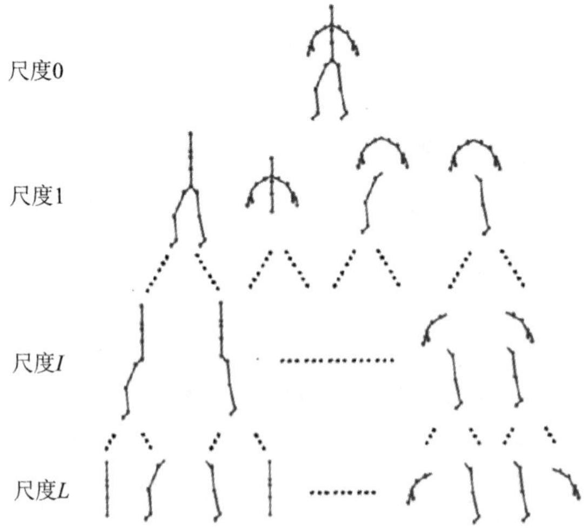

图 4-2 人体骨架空间金字塔模型图示

设 F^l 表示骨架 S 在 l 尺度下的特征，则不同尺度下的特征被赋予不同权重。由于人体运动主要体现在局部骨架上，一般来说大尺度子骨架的权重小，而小尺度子骨架的权重大，因此尺度 l 下的子骨架特征权重 w_l 可表示为

$$w_l = \frac{1}{2^{L-l}},\ l \in \{0,\ 1,\ \cdots,\ L\} \tag{4-4}$$

根据式(4-4)可以得到在尺度$\{0,\ 1,\ \cdots,\ L\}$上分割后特征的权值，然后利用下式得到骨架在一帧内的特征 F：

$$F = \sum_{l=0}^{L} w_l F^l,\ l \in \{0,\ 1,\ \cdots,\ L\} \tag{4-5}$$

这种新的骨架序列空间金字塔模型中，不同层次的空间信息被逐渐地加权聚集在一起，细节特征被放大，从而有效地对骨架序列的空间特征进行建模。

4.4　基于人体骨架空间金字塔的骨架行为识别

在上一节中，我们提出了多尺度的骨架空间金字塔模型，并得到骨架在一帧图像内的特征表示。下面我们将式(4-5)得到的骨架特征表示作为每个帧图像的表示并将其逐帧连接起来，如图 4-3 所示。将骨架关节坐标点在三个正交平面上的投影 X、Y、Z 分别作为 RGB 图像的三个通道进行处理，所有帧的表示按时间顺序排列以表示整个骨架序列。

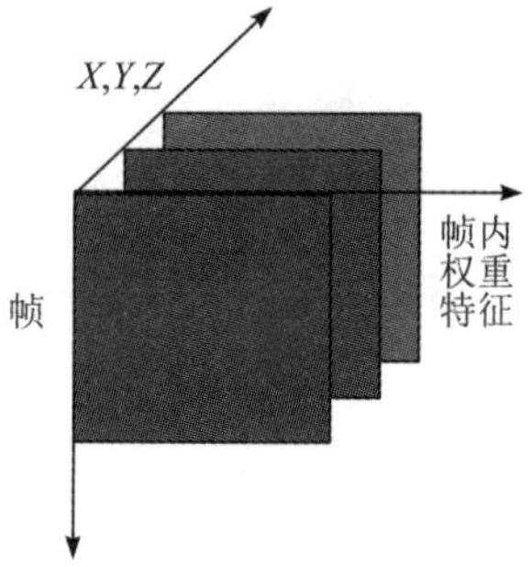

图 4-3　时空特征表示

接着，优化时空特征表示：

$$P_R = \left\lfloor 255 \times \frac{P_R - x_{\min}}{x_{\max} - x_{\min}} \right\rfloor \tag{4-6}$$

$$P_G = \left\lfloor 255 \times \frac{P_G - y_{\min}}{y_{\max} - y_{\min}} \right\rfloor \tag{4-7}$$

$$P_B = \left\lfloor 255 \times \frac{P_B - z_{\min}}{z_{\max} - z_{\min}} \right\rfloor \tag{4-8}$$

其中，P_R、P_G、P_B 分别表示 RGB 三个通道的像素值，$\lfloor\ \rfloor$表示向下取整。

基于上述得到的时空特征，先将图像尺寸调整为224×224×3，然后将其输入到CNN进行行为识别。网络结构采用了一个简单而有效的卷积结构(见图4-4)，包括5个卷积层和3个FC层。第一和第二个FC层包含4096个神经元，第三个FC层中的神经元数等于动作类总数，滤波器尺寸设置为11×11、5×5、3×3、3×3、3×3。

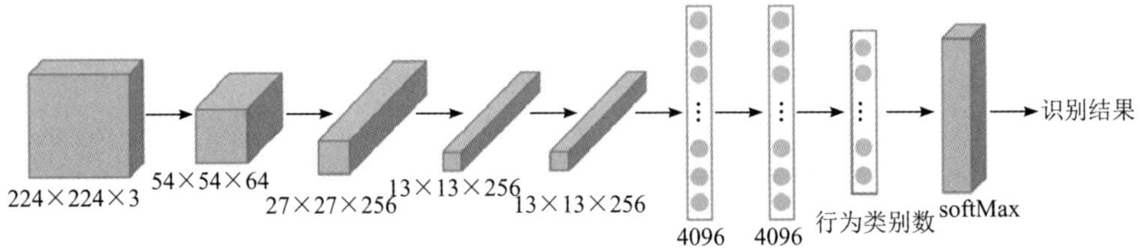

图4-4 CNN的层次图示

4.5 实验结果与分析

本节采用数据集NTU RGB+D研究本章所提取的特征及深度网络的有效性。

1. 实验设置

在原始数据处理方面，我们使用了基于骨架序列的视角变换得到更适合分类的骨架关节点的三维坐标。在时间维度上，我们没有将每个数据集的运动序列长度规范化为一个固定长度N，而是将时空特征图的帧维度进行填充使得输入的时空特征图维度均为224×224×3。对于连接的CNN结构，由于NTU RGB+D数据集较为庞大，我们没有选择用数据集的每个动作从头训练CNN，而是利用预训练模型在大型图像数据集上的优势采用ILSVRC-2012(大规模视觉识别挑战，2012年)的预训练模型进行微调。该实现基于MatConvNet，并将丢弃率(dropout)设置为0.5，网络权重是使用小批量随机梯度下降来学习的，动量值(Momentum Value)设置为0.9，权重衰减(Weight Decay)设置为0.00005，学习率(Learning Rate)设置为0.001，训练次数(training epoch)设置为200，批量大小(batchsize)设置为50。

2. 实验结果与分析

对于NTU RGB+D Dataset数据集，在跨受试者评估协议中，一半的受试者被用作训练集，而剩下的作为测试集，在这一评估协议中训练集和测试集分别有40320和16560个样本。在交叉视角评估协议中，视角为相机2和3的数据被用于训练，而视角为相机1的数据用于测试，在这一评估协议中，训练集和测试集分别有37920和18960个样本。表4-1是本章方法与其他方法的对比实验结果。

表 4－1　在 NTU RGB＋D 数据集上的对比实验结果

方　法	准　确　率	
	CS/％	CV/％
HBRNN-L	59.07	63.97
Deep RNN	56.29	64.09
Deep LSTM	60.69	67.29
Part-aware LSTM	62.93	70.27
ST-LSTM	61.70	75.50
LieNet-3Blocks	61.37	66.95
本章方法	**65.42**	**77.91**

从表 4－1 可以发现，本章方法显示了它在面对大规模数据中视图变化和噪声骨架等挑战时的优越性。这证明了将骨架序列从整体到局部，从粗糙到细致，分层次体现骨架序列关节点特征的正确性。和其他方法相比，本章方法是更为直观而且有效的方法。

图 4－5 是本章方法的错误率曲线。从错误率曲线可以看出本章方法的收敛速度很快，且收敛后的错误率波动也较小。200 次迭代后的行为识别准确率较为理想，这证明了我们所提出的模型和选择的深度网络的有效性。

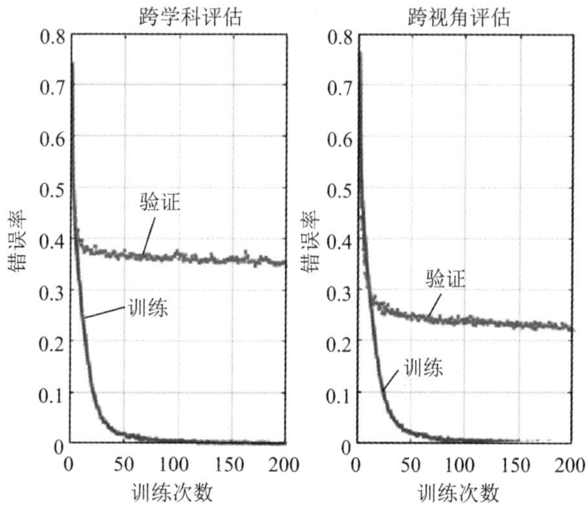

图 4－5　本章方法在 NTU RGB＋D 数据集训练集上的错误率曲线

本章小结

本章首次将空间金字塔的思想运用到骨架行为识别上，提出了一种新型的行为识别方法。此外，还提出了用骨架序列空间金字塔模型对骨架序列的空间信息进行建模，该模型有效地表示了骨架序列帧内的空间信息。最后，融入帧间信息并提出了一种编码模式使模型，以更好地将特征送入深度神经网络进行学习和分类。此外，在数据集 NTU RGB+D 上的表现也证明了本章所提方法的有效性。

第5章 基于李群骨架表示的行为识别

在骨架序列中捕获时空信息常用的神经网络是卷积神经网络(CNN)和长短时记忆网络(LSTM)。CNN面临的挑战是如何利用基于图像的表示有效捕获骨架序列空间信息，容易丢失时序上的信息。而LSTM面临的挑战是如何利用基于时间域的前后关系有效捕获骨架序列时序上的信息，容易丢失空间信息。2017年，Vemulapalli等提出在李群中创建骨架的表示方法，通过使用这种表示方法，骨架序列可以被建模为李群中的曲线，然后将李群中的曲线映射到李代数，在向量空间内进行分类。基于李群的骨架特征表示能有效地表示关节之间的三维几何关系，在行为表示上具有很大优势。

本章针对现有CNN和LSTM在骨架行为识别方面存在的优点及缺点，从骨架序列的李群特征出发，为了获取尽可能多的时空信息，在LieNet的基础上提出了一种新的骨架行为识别深度网络LS-LieNet，将提取到的李群骨架特征输入到针对李群设计的CNN，并在全连接层之前将转化过的李代数特征输入Bi-LSTM网络，然后将两种网络SoftMax层的预测标签和得分进行融合，以此对行为进行有效的识别。

5.1 李群基础

1870年前后，Sophus Lie开始研究连续变换群的概念，并用它们阐明微分方程的解，将微分方程进行分类。1874年，他建立了李群的一般理论。李群(Lie Group)是一种只有一个运算的、比较简单的代数结构，也是一种可用来建立其他代数系统的基本结构。

在数学中，李群是具有群结构的实流形或者复流形，并且群中的加法运算和逆元运算是流形中的解析映射。李群在数学分析、物理和几何中都有非常重要的作用。

一个李群可以表示成

$$x_i' = f_i(x_1, x_2, \cdots, x_n, a_1, a_2, \cdots, a_n), \ i = 1, 2, \cdots, n \tag{5-1}$$

其中：f_i 对 x_i 和 a_i 都是解析的，x_i 是变量，而 a_i 是参数；$(x_1, x_2, \cdots, x_n)$ 表示 n 维空间中的一点，变量或参数都取实数值或复数值。1883年，S.李通过定义连续变换群的方式，将常微分方程的不同类型化为可由积分求解的形式，并建立起它们之间的一致性。他证明，如果一阶常微分方程可以通过某个无穷小变换来确定其变换群，那么这个微分方程的解就可以由积分式表达。此外，Sophus Lie 还研究了多种带有已给出变换的方程，并依据无穷小变换对微分方程进行了分类。

李群理论在其发展的早期阶段，主要与一些微分方程的积分问题有关，与数学的其他分支并没有太多联系。但在 19 世纪末 20 世纪初，李群理论在代数学和拓扑学等领域得到了迅速发展，成为了数学的一个重要分支。

李群理论的第一个近代化叙述是由苏联数学家庞特里亚金于 1938 年给出的。20 世纪 50 年代，李群理论的发展进入了一个新的阶段，主要标志是代数群论的创立。代数几何方法的应用使李群理论的经典结果得到新的阐述，从而揭示了它与函数论、数论等理论的深刻联系。随后，p 进李群的理论也得到了重大发展。

事实上，李群理论与数学的几个主要分支都有联系，如李变换群与几何学、拓扑学的联系，线性表示论与分析的联系等。此外，李群理论在物理学和力学中也有着重要应用。

5.2 骨架的李群表示及李代数映射

设 $S=(V, E)$ 表示人体骨架，其中 $V=\{\boldsymbol{v}_1, \boldsymbol{v}_2, \cdots, \boldsymbol{v}_N\}$ 表示关节集合，$E=\{\boldsymbol{e}_1, \cdots, \boldsymbol{e}_M\}$表示定向的刚体骨骼集合。对于一对刚体骨骼 $\boldsymbol{e}_n$ 和 $\boldsymbol{e}_m$，其中一个刚体骨骼可以在另一个刚体骨骼的局部坐标系中表示。基于此我们分别获得两个刚体骨骼 $\boldsymbol{e}_m$、$\boldsymbol{e}_n$ 的三维变换矢量 $\hat{\boldsymbol{e}}_m$、$\hat{\boldsymbol{e}}_n$。然后我们从 $\boldsymbol{e}_m$ 到 $\boldsymbol{e}_n$ 的局部坐标系计算旋转矩阵 $\boldsymbol{R}_{m,n}$($\boldsymbol{R}_{m,n}^{\mathrm{T}}\boldsymbol{R}_{m,n}=\boldsymbol{R}_{m,n}\boldsymbol{R}_{m,n}^{\mathrm{T}}=\boldsymbol{I}_n$，$|\boldsymbol{R}_{m,n}|=1$)。具体来说，我们首先通过式(5-2)和式(5-3)计算旋转矩阵 $\boldsymbol{R}_{m,n}$ 的轴角表示(ω，θ)：

$$\omega=\frac{\hat{\boldsymbol{e}}_m\times\hat{\boldsymbol{e}}_n}{\|\hat{\boldsymbol{e}}_m\times\hat{\boldsymbol{e}}_n\|} \tag{5-2}$$

$$\theta=\arccos(\hat{\boldsymbol{e}}_m\cdot\hat{\boldsymbol{e}}_n) \tag{5-3}$$

其中，×和·分别表示外积和内积。

然后，利用得到的轴角表示以及罗德里格旋转公式(Rodrigues′ rotation formula)可以推导出式(5-4)，将轴角表示变换为旋转矩阵 $\boldsymbol{R}_{m,n}$：

$$\boldsymbol{R}=\begin{bmatrix}\cos\theta+\omega_x^2(1-\cos\theta) & \omega_x\omega_y(1-\cos\theta)-\omega_z\sin\theta & \omega_x\omega_z(1-\cos\theta)+\omega_y\sin\theta\\ \omega_x\omega_y(1-\cos\theta)+\omega_z\sin\theta & \cos\theta+\omega_y^2(1-\cos\theta) & \omega_y\omega_z(1-\cos\theta)-\omega_x\sin\theta\\ \omega_z\omega_x(1-\cos\theta)-\omega_y\sin\theta & \omega_z\omega_y(1-\cos\theta)+\omega_x\sin\theta & \cos\theta+\omega_z^2(1-\cos\theta)\end{bmatrix} \tag{5-4}$$

以相同的方式，可以计算从 $\boldsymbol{e}_n$ 到 $\boldsymbol{e}_m$ 的局部坐标系的旋转矩阵 $\boldsymbol{R}_{n,m}$。为了更全面地表示 $\boldsymbol{e}_m$ 和 $\boldsymbol{e}_n$ 之间的相对几何关系，$\boldsymbol{R}_{m,n}$ 和 $\boldsymbol{R}_{n,m}$ 都会作为特征被使用。因此，在 t 时刻，骨

架 S 可以用$\{\boldsymbol{R}_{1,2}(t), \boldsymbol{R}_{2,1}(t), \cdots, \boldsymbol{R}_{M-1,M}(t), \boldsymbol{R}_{M,M-1}(t)\}$来表示，其中 M 是刚体骨骼的数量，旋转矩阵的数量是 $2C_M^2$（C_M^2 是组合数）。

$\boldsymbol{R}^n$ 中 $n\times n$ 维旋转矩阵的集合形成特殊正交群 $\mathbf{SO}_n$，其实际上是矩阵李群。因此，骨架的运动序列可以用李群 $\mathbf{SO}_3\times\cdots\times\mathbf{SO}_3$ 上的曲线表示。由于李群 $\mathbf{SO}_3\times\cdots\times\mathbf{SO}_3$ 的非欧几里得性质，李群 $\mathbf{SO}_3\times\cdots\times\mathbf{SO}_3$ 上的曲线分类是一个复杂的任务，因此我们利用对数映射将 $\mathbf{SO}_3\times\cdots\times\mathbf{SO}_3$ 转化为李代数 $\mathbf{SO}_3\times\cdots\times\mathbf{SO}_3$ 再进行分类。

计算矩阵 $\boldsymbol{R}$ 对数映射的一种典型方法如下：

$$\log(\boldsymbol{R})=\boldsymbol{U}\log(\boldsymbol{\Sigma})\boldsymbol{U}^{\mathrm{T}} \tag{5-5}$$

其中，$\boldsymbol{R}=\boldsymbol{U\Sigma U}^{\mathrm{T}}$，$\log(\boldsymbol{\Sigma})$ 是特征值对数的对角矩阵。

然而，由于旋转矩阵的性质，这种操作不仅受到 $\log(\boldsymbol{\Sigma})$中零问题的影响，还会消耗太多的时间用于矩阵梯度计算。所以对于旋转矩阵，我们采用下面的方法得到对数映射，这也是后面 LogMap Layer 的工作原理。其中，$\mathrm{trace}(\boldsymbol{R})$表示矩阵 $\boldsymbol{R}$ 的迹。

$$\theta(\boldsymbol{R})=\arccos\left[\frac{\mathrm{trace}(\boldsymbol{R})-1}{2}\right] \tag{5-6}$$

$$\log(\boldsymbol{R})=\begin{cases}0, & \theta(\boldsymbol{R})=0\\ \dfrac{\theta(\boldsymbol{R})}{2\sin[\theta(\boldsymbol{R})]}(\boldsymbol{R}-\boldsymbol{R}^{\mathrm{T}}), & \text{其他}\end{cases} \tag{5-7}$$

5.3　深度 LS-LieNet

针对人体骨架行为识别问题，我们提出了一个能够学习骨架数据的用李群表示的深度网络，简称为 LS-LieNet，其结构如图 5-1 所示。LS-LieNet 中包括 CNN 的卷积类层(RotMap Layer)、池化类层(RotPooling Layer)、对数映射层(LogMap Layer)、双向 LSTM 层(Bi-LSTM Layer)、全连接层(FC Layer)。通过学习骨架序列的李群表示获得骨架序列的时空特征。

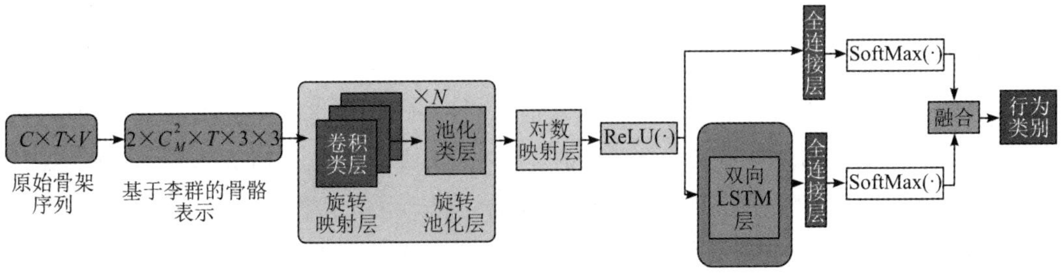

图 5-1　LS-LieNet 的结构

在 LS-LieNet 中，原始骨架序列通常是人体骨架中所有关节在所有时刻的三维坐标集合，可表示成维数为 $3\times T\times V$ 的向量，其中 T 表示骨架序列所有帧，V 表示人体骨架中的关节数。由于骨骼序列可表示为李群曲线，为了获得更准确的行为识别效果，我们使用李群的骨骼表示将原始骨架序列进行转化，将数据维度变成 $2\times C_M^2\times T\times 3\times 3$，其中，$M$ 是刚体骨骼的数量，旋转矩阵的数量是 $2C_M^2$（C_M^2 是组合数），T 表示骨架序列所有帧，3×3 表示每个旋转矩阵的维度。LS-LieNet 使用文献[16]中的 RotMap Layer、RotPooling Layer 作为针对李群特征设计的卷积池化层、对数映射层(LogMap Layer)，将李群特征转化为李代数特征。李代数特征经过 ReLU 函数的线性整流后通过两个支路分别送入全连接层和双向 LSTM 层以学习更深入的时间信息。最后，我们将两个 SoftMax 层的结果融合，得到最终的行为识别结果。

1. Bi-LSTM

由于本章算法中用到了 Bi-LSTM，为了便于读者理解，下面对 Bi-LSTM 进行简单介绍。

假设输入的序列为 $\boldsymbol{x}=(\boldsymbol{x}_1,\boldsymbol{x}_2,\cdots,\boldsymbol{x}_T)$，RNN 的隐含向量序列 $\boldsymbol{h}=(\boldsymbol{h}_1,\boldsymbol{h}_2,\cdots,\boldsymbol{h}_T)$ 和输出向量序列 $\boldsymbol{y}=(\boldsymbol{y}_1,\boldsymbol{y}_2,\cdots,\boldsymbol{y}_T)$ 可由式(5-8)、式(5-9)迭代得到：

$$\boldsymbol{h}_t=\sigma(\boldsymbol{W}_{xh}\boldsymbol{x}_t+\boldsymbol{W}_{hh}\boldsymbol{h}_{t-1}+\boldsymbol{b}_h)=\sigma\left[\boldsymbol{W}\begin{pmatrix}\boldsymbol{x}_t\\ \boldsymbol{h}_{t-1}\end{pmatrix}\right] \tag{5-8}$$

$$\boldsymbol{y}_t=\boldsymbol{W}_{hy}\boldsymbol{h}_t+\boldsymbol{b}_y \tag{5-9}$$

其中：$t\in\{1,2,\cdots,T\}$；$\boldsymbol{W}$ 代表权重矩阵；$\boldsymbol{b}$ 代表偏置向量；σ 代表隐含层函数，通常是对元素依次进行 sigmoid 操作。

LSTM 是一种特殊的 RNN，但相比于 RNN 它可以学习时间序列的长期依赖信息。LSTM 通过特殊的设计在每个 RNN 单元中保持一个长期内存，并选择性地记住或忘记存储在其内部内存单元 c_t 中的信息，具体如下所示：

$$\begin{pmatrix}i\\ f\\ o\\ g\end{pmatrix}=\begin{pmatrix}\text{sigm}\\ \text{sigm}\\ \text{sigm}\\ \tanh\end{pmatrix}\left[\boldsymbol{W}\begin{pmatrix}\boldsymbol{x}_t\\ \boldsymbol{h}_{t-1}\end{pmatrix}\right] \tag{5-10}$$

$$c_t=f\otimes c_{t-1}+i\otimes g \tag{5-11}$$

$$h_t=o\otimes\tanh(c_t) \tag{5-12}$$

其中：i、f、o、g 分别代表输入门、遗忘门、输出门和输入调制门，且它们和隐含向量 $\boldsymbol{h}$ 具有相同的维度；$\otimes$表示按元素方向乘法；c_t 是用来保持长期上下文的内存单元。

经典的 LSTM 网络中，状态的传输是从前往后单向的。然而，在行为识别问题中，一个动作前后状态之间的关系不仅仅是单向的，这时就需要双向 LSTM 来对我们的模型进行优化。双向 LSTM 的就是两个单向 LSTM 的结合，输出由这两个 LSTM 的状态共同决定。在每一个时刻 t，输入会同时提供给这两个方向相反的 LSTM，而输出则是由这两个单向 LSTM 共同决定。

2. 融合算法

在深度学习领域，常见的集成学习融合方法是乘法融合、加权融合和最大值融合。根据上述的 LS-LieNet 结构，我们可以得到两个 SoftMax 层的分类结果以及得分，因为两个 SoftMax 层的评价标准一致，所以我们采用加权融合的方法来确定最终得分，并得到最终的预测标签：

$$y=\alpha \cdot y_c+\beta \cdot y_l \tag{5-13}$$

其中，y_c 和 y_l 分别代表两个 SoftMax 层的得分，α 和 β 是两个超参数，y 是最终得分。

对于本章两个相同标准的 SoftMax 层分类，我们对两个 SoftMax 层的得分进行加权融合，可以更好地学习时间和空间信息对行为识别准确率的综合影响。

5.4　实验结果与分析

1. 实验设置

本节在 G3D-Gaming 数据集上进行实验验证，遵循跨受试者条件刺激测试设置，其中一半受试者用于训练，另一半受试者用于测试，准确率是 10 次不同组合结果的平均值。

实验中，采用 Vemulapalli 等的方法表示人体骨架数据，将骨架的运动序列用李群 $\boldsymbol{SO}_3\times\cdots\times\boldsymbol{SO}_3$ 上的曲线表示。我们将每个骨架运动序列长度规范化为固定长度 N。因此，对于每个骨架的运动序列，最终为 G3D-Gaming 数据集计算了长度为 100 的李群曲线。在 LSTM 网络结构的选取上，也分别对 LSTM 和 Bi-LSTM 网络进行了实验。

2. 实验结果与分析

表 5-1 是本章所提出的 LS-LieNet 方法与 RBM-HMM、SE 和 SO、LieNet 方法的对比结果。相比于 SE 和 SO 方法，我们没有使用傅里叶时间金字塔(Fourier Temporal Pyramid，FTP)来处理特征。从表中可以看出，LS-LieNet 方法具有比其他方法更好的识别准确率。

表 5-1　本章方法与其他方法在 G3D-Gaming 数据集上的对比结果

方　法	准确率/%
RBM-HMM	86.40
SE	87.23
SO	87.95
LieNet-0Block	84.55
LieNet-1Block	85.16
LieNet-2Blocks	86.67
LieNet-3Blocks	89.10
LS-LieNet(with Bi-LSTM)	89.43
LS-LieNet(with LSTM)	90.25

在连接的 LSTM 层方面，我们也用实验验证了选择 Bi-LSTM 网络学习时间关系的正确性，即对比了 LieNet 以及 LS-LieNet 在分别用 LSTM 网络和 Bi-LSTM 网络时的表现。

从图 5-2 的对比图我们可以明显看出，在行为识别的准确率方面，LS-LieNet(Bi-LSTM)和 LS-LieNet(LSTM)方法的表现都优于复现的 LieNet 方法，而 LS-LieNet(Bi-LSTM)方法相比于 LS-LieNet(LSTM)方法的准确率还要高。这一方面说明了本章提出的网络相较于原有的 LieNet 结构在 G3D-Gaming 数据集上具有更好的表现；另一方面表明 Bi-LSTM 层的加入优于 LSTM 层的加入，这也印证了我们对于动作时间依赖关系的认识——与先前和之后的子动作都有关。

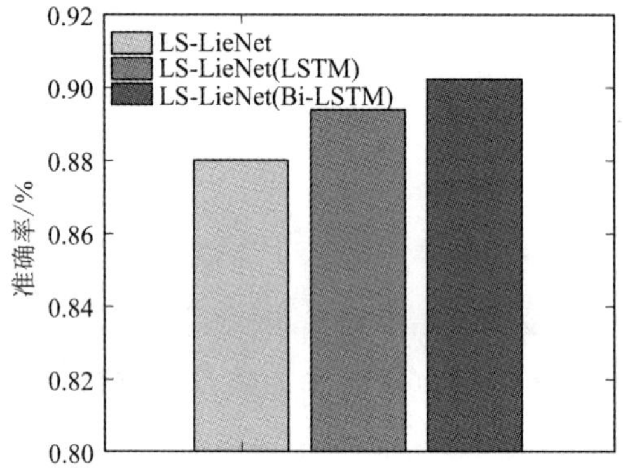

图 5-2 本章方法与 LieNet 方法的对比结果

本章小结

本章提出了一种基于李群骨架表示的新型深度神经网络——LS-LieNet。该网络将非欧氏空间中的李群特征映射到欧氏空间中的李代数上，成功地将 LSTM 单元引入到所设计的网络中。同时，通过采用 Bi-LSTM 网络的连接方式，成功解决了原有 LieNet(基于李群的 CNN)损失时间信息的问题。在标准数据集上的实验结果表明，本章所提出的方法在多个任务上均取得了良好的效果。非欧氏空间中李群特征到欧氏空间中李代数的转换，也为后续基于李群的端到端神经网络训练提供了一个很好的思路。

第6章 基于注意力机制的骨架行为识别深度网络

人体骨架行为识别的关键在于如何有效地捕捉各类动作在空间结构和时间上的运动模式。最新研究表明，与一个动作或行为相关的关节点之间存在着依赖关系，即使它们的物理位置不相邻。例如，行走过程中手部和脚部是协同运动的，那么手部关节点和脚部关节点在行走过程中就存在依赖关系。基于 RNN/LSTM 的工作大多侧重于强调骨架行为序列的时间结构信息，基于 CNN 的方法受限于卷积核的局部约束和权值共享机制，难以捕捉到长距离关节点间的依赖关系，并有效挖掘骨架序列中的共现特征，而这对于识别复杂的骨架行为是至关重要的。类似地，GCN 通过预定义邻接矩阵对节点特征进行聚合与传播，同样具有局部约束性。因此，本章旨在跳出标准卷积核的局部约束和权重共享，探究捕捉骨架序列中涉及长距离依赖的时空特征。

CNN 擅长提取高层信息，能够学习到骨架序列空间域和时间域的特征，因此，为了更好地捕捉和表征骨架序列中长距离相互依赖的关节点的时空关系，本章将注意力模型与卷积相互结合，使用注意力机制对卷积进行增强，提出了一个基于时空注意力和运动增强的骨架行为识别深度网络。首先，将骨架序列进行编码形成骨架关节点特征演化图，以紧凑地描述骨架关节点坐标的空间分布和时序演化信息；接着，提出了一种运动信息引导的通道注意力模型，通过通道注意力机制来增强与运动相关的特征；然后，提出了一种时空注意力模型，实现时空上下文感知协同的全局注意力学习；最后，将运动信息引导的通道注意力模型和时空注意力模型嵌入深度卷积神经网络中，提出了一种双流网络结构用于提取骨架关节点和骨骼特征演化图的深度特征，并对特征进行决策级融合。在 NTU RGB+D、Northwestern-UCLA 和 UTD-MHAD 数据集上的实验结果表明了本章提出的深度网络在时空注意力建模和运动特征增强方面的有效性，以及在提升骨架行为识别性能上的优越性。

6.1 注意力机制

注意力机制是捕捉长距离依赖关系的有效方法，被广泛应用于序列建模和生成式建模等任务中。注意力机制的核心思想是将隐层神经元计算得到的数值进行加权平均。不同于卷积或池化算子，加权平均运算中的权重是通过隐藏神经元之间的相似度(相关度)函数动态得到的。因此，输入信号之间的交互仅取决于信号本身，而不是像卷积算子一样由它们的相对位置预先确定的，这也使得注意力机制能够在不增加参数的前提下获取长距离关节点间的交互性。通俗来讲，注意力机制希望深度网络能够自动学习到文字序列或者图片中值得关注的目标区域，然后对该区域投入更多的注意力资源，以获取所需要关注区域更多的细节而抑制其他冗余信息。使用较为广泛的注意力模型包括挤压和激励网络(Squeeze-and-Excitation Network，SE Net)、卷积块注意力模块(Convolutional Block Attention Module，CBAM)和非局部神经网络(Non-Local Neural Network)等。

SE Net 关注特征通道之间的相关性学习，筛选出了针对通道的注意力。具体的实现过程：首先，对卷积得到的特征图的每个通道进行全局平均池化，得到一个单通道的特征图；然后，使用两层全连接网络对该特征图进行非线性变化，并经过 Sigmoid 层得到一个和通道数相同的一维向量，作为每个通道的评价分数；最后，将这些分数分别加权到对应的通道上，得到通道注意力特征图。SE Net 的思想简单，易于实现，且很容易嵌入到现有的网络模型中，虽然稍微增加了一点参数量，但在 ImageNet2017 分类比赛中取得了冠军，因此，SE Net 是一种非常有效的特征通道注意力机制。

CBAM 旨在通过使用注意力机制增强关注区域的特征表征能力，并抑制不必要的特征，从而促进网络中的信息流动。为了强调通道和空间两个维度上有意义的特征，CBAM 先后经过了通道注意力模块和空间注意力模块。在通道注意力模块中，CBAM 的实现与 SE Net 类似，但额外加入了一个全局最大池化的分支，并在 Sigmoid 层之前将其与全局平均池化的分支进行逐元素相加融合。这样可以同时保留特征的全局信息和局部信息，提高特征的表征能力。在空间注意力模块中，CBAM 首先从空间维度对特征进行全局平均池化和全局最大池化，将它们沿通道维度进行拼接得到一个通道数为原来通道数 2 倍的卷积特征，然后通过一个卷积将通道数降至与原特征图一样，并经过 Sigmoid 层得到空间注意力特征。这样可以捕捉到特征在空间上的全局依赖关系，从而更好地理解特征的空间结构。最后，将通道注意力模块和空间注意力模块按先通道后空间的顺序串联起来，就得到了 CBAM。将 CBAM 插入到网络中，可以有效地增强网络的特征提取能力，提高网络的性能。

非局部神经网络提出了一个非局部操作算子，通过计算特征图中任意两个位置之间的嵌入高斯相似度函数直接捕捉长距离依赖关系，较好地解决了局部操作无法捕捉全局特征的缺点。在具体实现时，特征图 $\boldsymbol{X}$(形状为[B、C、H、W]，其中 B 为 batch size，C 为通道数，H 为高度，W 为宽度)经过三个 1×1 卷积核 $\boldsymbol{\theta}$、$\boldsymbol{\varphi}$、$\boldsymbol{g}$，将通道数缩减为原来的一半，然后将 H 和 W 两个维度展成 $H\times W$，得到形状为[B，$C/2$，$H\times W$]的张量。接下来，将 $\boldsymbol{\varphi}$ 对应的张量转置为[B，$H\times W$，$C/2$]并与 $\boldsymbol{\theta}$ 对应的张量进行矩阵乘法，得到[B，$H\times W$，$H\times W$]的矩阵，该矩阵计算的是任意两个位置之间的相似度。相似度矩阵经过 SoftMax 归一化后与 $\boldsymbol{g}$ 对应的张量进行矩阵相乘，得到[B，$H\times W$，$C/2$]的张量。然后将 $H\times W$ 维的张量重新转换成形状为[H，W]的张量，得到张量[B，H，W，$C/2$]，再转置为张量[B，$C/2$，H，W]。最后，利用一个 1×1 卷积核将通道扩展为原来的 C 维，这样就得到了与初始特征 $\boldsymbol{X}$ 形状一致的张量[B，C，H，W]，将其与 $\boldsymbol{X}$ 相加就能得到最终的输出特征图。虽然非局部神经网络能够捕捉到长距离依赖关系，但是仍然存在一些不足：首先，该模块只涉及位置注意力机制而没有涉及通道注意力机制；其次，该模块中的矩阵乘法操作是非常耗内存和计算量的，当输入特征图尺寸较大时会导致效率低等问题。

6.2　骨架关节点特征演化图编码

为了对骨架关节点特征的空间分布和时间演化信息进行编码，本节首先对骨架序列进行平移变换和视角变换的预处理，以消除骨架序列与摄像机之间的平移信息和方位朝向差异，同时保留了同一个序列中骨架帧间的时空相关信息。由于原始的骨架数据太过稀疏，难以完整地表示人体姿态，本节先依据人体结构对关节点进行遍历，接着使用线性插值的方法对人体姿态骨骼进行采样，得到更为丰富的关节点，将骨架序列编码成关节点特征演化图，详细如下。

令 $\boldsymbol{P}^{(t)}=\{\boldsymbol{p}_n^t\}_{n=1}^N$，$\boldsymbol{p}_n^t=(x_n^t, y_n^t, z_n^t)$ 表示第 n 个关节点经过平移变换和视角变换预处理的三维坐标。本节将关节点的三个坐标成分 (x, y, z) 视为三个特征通道。以 x 坐标成分为例，该通道的特征向量 $\boldsymbol{j}_t^x$ 是根据预先定义的遍历序列 $O=(o_1, o_2, \cdots, o_k, \cdots, o_K)$ 将 x 坐标值进行排序表示，其中 $o_k\in\{1, 2, \cdots, N\}$，$K$ 是 O 的总长度。遍历序列 O 决定了特征向量中骨架关节点之间的相邻关系，所采用的遍历顺序如图 6-1 所示。在这种遍历方法中，使用一个连续的遍历序列对骨架各关节点进行访问，这既保证了特征向量中所有的骨架关节点都保留了原始骨架关节点的物理连接关系，又通过正向和反向顺序使得每个关节点得到两次访问。

为了得到更加稠密的关节点，本节使用线性插值法对每个骨骼段采样 m 个关节点，总共可以得到 $L=K+(K-1)\times m$ 个关节点。因此，特征向量如下：

$$\boldsymbol{j}_t^x=(x_{o_1}^t, x_{o_2}^t, \cdots, x_{o_l}^t, \cdots, x_{o_L}^t)^{\mathrm{T}} \tag{6-1}$$

其中，$l\in\{1, 2, \cdots, L\}$。x 通道的特征图可表示为

$$\boldsymbol{J}^x=[\boldsymbol{j}_1^x, \boldsymbol{j}_2^x, \cdots, \boldsymbol{j}_t^x, \cdots, \boldsymbol{j}_T^x] \tag{6-2}$$

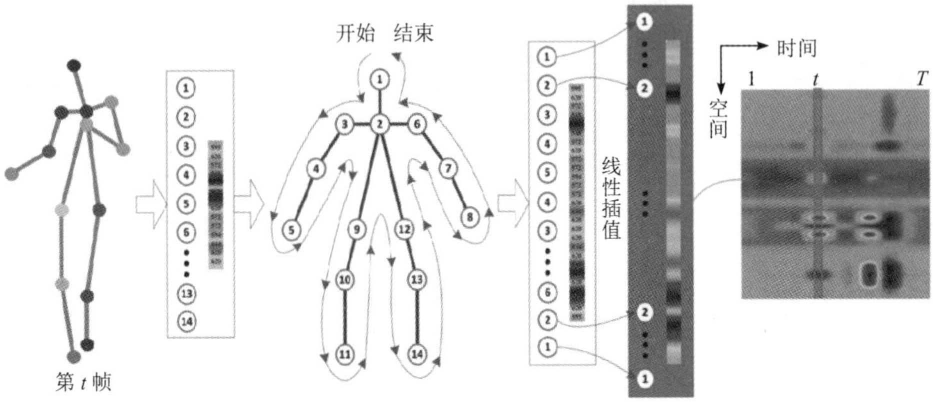

图 6-1 人体骨架关节点特征演化图(以 x 坐标为例)

类似地，另外两个通道 y 和 z 的特征图可分别表示为

$$\boldsymbol{J}^y = [\boldsymbol{j}_1^y, \boldsymbol{j}_2^y, \cdots, \boldsymbol{j}_t^y, \cdots, \boldsymbol{j}_T^y] \tag{6-3}$$

$$\boldsymbol{J}^z = [\boldsymbol{j}_1^z, \boldsymbol{j}_2^z, \cdots, \boldsymbol{j}_t^z, \cdots, \boldsymbol{j}_T^z] \tag{6-4}$$

这三个通道特征图共同构成了人体骨架关节点特征演化图 $\boldsymbol{J} = [\boldsymbol{J}^x, \boldsymbol{J}^y, \boldsymbol{J}^z]$，它们紧凑地对关节点坐标的空间分布和时序演化信息进行了编码，同时丰富了原始稀疏的骨架序列特征。

6.3 运动信息引导的通道注意力模型

在卷积神经网络中，每一个骨架序列的初始特征图由 3 个通道[R，G，B]表示，经过不同的卷积核之后，每一个通道又会生成新的通道，即每个新通道的特征可视作原通道特征在核函数上的分量。这些新通道对于关键信息的贡献各有不同，可以通过对每个通道的特征增加一个权重来代表该通道特征与目标任务关键信息的相关度。权重越大，则相关度越高，也就意味着越需要去关注该通道。换而言之，就是通过学习的方式来自动获取每个特征通道的重要程度，然后依照这个重要程度去提升有用的特征并抑制对当前任务用处不大的特征。

静态骨架姿态与骨架动作序列最重要的区别是，骨架动作序列中的人体骨架姿态是运动的，运动信息(如速度和加速度)携带着重要的动态信息，是理解人体行为的一个重要线索，也是引起视觉注意的一个关键因素。也就是说，具体部位的运动使得该部位相比其他部位更值得关注。一般来说，人体骨架整体的位置特征随时间变化缓慢，运动显著的关节点比那些静止的关节点变化更快。

然而，现有的方法缺乏对运动线索(尤其是运动显著性)在注意方式上影响表观时空特征的研究。因此，本节设计了一种运动信息引导的通道注意力模型(Motion Guided Channel

Attention Module，MGCAM)，用于提取相邻骨架帧之间的运动模式，增强运动显著特征并抑制不相关的信息。值得注意的是，本节的目标是找到一种有效的且有助于识别动作的运动表示，并非相邻骨架帧之间精确的运动信息(如光流信息)。

MGCAM 利用帧差运算处理输入的骨架动作序列，计算时域上相邻骨架帧之间的差值作为运动信息，进而通过通道注意力机制对与运动相关的局部特征进行特征增强。MGCAM 的示意图如图 6－2 所示。

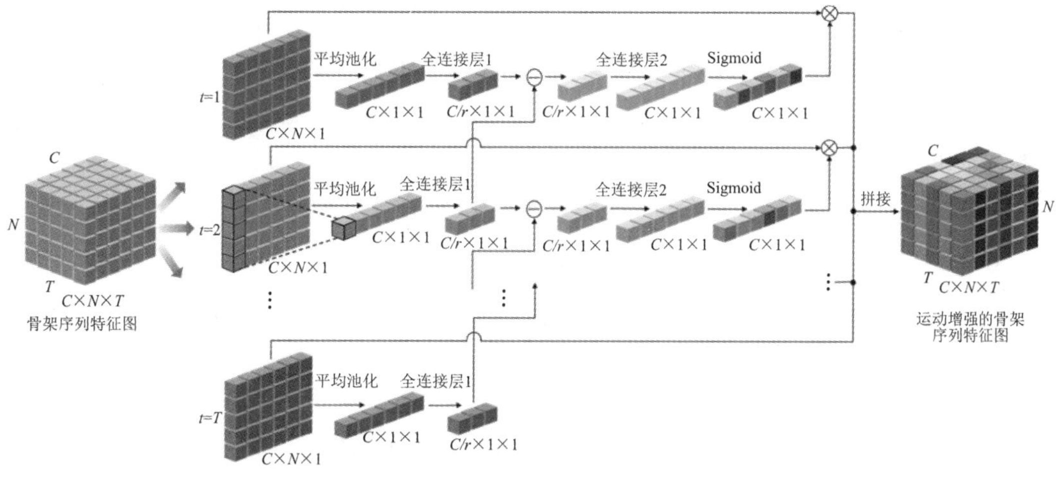

图 6－2　运动信息引导的通道注意力模型示意图

6.3.1　骨架动作序列局部特征变换

给定一个骨架动作序列的特征图 $\boldsymbol{X}=\{\boldsymbol{x}_1, \boldsymbol{x}_2, \cdots, \boldsymbol{x}_i, \cdots, \boldsymbol{x}_{C'}\}$，其中 C' 表示特征图通道数。首先通过卷积操作 F_{tr} 提取局部特征，令卷积核集合为 $\boldsymbol{V}=[\boldsymbol{v}_1, \boldsymbol{v}_2, \cdots, \boldsymbol{v}_c, \cdots, \boldsymbol{v}_C]$，其中 $\boldsymbol{v}_c$ 表示第 c 个卷积核，输出为 $\boldsymbol{U}=[\boldsymbol{u}_1, \boldsymbol{u}_2, \cdots, \boldsymbol{u}_c, \cdots, \boldsymbol{u}_C]$，则

$$\boldsymbol{u}_c=\boldsymbol{v}_c * \boldsymbol{X}=\sum_{i=1}^{C'} \boldsymbol{v}_c^i * \boldsymbol{x}_i \tag{6-5}$$

其中，$*$ 表示卷积运算符，$\boldsymbol{x}_i$ 表示特征图 $\boldsymbol{X}$ 的第 i 个通道特征，$\boldsymbol{v}_c=[\boldsymbol{v}_c^1, \boldsymbol{v}_c^2, \cdots, \boldsymbol{v}_c^i, \cdots, \boldsymbol{v}_c^{C'}]$，$\boldsymbol{v}_c^i$ 是卷积核 $\boldsymbol{v}_c$ 作用于 $\boldsymbol{x}_i$ 上的二维空间核函数。$\boldsymbol{X}$ 经过 F_{tr} 变换后，得到通道数为 C 的特征图 $\boldsymbol{U}\in \mathbb{R}^{C\times N\times T}$。因此，$F_{\text{tr}}$ 可表示为

$$F_{\text{tr}}: \boldsymbol{X}\rightarrow \boldsymbol{U},\ \boldsymbol{X}\in \mathbb{R}^{C'\times N'\times T'},\ \boldsymbol{U}\in \mathbb{R}^{C\times N\times T} \tag{6-6}$$

其中，$\boldsymbol{N}'$ 和 $\boldsymbol{C}'$ 分别表示特征变换前特征图 $\boldsymbol{X}$ 的关节点维度和时间维度，N 和 C 分别表示特征变换后特征图 $\boldsymbol{U}$ 的关节点维度和时间维度。

由于输出是通过所有通道的总和产生的，所以通道依赖关系被隐式地嵌入在 $\boldsymbol{v}_c$ 中，且与卷积核捕获的局部空间相关性相关。因此，由卷积建模得到的通道相关性本质上是局部的，这是因为每一个卷积核只能处理局部感受野，因此转换输出的单元无法利用该区域外

的上下文信息。本节希望能够利用全局信息，以便提高网络对特征的敏感度，进而在随后的转换中更有效地利用这些特征。受 Hu J. 的启发，本节提出建立能显式捕捉通道相互依赖关系的模型。

6.3.2 嵌入全局信息的通道描述子

为了解决特征图的通道依赖性问题，本节首先将每个时刻骨架帧的全部关节点信息进行压缩并嵌入到一个通道描述子中。具体的做法是沿着关节点维度进行特征压缩，将每个通道的一维特征转换为一个实数，这个实数在一定程度上包含了该时刻骨架帧的全部关节点信息。输出通道描述子的维度与输入特征图的通道数相匹配，它表征着每个时刻骨架帧在相应通道上关节点特征的全局分布。

本节使用全局平均池化 $F_{\text{gap}}(\cdot)$ 从关节点维度对 t 时刻骨架帧 c 通道上的特征 $\boldsymbol{u}_c^t \in \boldsymbol{u}_c$ 进行聚合，得到 $\boldsymbol{z}_c^t \in \mathbb{R}^{1\times1\times1}$：

$$\boldsymbol{z}_c^t = F_{\text{gap}}(\boldsymbol{u}_c^t) = \frac{1}{N}\sum_{n=1}^{N}\boldsymbol{u}_c^t(n) \tag{6-7}$$

其中，n 表示第 n 个关节点。由此可得每个时刻骨架帧的通道描述子 $\boldsymbol{z}_t = [z_1^t, z_2^t, \cdots, z_c^t, \cdots, z_C^t] \in \mathbb{R}^{C\times1\times1}$，它代表 t 时刻骨架帧 C 个通道关节点全局信息的权值分布情况。

6.3.3 运动信息引导的自适应特征重分配

设经过局部特征变换后的骨架动作序列特征图为 $\boldsymbol{U} = \{\boldsymbol{u}_1, \boldsymbol{u}_2, \cdots, \boldsymbol{u}_t, \cdots, \boldsymbol{u}_T\}$，其中 T 表示序列包含的人体骨架帧数。本节利用相邻骨架帧通道描述子的差值大致表示运动显著性信息。为了降低计算量，先将 t 和 $t+1$ 时刻骨架帧 $\boldsymbol{u}_t$ 和 $\boldsymbol{u}_{t+1}$ 对应的通道描述子 $\boldsymbol{z}_t$ 和 $\boldsymbol{z}_{t+1}$ 分别送进两个全连接层，以进行通道压缩，再进行帧差运算得到运动信息 $\boldsymbol{m}_t$，可表示为

$$\boldsymbol{m}_t = \boldsymbol{W}_{\varphi, t+1}(\boldsymbol{z}_{t+1}) - \boldsymbol{W}_{\theta, t}(\boldsymbol{z}_t) \tag{6-8}$$

其中，$\boldsymbol{W}_{\theta, t} \in \mathbb{R}^{C\times C/r}$ 和 $\boldsymbol{W}_{\varphi, t+1} \in \mathbb{R}^{C\times C/r}$ 分别表示两个用于将通道数从 C 降到 C/r 全连接层的可训练参数，r 为压缩比系数，两个全连接层的参数不共享。

为了将 $\boldsymbol{m}_t$ 的通道数恢复到与 $\boldsymbol{u}_t$ 相同，本节利用另一个全连接层对 $\boldsymbol{m}_t$ 进行操作，最终得到第 t 时刻骨架帧特征的通道注意力权重：

$$\hat{\boldsymbol{m}}_t = \sigma[\boldsymbol{W}_{\psi}(\boldsymbol{m}_t)] \tag{6-9}$$

其中，$\sigma(\cdot)$ 表示一个 Sigmoid 函数，$\boldsymbol{W}_{\psi} \in \mathbb{R}^{C/r\times C}$ 表示用于将通道数从 C/r 恢复到 C 全连接层的可训练参数。

在通道维度上利用 $\hat{\boldsymbol{m}}_t \in \mathbb{R}^{C\times1\times1}$ 与 $\boldsymbol{u}_t$ 相乘进行特征增强，得到经过特征增强后的第 t 时刻骨架帧特征：

$$\boldsymbol{u}_t' = \hat{\boldsymbol{m}}_t \cdot \boldsymbol{u}_t \tag{6-10}$$

其中，$t \in \{1, 2, \cdots, T-1\}$。为了使$\boldsymbol{U}'$的时间维度与$\boldsymbol{U}$相同，本节简单地使用$\boldsymbol{U}$最后一个骨架帧的特征$\boldsymbol{u}_T$作为其运动增强特征，即$\boldsymbol{u}'_T = \boldsymbol{u}_T$。然后在时间维度上将它们串接到一起，得到运动增强的骨架动作序列特征图$\boldsymbol{U}' = [\boldsymbol{u}'_1, \boldsymbol{u}'_2, \cdots, \boldsymbol{u}'_t, \cdots, \boldsymbol{u}'_T]$。

综上所述，MGCAM 是一个与运动信息密切相关的特征通道注意力机制。MGCAM 通过引入非常有限的额外计算消耗，基于通道的注意力机制增强骨架动作序列的运动特征的响应，可显著提升动作识别的性能。

MGCAM 的全连接操作将每一个骨架帧特征所有通道上的全局信息进行加权融合，进而能够显式地捕捉特征通道之间的依赖关系。由上述讨论可以知道，非局部神经网络是针对空间维度上的自注意力机制，利用特征图上两个位置特征的相似性对每个位置的特征进行加权，可表示为

$$\boldsymbol{y}_i = \frac{1}{C(\boldsymbol{x})} \sum_j f(\boldsymbol{x}_i, \boldsymbol{x}_j) g(\boldsymbol{x}_j) \tag{6-11}$$

其中：$\boldsymbol{x}_i$表示第i个位置的特征；$g(\boldsymbol{x}_j)$是一元函数，计算$\boldsymbol{x}_j$的特征，目的是进行信息变换；$f(\boldsymbol{x}_i, \boldsymbol{x}_j)$是相关性计算函数，计算第$i$个位置的特征$\boldsymbol{x}_i$和其他所有位置特征的相关性，常用嵌入式高斯函数表示为

$$f(\boldsymbol{x}_i, \boldsymbol{x}_j) = \mathrm{e}^{\theta(\boldsymbol{x}_i)^{\mathrm{T}} \phi(\boldsymbol{x}_j)} \tag{6-12}$$

其中，$\theta(\boldsymbol{x}_i) = \boldsymbol{W}_\theta \boldsymbol{x}_i$，$\phi(\boldsymbol{x}_j) = \boldsymbol{W}_\phi \boldsymbol{x}_j$；$C(\boldsymbol{x})$是归一化函数，保证变换前后整体信息不变，可表示为

$$C(\boldsymbol{x}) = \sum_j f(\boldsymbol{x}_i, \boldsymbol{x}_j) \tag{6-13}$$

对比之下，全连接操作是利用位置相关的权值对每个位置特征做加权，任意两位置的相似性仅与它们的位置有关，即$f(\boldsymbol{x}_i, \boldsymbol{x}_j) = w_{ij}$；$g(\cdot)$为 identity 函数，即$g(\boldsymbol{x}_i) = \boldsymbol{x}_i$；归一化系数跟输入无关，$C(\boldsymbol{x}) = 1$。因此，全连接层可以看成非局部神经网络的一种特例，本节将其应用于通道维度上，利用全连接层可以对任意通道上特征之间的相关性进行学习。MGCAM 与 SE Net 的本质区别在于：SE Net 是一种自注意力机制，利用自身的全局特征对通道特征进行重分配；而 MGCAM 是一种运动信息引导的通道注意力学习机制，通过增强与运动相关的特征对通道特征进行重分配。

6.4　基于张量的时空注意力模型

为了表征骨架序列中时序距离较大的帧之间关节点的时空上下文感知协同模式，本节提出了一种新的时空注意力模型(Spatio-Temporal Attention Module，STAM)，旨在不损失信息的前提下，全局捕获关节点空间维度特征和时间维度特征的内在依赖关系。为了实现这个目标，时空注意力模型需满足以下三个条件：

第一，必须有能力学习关节点维度特征以及时间维度特征之间的非线性交互作用。

第二，必须能够学习一种非相互排斥的关系，即可以同时强调一个骨架帧中的多个关节点或者多个时刻的骨架帧，而不是只关注一个关节点或一个时间点。简单来说，这种注意力机制不局限于只激活单一的关节点或时间点，而是能够同时激活多个关节点或时间点，从而捕捉更丰富的时空信息。

第三，必须全局地处理关节点空间维度和时间维度信息，而非像大多数的空间注意力模型一样采用全局平均池化操作(全局平均池化通过将特征图的每一个空间维度特征压缩成为一个标量用以代表该维度的全局信息，这会导致部分信息丢失)。

为此，本节先提出了空间注意力模型和时间注意力模型，分别对骨架序列的关节点空间维度和时间维度特征进行注意力学习，然后将它们进行融合，得到具有时空上下文感知协同的全局时空注意力模型。图 6-3 是时空注意力模型的示意图，详细叙述如下。

给定 CNN 中间层的一个骨架序列特征图 $\boldsymbol{X}\in\mathbb{R}^{C\times N\times T}$(为了便于叙述，这里省略了 batch size 维度)，其中，C 表示通道数，N 表示关节点维度，T 表示时间维度。$\boldsymbol{X}$ 可以看成一个三维张量，它的三个维度分别是空间、时间和通道，通过从张量中抽取向量的操作(即固定其他维度，只保留一个维度变化)，可以得到“纤维”的概念。对 $\boldsymbol{X}$ 按空间维度和时间维度进行抽取向量的操作，分别得到空间维度纤维和时间维度纤维。然后，采用“逐纤维”的方法，分别对 $\boldsymbol{X}$ 进行空间共现特征注意力学习和时间相互感知注意力学习，最后将得到的空间注意力特征和时间注意力特征进行融合，实现时空上下文感知协同的全局注意力学习。这里之所以采用“逐纤维”卷积而不是传统的卷积操作，主要有以下两个原因：

(1) 不同空间和时间维度纤维所包含的特征依赖关系应该是不同的，因此，采用“逐纤维”卷积有利于学习每个纤维的独立内核；

(2) 与普通卷积相比，“逐纤维”卷积的计算开销可以降低一个因子 λ^2，其中 λ 为普通卷积的卷积核大小。

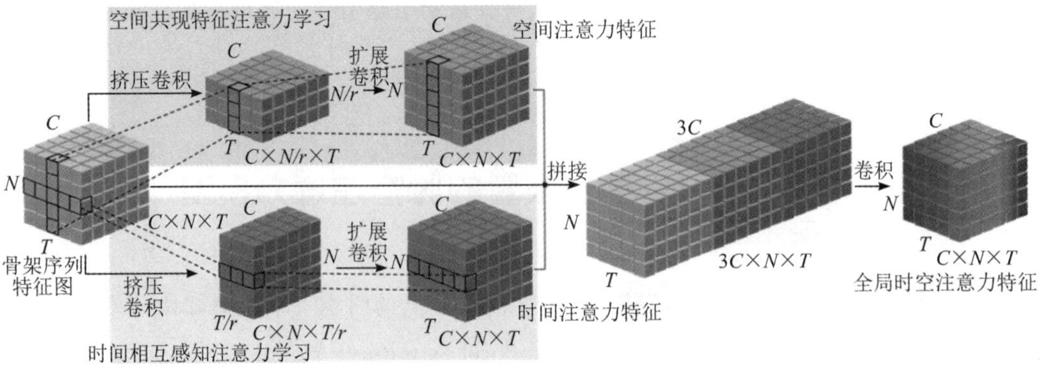

图 6-3 时空注意力模型示意图

6.4.1 空间共现特征注意力学习

对于空间共现特征注意力学习，本节针对每一个空间维度纤维，即对每个骨架帧任一通道上的全部关节点，学习它们之间的共现特征。采用由两个全连接层组成的结构对关节点特征之间的相关性进行建模，并输出与输入特征尺寸相同的空间注意力特征。

首先，使用一个全连接层将关节点特征维度挤压至输入的 $1/r$；然后，经过 ReLU 层激活后，再通过一个全连接层将关节点特征维度扩展至原来的维度。

在模型的实现上，为了整体所有空间维度纤维进行以上的操作而非采用遍历的形式，采用一种简单但非常实用的方法，分为两个步骤：

(1) 对 $\boldsymbol{X}$ 进行维度置换操作以分配不同的上下文，即通过将空间维度指定为通道维度，用其他两个维度编码局部上下文信息，得到变换后的特征图 $\boldsymbol{X}_S=F_S(\boldsymbol{X})$，$\boldsymbol{X}_S\in\mathbb{R}^{N\times C\times T}$，其中 $F_S(\cdot)$表示空间维度置换变换。

(2) $\boldsymbol{X}_S$ 通过由两个卷积层组成的 Bottleneck 结构，对每个时刻骨架帧关节点维度的全局上下文信息进行聚合，本节将这两个卷积层分别命名为挤压卷积和扩展卷积，用 $\mathrm{Conv}_{S_{\mathrm{sq}}}$ 和 $\mathrm{Conv}_{S_{\mathrm{ex}}}$ 表示。空间注意力模型的表示如下：

$$\boldsymbol{X}_{S_{\mathrm{att}}}=\mathcal{F}_{S_{\mathrm{att}}}(\boldsymbol{X}_S,\boldsymbol{W}_S)=\mathrm{Sigmoid}\{\mathrm{Conv}_{S_{\mathrm{ex}}}\{\mathrm{ReLU}[\mathrm{Conv}_{S_{\mathrm{sq}}}(\boldsymbol{X}_S,\boldsymbol{W}_{S_{\mathrm{sq}}})],\boldsymbol{W}_{S_{\mathrm{ex}}}]\}\tag{6-14}$$

其中，$\mathcal{F}_{S_{\mathrm{att}}}$ 表示空间注意力模型，$\boldsymbol{W}_S$ 是其可训练参数，$\boldsymbol{W}_{S_{\mathrm{sq}}}\in\mathbb{R}^{N\times1\times1\times N/r}$ 和 $\boldsymbol{W}_{S_{\mathrm{ex}}}\in\mathbb{R}^{N/r\times1\times1\times N}$ 分别是 $\mathrm{Conv}_{S_{\mathrm{sq}}}$ 和 $\mathrm{Conv}_{S_{\mathrm{ex}}}$ 的卷积核集合，$\boldsymbol{W}_{S_{\mathrm{sq}}}$ 包含的卷积核数量为 N/r，而 $\boldsymbol{W}_{S_{\mathrm{ex}}}$ 包含的卷积核数量为 N。$\mathrm{Conv}_{S_{\mathrm{sq}}}$ 后面经过一个修正线性单元(又称 ReLU 激活层)，输出维度不变。值得注意的是，两个卷积层后面进行了批次正交化(Batch Normalization，BN)，为了简化符号，BN 操作都被省略了。最后再经过一个 Sigmoid 函数，得到空间注意力特征 $\boldsymbol{X}_{S_{\mathrm{att}}}$。

空间维度的挤压卷积 $\mathrm{Conv}_{S_{\mathrm{sq}}}$ 过程如下：

用 $\boldsymbol{W}_{S_{\mathrm{sq}}}=[\boldsymbol{w}_{S_{\mathrm{sq}}1},\boldsymbol{w}_{S_{\mathrm{sq}}2},\cdots,\boldsymbol{w}_{S_{\mathrm{sq}}k},\cdots,\boldsymbol{w}_{S_{\mathrm{sq}}(N/r)}]$表示挤压卷积核集合，其中 $\boldsymbol{w}_{S_{\mathrm{sq}}k}$ 表示第 k 个卷积核参数。$\mathrm{Conv}_{S_{\mathrm{sq}}}$ 的输出为 $\boldsymbol{X}'_S=[\boldsymbol{x}'_{S1},\boldsymbol{x}'_{S2},\cdots,\boldsymbol{x}'_{Sk},\cdots,\boldsymbol{x}'_{S(N/r)}]$：

$$\boldsymbol{x}'_{Sk}=\boldsymbol{w}_{S_{\mathrm{sq}}k}*\boldsymbol{X}_S=\sum_{n=1}^{N}\boldsymbol{w}^n_{S_{\mathrm{sq}}k}*\boldsymbol{x}_{Sn}\tag{6-15}$$

其中，$*$ 表示卷积运算符号，$\boldsymbol{X}_S=[\boldsymbol{x}_{S1},\boldsymbol{x}_{S2},\cdots,\boldsymbol{x}_{Sn},\cdots,\boldsymbol{x}_{SN}]$，$\boldsymbol{w}_{S_{\mathrm{sq}}k}=[\boldsymbol{w}^1_{S_{\mathrm{sq}}k},\boldsymbol{w}^2_{S_{\mathrm{sq}}k},\cdots,\boldsymbol{w}^n_{S_{\mathrm{sq}}k},\cdots,\boldsymbol{w}^N_{S_{\mathrm{sq}}k}]$，$\boldsymbol{w}^n_{S_{\mathrm{sq}}k}$ 为卷积核 $\boldsymbol{w}_{S_{\mathrm{sq}}k}$ 作用在 $\boldsymbol{x}_{Sn}$ 上对应的二维空间核。为简化符号，这里省略了偏置项。因此，经过 $\mathrm{Conv}_{S_{\mathrm{sq}}}$ 后输出的特征图 $\boldsymbol{X}'_S$ 的通道数(即关节点维数)降至 N/r。

类似地，空间维度的扩展卷积 $\mathrm{Conv}_{S_{\mathrm{ex}}}$ 过程如下：

用$\boldsymbol{W}_{S_{ex}}=[\boldsymbol{w}_{S_{ex}1}, \boldsymbol{w}_{S_{ex}2}, \cdots, \boldsymbol{w}_{S_{ex}l}, \cdots, \boldsymbol{w}_{S_{ex}N}]$表示扩展卷积核集合，其中$\boldsymbol{w}_{S_{ex}l}$表示第$l$个卷积核参数。$\mathrm{Conv}_{S_{ex}}$输出为$\boldsymbol{X}''_S=[\boldsymbol{x}''_{S1}, \boldsymbol{x}''_{S2}, \cdots, \boldsymbol{x}''_{Sl}, \cdots, \boldsymbol{x}''_{SN}]$：

$$\boldsymbol{x}''_{Sl}=\boldsymbol{w}_{S_{ex}l} * \boldsymbol{X}'_S=\sum_{n=1}^{N/r}\boldsymbol{w}^n_{S_{ex}l} * \boldsymbol{x}'_{Sn} \tag{6-16}$$

其中，$\boldsymbol{w}_{S_{ex}l}=[\boldsymbol{w}^1_{S_{ex}l}, \boldsymbol{w}^2_{S_{ex}l}, \cdots, \boldsymbol{w}^n_{S_{ex}l}, \cdots, \boldsymbol{w}^N_{S_{ex}l}]$，$\boldsymbol{w}^n_{S_{ex}l}$为卷积核$\boldsymbol{w}_{S_{ex}k}$作用在$\boldsymbol{x}_{Sn}$上对应的二维空间核。因此，经过$\mathrm{Conv}_{S_{sq}}$后输出的特征图$\boldsymbol{X}''_S$的通道数(即关节点维数)恢复为$N$，$\boldsymbol{X}''_S$也称为空间注意力特征，记为$\boldsymbol{X}_{S_{att}}$。

由两个卷积层$\mathrm{Conv}_{S_{sq}}$和$\mathrm{Conv}_{S_{ex}}$构成的Bottleneck结构逐个地对每个空间维度纤维的全部关节点进行特征聚合，从而每一个时刻骨架帧任一通道上的任意两个关节点之间的相关性进行建模，以实现同时刻骨架帧关节点特征间的交互和融合，有利于捕捉涉及长时间距离关节点共现的骨架行为。

6.4.2 时间相互感知注意力学习

对于时间相互感知注意力学习，本节针对每一个时间维度纤维，即对每个关节点任一通道上的所有时间特征，学习它们之间的相互感知关系。

如图6-3所示，类似于空间注意力模型$\mathcal{F}_{S_{att}}$，首先对$\boldsymbol{X}$进行置换，通过将时间维度指定为通道，用其他两个维度编码局部上下文信息，得到变换后的特征图$\boldsymbol{X}_T=F_T(\boldsymbol{X})$，$\boldsymbol{X}_T\in\mathbb{R}^{T\times N\times C}$，其中$F_T(\cdot)$表示时间维度置换变换。然后采用由时间维度的挤压卷积$\mathrm{Conv}_{T_{sq}}$和时间维度的扩展卷积$\mathrm{Conv}_{T_{ex}}$两个卷积层组成的Bottleneck结构对每个关节点时间特征之间的相关性进行建模，并输出和输入特征尺寸相同的时间注意力特征。

$\mathrm{Conv}_{T_{sq}}$先将时间特征维度挤压至输入的$1/r$，经过ReLU激活后再通过$\mathrm{Conv}_{T_{ex}}$将时间特征扩展为原来的维度，最后再经过一个Sigmoid函数，得到时间注意力特征$\boldsymbol{X}_{T_{att}}$：

$$\boldsymbol{X}_{T_{att}}=\mathcal{F}_{T_{att}}(\boldsymbol{X}_T, W_T)=\mathrm{Sigmoid}\{\mathrm{Conv}_{T_{ex}}\{\mathrm{ReLU}[\mathrm{Conv}_{T_{sq}}(\boldsymbol{X}_T, \boldsymbol{W}_{T_{sq}})], \boldsymbol{W}_{T_{ex}}\}\} \tag{6-17}$$

其中，$\mathcal{F}_{T_{att}}$表示时间注意力模型，$\boldsymbol{W}_T$是其可训练参数，$\boldsymbol{W}_{T_{sq}}\in\mathbb{R}^{T\times1\times1\times T/r}$和$\boldsymbol{W}_{T_{ex}}\in\mathbb{R}^{T/r\times1\times1\times T}$分别是$\mathrm{Conv}_{T_{sq}}$和$\mathrm{Conv}_{T_{ex}}$的卷积核集合，$\boldsymbol{W}_{T_{sq}}$包含的卷积核的数量是$T/r$，$\boldsymbol{W}_{T_{ex}}$包含的卷积核的数量是$T$。$\mathrm{Conv}_{T_{sq}}$和$\mathrm{Conv}_{T_{ex}}$的具体计算公式与$\mathrm{Conv}_{S_{sq}}$和$\mathrm{Conv}_{S_{ex}}$相似。

经过由两个卷积层$\mathrm{Conv}_{T_{sq}}$和$\mathrm{Conv}_{T_{ex}}$构成的Bottleneck结构，且逐个地对每个时间维度纤维的全部时刻进行特征聚合，有利于学习到每个关节点任一通道上的任意时刻之间的相互依赖关系，能够捕捉涉及远距离时刻骨架帧相互感知的骨架动作。

6.4.3　时空上下文感知协同的全局注意力学习

由于每一个时刻骨架帧任一通道上的任意关节点之间的相关性被显式地嵌入在 $\boldsymbol{W}_{S_{sq}}$ 和 $\boldsymbol{W}_{S_{ex}}$ 中，每个关节点任一通道上的任意时刻之间的相互依赖关系被显式地嵌入在 $\boldsymbol{W}_{T_{sq}}$ 和 $\boldsymbol{W}_{T_{ex}}$ 中，通过空间注意力模型 $\mathcal{F}_{S_{att}}$ 和时间注意力模型 $\mathcal{F}_{T_{att}}$ 分别建模的关节点空间共现特征和时间感知交互本质上是局部的。本节希望能够获得全局的时空注意力特征，因此，除了以上获得的空间注意力特征 $\boldsymbol{X}_{S_{att}}$ 和时间注意力特征 $\boldsymbol{X}_{T_{att}}$，还融合了特征本身 $\boldsymbol{X}$，以利用局部交互特征和全局原始信息。考虑到这几种特征并不属于同一种特征域，本节将它们沿着通道维度串联起来，并通过一个卷积操作 Conv(·)对串联后的特征进行融合以获得全局时空注意力特征 $\boldsymbol{X}_{STA}$：

$$\boldsymbol{X}_{STA}=\mathrm{Conv}[\mathrm{Concat}(\boldsymbol{X}, \boldsymbol{X}_{S_{att}}, \boldsymbol{X}_{T_{att}})] \tag{6-18}$$

其中：Concat(·)表示沿通道维度的串联操作；Conv(·)表示卷积核为 1×1 的卷积层，输出的特征尺寸与 $\boldsymbol{X}$ 保持一致。在实际操作中，紧接着会有一个批标准化层，这里为了简化表达而被省略了。

讨论：空间注意力模型和时间注意力模型均采用由两个卷积层构成的 Bottleneck 结构($\mathrm{Conv}_{S_{sq}}$ 和 $\mathrm{Conv}_{S_{ex}}$，$\mathrm{Conv}_{T_{sq}}$ 和 $\mathrm{Conv}_{T_{ex}}$ 均采用 1×1 卷积核)，其作用如下：

(1) 对于每个空间维度纤维(时间维度纤维)相当于全连接操作，即把原特征图中本来相互独立的关节点(时序)特征通道联通在一起。如果体现在图上，相当于建立同一时刻骨架帧中任意两个关节点(每一个关节点的任意时刻)特征之间的可学习权重连接，形成强连通图。

(2) 先通过挤压卷积 $\mathrm{Conv}_{S_{sq}}$($\mathrm{Conv}_{T_{sq}}$)将关节点(时间)特征维度压缩至输入的 $1/r$，经过 ReLU 激活后再通过扩展卷积 $\mathrm{Conv}_{S_{ex}}$($\mathrm{Conv}_{T_{ex}}$)扩展为原来的维度。通过减少特征图的通道数，减少卷积核参数、运算复杂度。

(3) 增加网络层深度，使得空间注意力模型和时间注意力模型具有更多的非线性，可以更好地拟合关节点(时间)特征间复杂的相关性，一定程度上提升模型的表征能力。

(4) 实现“逐纤维”的特征聚合，避免了使用全局平均池化操作导致的局部信息损失。

6.5　运动信息引导通道-时空注意力网络

介绍了 MGCAM 和 STAM 之后，本节旨在将它们集成到现有的网络结构中，即将注意力模型与卷积结合起来，通过使用注意力机制来增强卷积。

首先，将骨架序列特征图输入到 MGCAM 中，以学习不同通道的注意力权重，目的是增强与运动相关的局部特征。然后，将经过运动增强的特征图输入到 STAM 中以捕获时空上下文感知协同的全局注意力特征。MGCAM 和 STAM 是通用且有效的特征注意力模块，可以将其嵌入到现有的 CNN 结构中，因此，该网络被称为运动信息引导通道-时空注意力网络(MGC-STA Net)，其网络框架如图 6－4 所示。

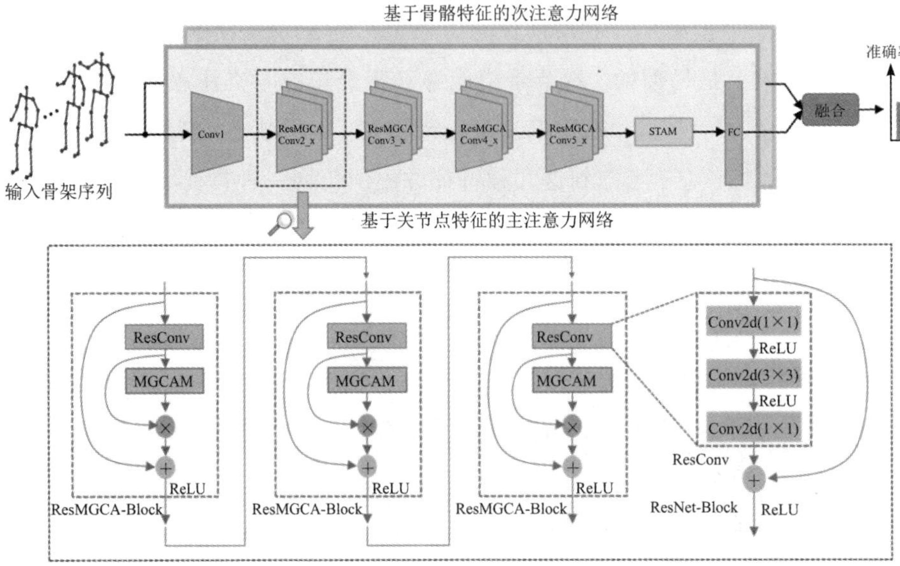

图 6－4　MGC-STA Net 的框架

6.5.1　主干网络

ResNet 利用深度残差学习解决了网络退化问题，即网络层数增加到某种程度时网络识别效果出现饱和，甚至下降的现象。因此，ResNet 常作为主干网络被广泛应用于计算机视觉领域众多任务中。基于在精度和速度之间的权衡，除非另有说明，否则本节均选择 ResNet-50 作为主干网络。

ResNet-50 由三个主要部分，即初始模块、中间卷积部分和输出部分构成。其中，初始模块由 1 个卷积层和 1 个最大池化层组成，经过初始模块后的输出尺寸减小为原来的四分之一，输出通道数为 64。中间卷积部分包含四个“阶段”，每个阶段都由若干个在相同分辨率特征图上进行卷积操作的残差单元构成。在每个阶段的末尾，对特征图进行下采样并将其送入下一个阶段，因此，下一阶段特征图的分辨率较上一阶段减半，同时通道数量增加一倍。输出部分由 1 个平均池化层、1 个全连接层和 1 个 SoftMax 层构成，输出长度为分类数量的向量。每个残差单元包含 3 个卷积层(卷积核大小分别为 1×1、3×3 和 1×1)，添加了短接机制将上一个残差单元的输出与本残差单元残差学习的结果进行相加，并将求和结果输入激活函数中作为本单元的输出。ResNet-50 具体的网络结构如表 6－1 所示。

表 6－1　ResNet-50 和 MGC-STA Net 的结构

<table>
<tr><th>网络层</th><th>ResNet-50(主干网络)</th><th colspan="2">MGC-STA Net(本章方法)</th><th>输出尺寸</th></tr>
<tr><td>Conv1</td><td colspan="3">7×7，64，步长 2</td><td>112×112</td></tr>
<tr><td rowspan="2">Conv2_x</td><td colspan="3">3×3 最大池化，步长 2</td><td rowspan="2">56×56</td></tr>
<tr><td>$\begin{bmatrix}1\times1, 64\\3\times3, 64\\1\times1, 256\end{bmatrix}\times3$</td><td colspan="2">$\begin{bmatrix}1\times1, 64\\3\times3, 64\\1\times1, 256\\\text{FC}, 32\\\text{FC}, 256\end{bmatrix}\times3$</td></tr>
<tr><td>Conv3_x</td><td>$\begin{bmatrix}1\times1, 128\\3\times3, 128\\1\times1, 512\end{bmatrix}\times3$</td><td colspan="2">$\begin{bmatrix}1\times1, 128\\3\times3, 128\\1\times1, 512\\\text{FC}, 64\\\text{FC}, 512\end{bmatrix}\times3$</td><td>28×28</td></tr>
<tr><td>Conv4_x</td><td>$\begin{bmatrix}1\times1, 256\\3\times3, 256\\1\times1, 1024\end{bmatrix}\times3$</td><td colspan="2">$\begin{bmatrix}1\times1, 256\\3\times3, 256\\1\times1, 1024\\\text{FC}, 128\\\text{FC}, 1024\end{bmatrix}\times3$</td><td>14×14</td></tr>
<tr><td>Conv5_x</td><td>$\begin{bmatrix}1\times1, 512\\3\times3, 512\\1\times1, 2048\end{bmatrix}\times3$</td><td colspan="2">$\begin{bmatrix}1\times1, 512\\3\times3, 512\\1\times1, 2048\\\text{FC}, 256\\\text{FC}, 2048\end{bmatrix}\times3$</td><td>7×7</td></tr>
<tr><td rowspan="4">STAM</td><td rowspan="4">—</td><td>转置
(1，0，2)</td><td>转置
(2，1，0)</td><td rowspan="4">7×7</td></tr>
<tr><td>$\begin{bmatrix}3\times3, 2\\3\times3, 7\end{bmatrix}$</td><td>$\begin{bmatrix}3\times3, 2\\3\times3, 7\end{bmatrix}$</td></tr>
<tr><td>转置
(1，0，2)</td><td>转置
(2，1，0)</td></tr>
<tr><td colspan="2">1×1，2048</td></tr>
<tr><td colspan="4">全局平均池化，1000 维全连接层，SoftMax</td><td>1×1</td></tr>
</table>

注：表中 FC 代表全连接层，后面的数字代表输出维度。

6.5.2 基于关节点特征的主注意力网络

以 ResNet-50 为主干网络，将 MGCAM 和 STAM 嵌入其中构成 MGC-STA Net。鉴于 MGCAM 是局部注意力模型，本节首先将 MGCAM 嵌入到 ResNet 的每一个残差单元构成新的残差单元，将其命名为 ResMGCA-Block。如图 6-4 所示，每一个 ResMGCA-Block 通过短接机制将经过 MGCAM 加权的特征图与上一个残差单元的输出相加，并将求和结果作为下一个残差单元的输入将信息传递下去。这有利于得到更丰富的、包含运动相关的显著特征，同时防止与 MGCAM 加权之后信息量变少引起的网络层数不能堆叠很深的问题。此外，本节可以将 MGCAM 随意地嵌入到任何一个预训练好的网络中，因为只要将 MGCAM 的参数初始化为 0，就可以在迁移学习中获得新的权重，如此一来，就不会因为引入了新的模块而导致预训练权重无法使用。

鉴于 STAM 是全局的注意力模型，其空间注意力模型和时间注意力模型均采用由两个卷积层构成的 Bottleneck 结构。因此，区别于 MGCAM 是嵌入到残差单元中，本节将 STAM 置于 ResNet 的 Bottleneck 位置，即在下采样层(池化层)之前添加了 1 个 STAM，如图 6-4 所示。本节将以关节点特征演化图作为输入的 MGC-STA Net 称作基于关节点特征的主注意力网络，简记为 Joint Stream。

6.5.3 基于骨骼特征的次注意力网络

关节点按照人体骨架结构形成的骨骼有着与关节点同等的重要性，区别于关节点仅包含关节点坐标层面的空间信息，骨骼包含长度和方向等属性，能够提供更多的补充信息。将骨骼数据独立于关节点数据作为处理对象有利于显著提升骨架演化特征图的分辨率以及空间信息的表达能力，为此本节设计了骨骼特征演化图。

类似于 6.1 节的关节点特征演化图，以 x 坐标成分为例，本节首先采用相同的遍历序列 O 对关节点进行遍历，得到第 t 时刻骨架帧的关节点特征向量：

$$\boldsymbol{f}_t^x=(x_{o_1}^t,\ x_{o_2}^t,\ \cdots,\ x_{o_k}^t,\ \cdots,\ x_{o_K}^t)^{\mathrm{T}} \tag{6-19}$$

其中，$k\in\{1,\ 2,\ \cdots,\ K\}$。通过计算 $\boldsymbol{f}_t^x$ 中两个相邻关节点坐标的差值得到包含长度和方向属性的骨骼特征，做差的顺序是由关节点 $\boldsymbol{p}_j^t$ 指向 $\boldsymbol{p}_i^t$：

$$b_{x_{i,j}}^t=x_{o_j}^t-x_{o_i}^t \tag{6-20}$$

其中，$i,\ j\in\{1,\ 2,\ \cdots,\ K\}$，$i\neq j$。骨骼特征向量：

$$\boldsymbol{b}_t^x=(b_{x_{1,2}}^t,\ b_{x_{2,3}}^t,\ \cdots,\ b_{x_{i,j}}^t,\ \cdots,\ b_{x_{K-1,K}}^t)^{\mathrm{T}} \tag{6-21}$$

骨骼的 x 通道特征图表示为 $\boldsymbol{B}^x=[\boldsymbol{b}_1^x,\ \boldsymbol{b}_2^x,\ \cdots,\ \boldsymbol{b}_t^x,\ \cdots,\ \boldsymbol{b}_T^x]$。另外的两个通道 y 和 z 特征图也是通过同样的方式得到，可表示为 $\boldsymbol{B}^y=[\boldsymbol{b}_1^y,\ \boldsymbol{b}_2^y,\ \cdots,\ \boldsymbol{b}_t^y,\ \cdots,\ \boldsymbol{b}_T^y]$，$\boldsymbol{B}^z=[\boldsymbol{b}_1^z,\ \boldsymbol{b}_2^z,\ \cdots,\ \boldsymbol{b}_t^z,\ \cdots,\ \boldsymbol{b}_T^z]$。这三个通道特征图共同构成了骨骼特征演化图 $\boldsymbol{B}=[\boldsymbol{B}^x,\ \boldsymbol{B}^y,\ \boldsymbol{B}^z]$，

它们编码了骨骼的空间分布特征和时间演化信息，这些骨骼被以正向和反向顺序重复访问，能够与关节点特征相互补充以更完整地表示骨架动作。

给定骨骼特征演化图，本节训练基于骨骼的 MGC-STA Net，得到基于骨骼特征的次注意力网络，简记为 Bone Stream，其网络结构与 Joint Stream 完全相同。最后，通过将两个网络进行决策级融合得到最终的识别结果，这有利于更加全面且准确地对骨架动作序列进行识别。

6.5.4　双通道网络的决策级融合

令输入骨架序列为$\mathcal{I}$，该序列经过编码形成关节点特征演化图 $\boldsymbol{J}$ 和骨骼特征演化图 $\boldsymbol{B}$，将它们分别输入 MGC-STA Net。令通道 c 输入的图片为 $I_c \in \{\boldsymbol{J}, \boldsymbol{B}\}$，该通道网络由 SoftMax 层输出的后验概率如下：

$$\text{prob}(l/I_c)=\frac{\text{e}^{\gamma_c^l}}{\sum_{l=1}^{L}\text{e}^{\gamma_c^l}} \tag{6-22}$$

其中，$\boldsymbol{\gamma}_c$ 表示最后全连接层的输出，$\boldsymbol{\gamma}_c=[\gamma_c^1, \gamma_c^2, \cdots, \gamma_c^l, \cdots, \gamma_c^L]$，$L$ 是全部动作的类别数量。$\text{prob}(l/I_c)$代表 I_c 属于第 l 个动作类别的概率分数。

然后，使用决策级融合策略对两个通道的输出分数进行融合，得到$\mathcal{I}$的最终识别结果，本节采用两种融合策略，分别是平均融合和加权融合。平均融合的计算公式如下：

$$\text{score}(l/\mathcal{I})=\frac{1}{2}\sum_{c=1}^{2}\text{prob}(l/I_c) \tag{6-23}$$

其中，$\text{score}(l/\mathcal{I})$为双通道网络输出概率分数的平均融合值，代表骨架序列$\mathcal{I}$属于第 l 个动作类别的最终分数。

鉴于 $\boldsymbol{J}$ 和 $\boldsymbol{B}$ 这两种特征演化图分别表示骨架序列的不同阶特征，即 $\boldsymbol{J}$ 表示骨架序列的一阶特征，而 $\boldsymbol{B}$ 表示骨架序列的二阶特征，为了进一步探索融合过程中 $\boldsymbol{J}$ 和 $\boldsymbol{B}$ 这两种特征演化图各自对识别结果的贡献权重，以提升最终的识别性能，本节提出加权融合策略，定义如下：

$$\text{score}(l/\mathcal{I})=\frac{1}{2}\sum_{c=1}^{2}\eta_c\,\text{prob}(l/I_c) \tag{6-24}$$

其中，变量 η_c 表示赋予第 c 个通道输出概率的权值，$0\leqslant\eta_c\leqslant1$。当变量 η_c 取值均为 1 时，加权融合退化为平均融合，即平均融合为加权融合的一种特殊情况。

6.6　实验结果与分析

在三个基于骨架的行为识别公开数据集上对本章所提方法的性能进行评估，这三个数据集分别是 NTU RGB+D、Northwestern-UCLA 和 UTD-MHAD。

6.6.1 实验设置

本节设计的网络 MGC-STA Net 是基于深度学习框架 PyTorch 1.0 实现的，使用的 GPU 为两个 NVIDIA GeForce GTX 1080+8G RAM。利用双线性插值法将骨架特征演化图(包括关节点特征演化图和骨骼特征演化图)的三个颜色通道 R、G 和 B 的取值范围均归一化为[0，255]，并将它们的尺寸标准化为 224×224，这与 ResNet 接收的图片尺寸是一致的。

采用先加载预训练模型再进行模型微调的方式对 MGC-STA Net 进行训练，具体做法是根据不同的主干网络，先加载该主干网络在大规模数据集 ImageNet 上预训练得到的模型，用预训练模型的参数初始化 MGC-STA Net 与主干网络相同的部分，然后在实验数据集上进行迭代训练，使参数适应实验数据集直至网络模型收敛，这个过程称为模型微调。训练过程中使用小批量随机梯度下降法(Mini-Batch Stochastic Gradient Descent，MBGD)，动量为 0.9，权重衰减系数为 0.0004。学习率初始化值为 0.001，每 10 个循环次数下降 20%，直到损失函数值收敛趋于稳定，最大循环次数为 100。

对每个数据集进行实验时，本节遵循它们各自的评价指标将数据集分为训练集和测试集，训练时采用五折交叉验证法重复 5 次实验，在测试集上进行测试并对结果取平均值作为最终的识别结果。由于三个数据集具有不同的数据规模和数据特点，依据每个数据集的动作类别总数，将 MGC-STA Net 最后的全连接层神经元数量设为待识别的骨架序列类别总数，将 NTU RGB+D 数据集样本训练网络中的 batch size 设置为 64，而 Northwestern-UCLA 和 UTD-MHAD 数据集对应的 batch size 均设置为 16。

6.6.2 方法性能评估

1. MGCAM 和 STAM 的性能评估

两个注意力模块 MGCAM 和 STAM 可以单独嵌入一个标准的 ResNet 中。为了验证 MGC-STA Net 中每一个模块(MGCAM 和 STAM)的表现性能，在表 6-2 中对比了基线模型、嵌入单一模块和嵌入两个模块模块的识别结果。其中，“基线模型+MGCAM”表示在基线模型的基础上只嵌入 MGCAM；“基线模型+STAM”表示只嵌入 STAM；“基线模型+MGCAM & STAM”表示本章所提出的最终模型，即在基线模型上嵌入 MGCAM 和 STAM。为了证明这两个模块的适用性与可移植性，本节将两个主干网络作为基线模型，分别是 ResNet-50 和 ResNet-152，并分别在 Joint Stream 和 Bone Stream 两个单通道网络上进行实验。从表 6-2 可以看出：

(1) 不论是单独嵌入 MGCAM 还是 STAM，本章模型的表现相比强大的基线模型均具有显著提升。以 ResNet-50 作为主干网络对 Joint Stream 进行实验时，基线模型已经取得了较好的表现，但是“ResNet-50＋MGCAM”和“ResNet-50＋STAM”相比基线模型在 NTU RGB＋D 数据集的 CV 识别准确率分别高了 1.29%和 0.97%，在 NTU RGB＋D 数据集的 CS 识别准确率分别提升了 1.33%和 1.01%。

(2) 将 MGCAM 和 STAM 两个模块均嵌入主干网络时，本章模型获得了最佳的表现。例如，以 ResNet-152 作为主干网络对 Joint Stream 进行实验时，“基线模型＋MGCAM & STAM”在 NTU RGB＋D 的 CV 和 CS 识别准确率相比基线模型分别提高了 1.89%和 1.94%。以 ResNet-152 作为主干网络对 Bone Stream 进行实验时，“基线模型＋MGCAM & STAM”相比“基线模型＋MGCAM”和“基线模型＋STAM”的 CV 识别准确率分别提高了 0.65%和 0.92%，在 CS 上的识别准确率分别提升了 0.95%和 0.52%，这表明了嵌入两个模块比只嵌入一个模块更有利于提升识别准确率。

由以上结果可知，将本章提出的 MGCAM 和 STAM 嵌入到主干网络有利于学习到包含丰富时空注意力和运动相关信息的深度特征，且这两种深度特征是相互补充的，将两个模块都嵌入到主干网络时，能够提取到更加丰富的骨架序列特征，进一步提升动作的识别性能准确率。

表 6-2　MGCAM 和 STAM 在 NTU RGB＋D 数据集上的表现性能

主干网络	模　型	CV/%		CS/%	
		Joint Stream	Bone Stream	Joint Stream	Bone Stream
ResNet-50	ResNet-50(基线模型)	89.29	88.98	82.62	82.69
	ResNet-50＋MGCAM	90.58	89.84	83.95	83.69
	ResNet-50＋STAM	90.26	89.81	83.63	83.91
	本章方法(ResNet-50＋MGCAM & STAM)	**91.06**	**90.28**	**84.36**	**84.43**
ResNet-152	ResNet-152(基线模型)	89.49	88.33	82.95	82.99
	ResNet-152＋MGCAM	90.59	89.53	83.74	83.32
	ResNet-152＋STAM	90.24	89.26	84.16	83.75
	本章方法(ResNet-152＋MGCAM & STAM)	**91.38**	**90.18**	**84.89**	**84.27**

2. MGCAM 和 STAM 嵌入 ResNet-50 中的位置与数量

下面对 MGCAM 和 STAM 两个模块嵌入主干网络的位置和数量进行讨论与分析。主干网络 ResNet-50 的中间卷积部分可以分为 4 个阶段，将 conv2_x、conv3_x、conv4_x 和 conv5_x 分别称为阶段 2、阶段 3、阶段 4 和阶段 5，MGCAM 嵌入不同阶段网络的性能如表6-3 所示。

表 6-3　MGCAM 嵌入到 ResNet-50 中不同阶段的性能对比

阶　段	NTU (CV)/%	NTU(CS)/%
ResNet-50(基线模型)	89.29	82.62
阶段 2	89.35	83.01
阶段 3	89.45	83.03
阶段 4	89.70	83.07
阶段 5	**89.75**	**83.16**

表 6-3 对比了将单个 MGCAM 嵌入 ResNet-50 各个阶段中残差块(即从阶段 2 到阶段 5)的性能。可以看出，与基线模型相比，仅将单个 MGCAM 嵌入 ResNet-50 的任意阶段位置上就已经产生了显著的性能提升，这验证了本章所提 MGCAM 的有效性。值得注意的是，将 MGCAM 嵌入到深层阶段(如阶段 5)比将其嵌入到浅层阶段(如阶段 2)获得了更高的识别准确率。一个可能的原因是，深层阶段的特征图拥有更大感受野和更多数量的通道，更有利于基于运动信息的通道注意力建模。

下面尝试向 ResNet-50 中嵌入不同数量的 MGCAM，具体的做法是：在将 MGCAM 嵌入到阶段 5 的基础上，在深层阶段向浅层阶段中逐渐地嵌入更多的 MGCAM，对比结果如表 6-4 所示。可以发现，通过嵌入更多的 MGCAM，可以进一步提升模型的识别准确率。当在 ResNet-50 所有阶段中嵌入 MGCAM(即 ResNet-50 所有的残差块都嵌入了 MGCAM，总共 16 个 MGCAM)，模型取得了最佳性能，在 NTU 数据集上的 CV 和 CS 识别准确率分别达到 90.58%和 83.95%，比基线模型分别高出 1.29%和 1.33%。因此，接下来的实验设置都默认在主干网络的所有阶段中嵌入 MGCAM。

表 6-4　不同数量 MGCAM 嵌入到 ResNet-50 中的性能对比

阶　段	模块数量	NTU (CV)/%	NTU(CS)/%
ResNet-50(基线模型)	0	89.29	82.62
阶段 5	3	89.75	83.16
阶段 4-5	3+6=9	89.96	83.59
阶段 3-5	3+6+4=13	90.19	83.69
阶段 2-5	3+6+4+3=16	**90.58**	**83.95**

表 6-5 对比了将单个 STAM 嵌入 ResNet-50 各个阶段 Bottleneck 位置上的性能对比。可以看出，在 ResNet-50 阶段 5 的 Bottleneck 位置上嵌入 STAM 取得了最高的识别准确

率，在 NTU 数据集上的 CV 和 CS 识别准确率分别为 90.58%和 83.95%，相比基线模型分别提升了0.97%和 1.01%，这验证了本章所提 STAM 的有效性。值得注意的是，不同于 MGCAM，将 STAM 嵌入到浅层阶段(即阶段 2、阶段 3 和阶段 4)的 Bottleneck 位置并不能获得比基线模型更高的识别准确率。一个可能的原因是，处于最深层阶段 5 的 Bottleneck 位置拥有最大感受野的特征图，具有全局上下文语义信息，更有利于时空上下文感知协同的全局注意力学习。

表 6-5　STAM 嵌入到 ResNet-50 中不同的阶段的性能对比

阶　段	NTU (CV)/%	NTU(CS)/%
ResNet-50(基线模型)	89.29	82.62
阶段 2	88.83	82.52
阶段 3	87.34	82.23
阶段 4	88.14	81.07
阶段 5	**90.26**	**83.63**

本章在将 STAM 嵌入阶段 5 的 Bottleneck 位置基础上，在深层阶段向浅层阶段的 Bottleneck 位置上逐渐地嵌入更多的 MGCAM 以探索能否进一步提升模型的性能，对比结果如表 6-6 所示。可以发现，在浅层阶段的 Bottleneck 位置嵌入更多的 STAM 反而降低了识别准确率，这表明对浅层阶段的 Bottleneck 位置的特征图进行时空注意力学习反而引入了噪声信息，这些冗余信息传播至深层阶段并影响了识别结果。因此，接下来的实验设置都是默认在主干网络阶段 5 的 Bottleneck 位置上嵌入 STAM。

表 6-6　不同数量 STAM 嵌入到 ResNet-50 中的性能对比

阶　段	模块数	NTU (CV)/%	NTU(CS)/%
阶段 5	1	**90.26**	**83.63**
阶段 4-5	2	88.96	80.50
阶段 3-5	3	86.87	80.53
阶段 2-5	4	86.27	77.16

3. 与其他注意力模型的比较

表 6-7 对比了本章提出的注意力模型和其他先进注意力模型的性能。为了公平起见，本章在基线模型的基础上对这些注意力模型进行复现，并在 NTU RGB+D 数据集上进行训练与测试，实验过程中所使用的参数都是相同的。

表 6-7 本章的注意力模型和其他注意力模型在 NTU RGB+D 数据集上的性能对比

方法		CV/%	CS/%
基线模型	ResNet-50	89.29	82.62
通道注意力模型	SE	89.93	83.54
	CBAM-C	89.74	83.45
	FC-C	89.93	83.40
	本章方法(MGCAM)	90.58	83.95
时空注意力模型	非全局神经网络	89.72	83.27
	CBAM-ST	90.13	83.02
	FC-ST	89.86	83.16
	本章方法(STAM)	90.26	83.63
通道-时空注意力模型	CBAM-CST	89.90	83.61
	FC-CST	89.21	83.67
	本章方法(MGCAM & STAM)	91.06	84.36

1) 通道注意力模型

目前在识别任务中性能表现较好的通道注意力模型包括 SE Net、CBAM 的通道注意力模块(CBAM-C)和基于全连接的通道注意力模块(FC-C)。SE Net 利用全局平均池化压缩空间信息得到每一个通道独有的描述子，然后利用两个全连接层非线性地计算通道注意力权值以强调有用的通道。区别于 SE Net 利用特征图自身的全局信息对通道进行权值重分配，本章的 MGCAM 是通过增强与运动相关的特征对通道特征进行重分配。MGCAM 在 NTU RGB+D 数据集上的 CV 和 CS 识别准确率比 SE 分别提升了 0.65%和 0.41%。与 SE Net 类似，CBAM-C 额外加入了全局最大池化的分支，在 Sigmoid 层之前将特征与全局平均池化的分支进行逐元素相加融合。而 FC-C 使用一个空间平均池化层和一个全连接层实现通道注意力机制。从 NTU RGB+D 数据集的 CV 指标上来看，MGCAM 的识别准确率比 CBAM-C 和 FC-C 分别提高了 0.84%和 0.65%。

2) 时空注意力模型

目前用于处理视觉任务的大多数是空间注意力模型，本节将这些模型应用于骨架序列编码形成的关节点和骨骼特征演化图处理中，某种程度上是对空间和时间信息进行统一处理，这里为了与 STAM 的分类保持一致，将它们归类为时空注意力机制，包括非全局神经网络、CBAM 的时空注意力模块(CBAM-ST)和基于全连接的时空注意力模块(FC-ST)。CBAM-ST 使用 7×7 的大尺寸卷积核在聚合了通道信息的特征图上学习骨架序列的时空注意力掩模，FC-ST 则通过使用两个全连接层进行时空注意力学习。

实验结果表明，STAM 获得了最好的性能表现，在 NTU RGB+D 数据集上的 CS 识别准确率比 CBAM-ST 和 FC-ST 分别提高了 0.61%和 0.47%。此外，非全局神经网络通过计算特征图中任意两个位置的相关性捕捉长距离依赖关系，将成对位置的相关性当作权值。

相比之下，本章利用两个卷积层构成的 Bottleneck 结构进行空间和时间域的注意力学习，每个骨架帧上任意关节点的响应为所有关节点特征的加权求和，每个关节点任意时刻上的响应是所有时刻特征的加权求和。表 6-7 的实验结果表明，相比非全局神经网络，STAM 在 CV 和 CS 指标上的识别准确率分别提升了 0.54%和 0.36%。

3）通道-时空注意力机制

当同时使用通道注意力机制和时空注意力机制时，本章的模型在 NTU 数据集上的识别性能依旧超过目前比较先进的注意力模型 CBAM-CST 和 FC-CST。

4. 融合策略性能评估

表 6-8 在三个数据集上比较了平均融合和加权融合两种融合策略。其中，“单通道”代表将单张骨架特征演化图作为输入的 MGC-STA Net，分别为基于关节点特征演化图的单通道网络 Joint Stream 和基于骨骼特征演化图的单通道网络 Bone Stream。“融合”代表将两个单通道网络进行融合后的结果，包括平均融合和加权融合。“权值比”为使用加权融合策略时各通道权值的比例。实验过程中，对于任一数据集，本章在训练数据集上采用五折交叉验证方式对权值进行选择，并将在训练数据集上取得最佳识别结果的权值作为测试数据集的权值。对于全部的三个数据集，从表中可以看出：

表 6-8　平均融合和加权融合策略在三个数据集上的性能对比

数据集	主干网络	单通道/%		融合/%		
		Joint Stream	Bone Stream	平均融合	加权融合	权值比
NTU RGB+D (CV)	ResNet-152	91.38	90.18	92.43	**93.09**	**1∶2**
	ResNet-50	91.06	90.28	92.24	**92.97**	**1∶2**
NTU RGB+D (CS)	ResNet-152	84.89	84.27	86.27	**87.07**	**1∶2**
	ResNet-50	84.36	84.43	85.90	**86.87**	**1∶2**
N-UCLA	ResNet-50	92.76	92.33	95.23	**95.91**	**1∶2**
UTD-MHAD	ResNet-50	97.03	96.89	98.45	**98.98**	**1∶2**

(1) Joint Stream 和 Bone Stream 有着相近的性能表现，这表明关节点和骨骼特征对于骨架序列的识别有着同等的重要性，它们共同决定了人体骨架的运动模式。

(2) 使用平均融合进行融合后的识别准确率均比任一单通道网络的识别准确率高，这表明尽管 Joint Stream 和 Bone Stream 各自提取的深度特征能够较好地对骨架序列进行识别，但是这些深度特征对于骨架序列的描述是局部的，而且这两个单通道的深度特征是互补的，将它们进行融合有利于更加完整地描述骨架序列。

(3) 加权融合后的识别率在全部三个数据集上都比平均融合更高，且使得融合识别性能达到最佳时 Joint Stream 和 Bone Stream 的权值比例均为 1∶2，这表明了对双流网络的深度特征进行融合时，Joint Stream 提取的深度特征与 Bone Stream 提取的深度特征重要性不同，进一步反映了特征加权的重要性。这是因为关节点是人体骨架上的孤立点，关节点特征随着时序的变化较小，相比之下，骨骼是依据人体结构连接两个不同关节点的刚性线段，骨骼特征随着时序的变化较为明显，更有利于对显著的骨架运动进行描述。

6.6.3 与现有方法的对比结果

在 NTU RGB+D、Northwestern-UCLA 和 UTD-MHAD 三个数据集上对本章提出的方法与现有方法进行比较。对比方法包括基于传统手工特征的方法和基于深度学习的方法，它们都遵循与本章方法相同的评价指标。

1. NTU RGB+D 数据集

对比实验根据 Shahroudy 提出的 NTU RGB+D 数据集的评价指标 CS 和 CV 来进行评估。将本章方法与利用手工特征、RNN/LSTM、CNN 和 GCN 处理骨架数据的方法进行比较，对比结果如表 6-9 所示。NTU RGB+D 数据集的骨架数据是在多个视角下拍摄获得的，引入了类内差异性，且包含大多数日常细节动作和双人交互行为，更强调区分类间相似性和对长距离关节点交互。

表 6-9 本章方法与现有方法在 NTU RGB+D 数据集上的性能对比

方 法	发表年份	CS/%	CV/%
Lie Group	2014	50.08	52.76
Dynamic Skeletons	2015	60.23	65.22
HBRNN-L	2015	59.07	63.97
Part-aware LSTM	2016	62.93	70.27
STA-LSTM	2017	73.40	81.20
Joint Trajectory Maps	2016	76.32	81.08
GCA-LSTM	2017	74.40	82.80
Clips+CNN+MTLN	2017	79.57	84.83
Synthesized CNN	2017	80.03	87.21

续表

方　法	发表年份	CS/%	CV/%
Beyond Joints	2018	79.50	87.60
ST-GCN	2018	81.50	88.30
DPRL+GCNN	2018	83.50	89.80
Shape-Motion+CNN	2019	82.83	90.05
SDF-LSTM+TDF-CNN	2018	82.96	90.12
Rotor-View TF+STVIM	2020	85.56	92.04
本章方法(平均融合)	—	86.87	92.43
本章方法(加权融合)	—	87.07	93.09

由于本章方法先对骨架序列进行视角变换再编码得到骨架特征演化图，消除了视角变化的影响并保留了骨架序列的相对时空关系，提出的 MGC-STA Net 增强了与运动相关的局部特征并对时空上下文感知协同进行全局注意力学习，有利于捕捉细微动作和交互行为。因此，本章方法在 NTU RGB+D 数据集上的 CS 和 CV 的识别准确率均最高，分别为 87.07%和 93.09%，超过了绝大多数对比方法，包括同样基于注意力机制的方法 STA-LSTM 和 GCA-LSTM。对比 STA-LSTM 和 GCA-LSTM 方法，本章方法的 CS 识别准确率分别提升了 13.67%和 12.67%，CV 识别准确率分别提升了 11.89%和 10.29%。STA-LSTM 方法提出两个注意力子网络，时域注意力子网络用于给不同帧分配合适的权重，而空域注意力子网络用于给不同关节点分配合适的权重。然而，该方法的时域和空域注意力子网络是相互独立的，无法有效地对远距离时刻骨架帧关节点之间的时空感知协同进行建模。GCA-LSTM 方法基于 LSTM 提出了一个全局情景感知注意力 LSTM 网络，利用全局情景记忆单元对每帧骨架的信息性关节点进行有选择的关注。GCA-LSTM 方法是一种循环注意力机制，需要进行多次迭代逐步优化全局情景记忆单元。本章方法提出的 STAM 是基于卷积的注意力机制，同时对空间和时间域的语义信息进行注意力学习且便于嵌入 CNN 中，因此，整个网络的参数优化和训练简单直接，收敛高效。此外，本章方法引入运动信息引导的通道注意力机制，增强与运动相关的局部特征，更有利于完整地描述骨架序列的运动模式。

2. Northwestern-UCLA 数据集

Northwestern-UCLA 数据集的骨架序列包含三个不同视角，对比实验根据 Wang 提出的评价指标来进行评估，结果如表 6-10 所示。可以发现，本章方法的识别准确率为 95.91%，相比基于手工特征、RNN、CNN 和 GCN 的方法取得了显著提升。其中，Synthesized CNN、Shape-Motion+CNN 和 Rotor-View TF+STVIM 都是基于多通道

CNN 的方法，分别取得了 92.61%、91.30%和 95.00%的识别准确率。原因是这些方法侧重于将骨架序列的时空信息编码成彩色图片，然后利用多通道的标准 CNN 进行深度特征的提取与融合，而本章方法通过引入注意力机制对通道、空间和时间进行注意力学习，跳出了标准卷积核的局部约束，能够捕捉涉及长距离关节点共现和远距离时刻骨架帧感知交互的骨架行为。

表 6-10　本章方法与现有方法在 Northwestern-UCLA 数据集上的性能对比

方　法	发表年份	识别率/%
HOJ3D	2012	54.50
Actionlet ensemble	2013	76.00
MST-AOG	2014	73.30
Lie Group	2014	74.20
HBRNN-L	2015	78.52
Multi-task RNN	2018	87.30
Shape-Motion+CNN	2019	91.30
Synthesized CNN	2017	92.61
AGC-LSTM	2019	93.30
Clips+CNN+MTLN	2017	93.40
Rotor-View TF+STVIM	2020	95.00
本章方法(平均融合)	—	95.23
本章方法(加权融合)	—	95.91

3. UTD-MHAD 数据集

根据 Chen 提出的评价指标在 UTD-MHAD 数据集进行对比实验。该评价指标是基于对象的交叉验证，即将一半执行对象的数据用于训练，将剩下一半执行对象的数据用作测试。表 6-11 给出了本章方法与现有最先进方法在该数据集上的性能对比。可以看到，本章方法取得了最优的识别准确率 98.98%，且明显高于其他对比方法。尽管该数据集的数据量较小，但本章方法使用的模型通过注意力机制学习到更丰富且鲁棒的深度特征用于描述骨架序列，这表明本章方法具有适用性，不仅适用于大规模数据集，在小型数据集上也具有良好的性能表现。

表 6-11　本章的方法与现有方法在 UTD-MHAD 数据集上的性能对比

方　法	发表年份	识别率/%
ELC-KSVD	2014	76.20
Kinect & Inertial	2015	79.10
Convariance3DJ	2013	85.60
SOS	2018	87.00
Joint Trajectory Maps	2016	87.90
ResNet152+3scale	2017	96.30
Gated CNN	2018	97.90
Rotor-View TF+STVIM	2020	98.37
本章方法(平均融合)	—	98.45
本章方法(加权融合)	—	98.98

本章小结

本章提出了一种新的基于时空注意力机制和运动增强的骨架行为识别深度网络，以时空注意力融合的方式捕捉骨架序列中涉及长距离依赖关系的全局时空特征，同时增强与运动相关的局部特征。具体来说，首先设计了用于编码骨架序列的时空信息特征演化图，为稀疏的原始骨架数据提供了更加丰富的特征。其次，提出了运动信息引导的通道注意力模型，利用骨架帧间的运动信息指导通道间特征的重分配，实现了对与运动相关特征的注意力增强。接着，提出了空间共现特征注意力学习机制和时间相互感知注意力学习机制，并将它们进行融合得到时空注意力模型。最后，提出了运动信息引导的通道-时空注意力网络，并采用双流网络结构对骨架序列关节点和骨骼特征演化图进行特征提取与融合。NTU RGB+D、Northwestern-UCLA 和 UTD-MHAD 数据集上的实验结果验证了本章所提模型的有效性，与其他先进的注意力模型相比，运动信息引导的通道注意力模型增强了网络对骨架帧间运动信息的捕捉能力，时空注意力模型能够全局地对时空上下文感知协同的信息进行学习。此外，基于关节点和骨骼特征的双流网络提取的深度时空特征是互补的，将它们进行融合更有利于对骨架序列进行准确识别。

第7章

基于自适应多视角图卷积网络的行为识别

当前，利用深度网络对骨架特征进行提取和学习已经成为一种趋势，并取得了良好的效果。相比于其他深度网络如卷积神经网络、循环神经网络，GCN 可以直接将根据人体骨架结构形成的结构图作为网络输入，对行为特征进行提取和学习以实现行为分类。与传统的图像数据不同，人体骨架结构可以表示为一个图，其中节点代表人体关节，边代表关节之间的连接关系。图卷积网络的优势在于它可以直接处理非欧氏空间的数据，并且可以自动学习到图的结构信息和特征，无须手动设计特征。通过图卷积操作，GCN 可以有效地捕捉人体骨架结构中的空间关系和拓扑结构，从而更好地提取行为特征。此外，GCN 还具有可扩展性和灵活性，可以适应不同规模和结构的人体骨架数据。同时，GCN 可以与其他深度学习方法相结合，如注意力机制、多头注意力机制等，进一步提高行为分类的准确性和网络的泛化能力。然而，图卷积网络也存在一些挑战，如计算复杂度较高、需要选择合适的卷积核等。因此，在实际应用中需要根据具体情况选择合适的图卷积方法和模型。本章在图卷积网络研究基础上，提出了一种多视角自适应图卷积网络(Adaptive Multi View Graph Convolutional Networks，AMV-GCNs)，能直接对骨架图结构数据进行学习与深度特征提取，同时能进行自适应视角变换，实现对视角变换下的行为识别。

7.1 图卷积基础知识

图卷积网络是一种基于图卷积操作的深度学习模型，可用于处理具有图结构的数据。它通过对图中的节点和边进行卷积操作，提取图中的特征并进行信息传播，从而学习到图的表示。

图卷积网络的核心操作之一是图卷积，它是一种在图上进行卷积操作的方法。在图卷积中，我们将图中的节点表示为向量，将边表示为连接节点的权值矩阵。通过对节点和边的特征进行卷积操作，图卷积可以学习到节点之间的关系和图的结构信息，从而提取出更高级别的特征。图卷积的基本思想是通过定义一个邻接矩阵来描述节点之间的连接关系，然后使用卷积操作对邻接矩阵和节点特征进行卷积，从而得到新的节点特征。这个过程可以重复多次，以学习到更高级别的特征。

考虑一个无向图 $\boldsymbol{G}=(\boldsymbol{v}, \boldsymbol{\varepsilon})$，其中 $\boldsymbol{v}$ 为所有 N 个节点的集合，$\boldsymbol{\varepsilon}$ 表示所有边的集合。图卷积的目的是学习节点中存在的特征，用此节点的特征表示以及描述所有节点的连接关系作为图卷积网络的输入。对于第 l 层图卷积层，输入为节点特征形成的特征矩阵 $\boldsymbol{H}_{l-1}$ 以及描述节点连接关系的邻接矩阵 $\boldsymbol{A}$，在图卷积后得到第 l 层图卷积特征输出 $\boldsymbol{H}_l$：

$$\boldsymbol{H}_l=\sigma(\widetilde{\boldsymbol{D}}^{-\frac{1}{2}}\widetilde{\boldsymbol{A}}\widetilde{\boldsymbol{D}}^{-\frac{1}{2}}\boldsymbol{H}_{l-1}W_l) \tag{7-1}$$

其中：邻接矩阵 $\boldsymbol{A}$ 为一个实 $N\times N$ 对称矩阵，$\boldsymbol{A}(i, j)=\omega$ 表示节点 i 和 j 相连，否则表示两节点不相连，ω 为两节点连接的重要性参数；$\widetilde{\boldsymbol{A}}$ 表示考虑了自环的邻接矩阵满足 $\widetilde{\boldsymbol{A}}=\boldsymbol{A}+\boldsymbol{I}_N$；$\boldsymbol{D}$ 为度矩阵，满足 $\boldsymbol{D}_{i,j}=\sum_j \boldsymbol{A}_{i,j}$，相似地，$\widetilde{\boldsymbol{D}}$ 满足 $\widetilde{\boldsymbol{D}}_{i,j}=\sum_j \widetilde{\boldsymbol{A}}_{i,j}$；$W_l$ 为第 l 层需要学习的权重参数；$\sigma(\cdot)$ 表示激活函数。

一般图卷积的实现包括两个方面：空间图卷积和图谱卷积。

1. 空间图卷积

空间图卷积是在图上进行空间卷积，利用空间图卷积，节点 $\boldsymbol{v}_i$ 在第 l 层图卷积的输出特征可表示为

$$\boldsymbol{H}_l(\boldsymbol{v}_i)=\sigma\left[\sum_{\boldsymbol{v}_j\in N(\boldsymbol{v}_i)}\boldsymbol{H}_{l-1}(\boldsymbol{v}_j)\cdot w(\boldsymbol{v}_i, \boldsymbol{v}_j)\right] \tag{7-2}$$

其中：$N(\boldsymbol{v}_i)$ 表示节点 $\boldsymbol{v}_i$ 的邻域节点集合，满足 $N(\boldsymbol{v}_i)=\{\boldsymbol{v}_j \mid d(\boldsymbol{v}_i, \boldsymbol{v}_j)\leqslant K\}$，$d(\boldsymbol{v}_i, \boldsymbol{v}_j)$ 表示节点 $\boldsymbol{v}_j$ 到节点 $\boldsymbol{v}_i$ 的最短距离；$w(\boldsymbol{v}_i, \boldsymbol{v}_j)$ 表示权重参数。由上式可得，空间图卷积是对邻域节点特征的加权求和。

2. 图谱卷积

图谱卷积基于图谱理论，通过一个信号 $\boldsymbol{\mu}$ 与核 $\boldsymbol{\Theta}$ 的相乘实现：

$$\boldsymbol{\Theta}\otimes\boldsymbol{\mu}=\boldsymbol{U}\Theta\boldsymbol{U}^{\mathrm{T}}=\boldsymbol{\mu} \tag{7-3}$$

其中，$\boldsymbol{U}$ 表示图傅里叶算子，$\boldsymbol{U}^{\mathrm{T}}\boldsymbol{\mu}$ 表示信号 $\boldsymbol{\mu}$ 的傅里叶变换。此外，Hammond 用切比雪夫多项式近似核函数 $\boldsymbol{\Theta}$，图谱卷积可进一步表示为

$$\boldsymbol{\Theta}\otimes\boldsymbol{\mu}\approx\rho(\boldsymbol{I}_N+\boldsymbol{D}^{-\frac{1}{2}}\boldsymbol{A}\boldsymbol{D}^{-\frac{1}{2}})\boldsymbol{\mu} \tag{7-4}$$

其中，ρ 表示核函数中第 l 层的参数。

本节采用第一种方式即空间图卷积方式计算每一层图卷积，利用多层空间图卷积对骨架序列进行特征提取。人体骨架图中，关节表示为节点，骨骼表示为边，因此可将其作为图卷积的输入。

设人体骨架图中表示 t 时刻第 i 个关节的节点为 $\boldsymbol{v}_{t,i}$，则节点在第 1 层的特征输入可表示为

$$\boldsymbol{H}_0(\boldsymbol{v}_{t,i})=(x_{t,i}, y_{t,i}, z_{t,i})^{\mathrm{T}} \tag{7-5}$$

其中，$(x_{t,i}, y_{t,i}, z_{t,i})$ 是 $\boldsymbol{v}_{t,i}$ 在空间上的三维坐标。

7.2 多视角自适应图卷积网络结构

本节提出的多视角自适应图卷积网络包含三个图卷积网络流，其网络结构如图 7－1 所示。每个图卷积子网络包含多层图卷积模块、全局平均池化层(GAP)以及全连接层(FC Layer)。多个图卷积网络流用于学习骨架序列不同视角的特征。

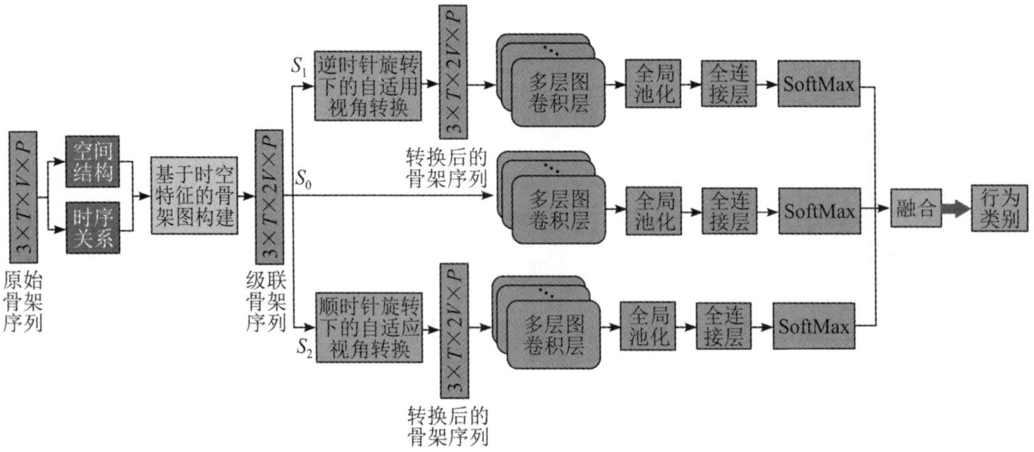

图 7－1 多视角自适应图卷积网络结构示意图

具体地，我们将三个图卷积网络流定义为 S_0、S_1 和 S_2。其中：S_0 表示用于学习原始骨架序列的图卷积网络流；S_1 表示学习经过一个自适应逆时针旋转后骨架序列特征的图卷积网络流；S_2 表示学习经过一个自适应顺时针旋转后骨架序列特征的图卷积网络流。将提出的自适应视角变换模块应用在图卷积网络流中，可实现对不同视角骨架序列的学习。

由图 7－1 可发现，本节提出的图卷积网络主要包括三个重要部分：

(1) 基于时空特征的骨架图构建(Spatio-Temporal Features based Skeleton Graph Construction)。骨架序列通常是人体骨架中所有关节在所有时刻的三维坐标集合，可表示为一个 $3\times T\times V\times P$ 大小的向量。其中，T 表示骨架序列的所有帧，V 表示人体骨架中包含的所有关节数，P 表示行为中参与的人数。为了充分挖掘骨架序列中的时间和空间特性，我们设计了基于关节空间和时间特征的骨架图，显式地表示骨架中的空间和时间特征。在设计的骨架图中定义了两类节点，一类节点的特征用关节的三维空间坐标表示，另一类节点的特征用关节的坐标时间位移表示。基于提出的骨架图形成的节点上的特征为级联的骨架序列，包含关节坐标以及关节坐标时间位移，大小为 $3\times T\times 2V\times P$。之后，将骨架图以及骨架图上节点特征形成的级联骨架序列作为不同图卷积流网络的输入。

(2) 自适应视角转换模块(Adaptive View Transformation Module)。本节提出的自适应视角转换模块作为子网络应用在网络流 S_1 和 S_2 中，目的是将网络旋转到一个合适的角度以方便行为识别。视角转换是绕着原始坐标系下的 Z 轴分别逆时针和顺时针旋转骨架序列，旋转的角度作为自适应视角转换模块的输出，进而得到视角转换后的骨架序列，并对多层图卷积转换后的骨架序列进行学习和深度特征提取。

(3) 多视角融合(Multi-View Fusion)。本节将网络流 S_0、S_1 和 S_2 学习得到的不同视角下的骨架序列输出特征的行为分类结果进行融合，通过融合工作实现对不同视角下骨架序列特征的互补性特征提取，从而进一步提高网络的识别效果。

7.3　基于时空特征的骨架图构建

基于骨架的人体结构可以表示为一张无向图，其中关节可表示为节点，骨骼可表示为边。本节提出一种新的骨架图来显式地表示骨架中的时间和空间特性，通过表示关节三维空间位置和时间位置变化对骨架序列中的时空特性进行建模。

基于时空特征的骨架图包含两类节点：一类节点由关节表示且节点特征由关节三维空间坐标表示；另一类节点由关节表示且节点特征由关节空间位置变化表示。

设本节提出的骨架图表示为 $\boldsymbol{G}_{st}$，第 t 帧的第 i 个关节可形成两类节点 $\boldsymbol{v}_{t,i}$ 和 $\boldsymbol{w}_{t,i}$，$\boldsymbol{v}_{t,i}$ 表示关节的三维空间位置，$\boldsymbol{w}_{t,i}$ 表示关节相邻两时刻的空间位置变化，我们称 $\boldsymbol{v}_{t,i}$ 和 $\boldsymbol{w}_{t,i}$ 分别为空间节点和时间节点。

设每一帧人体骨架共有 V 个关节，则形成的骨架图 $\boldsymbol{G}_{st}$ 含有 $2V$ 个节点，我们定义 $\boldsymbol{\upsilon}_{st}$ 为骨架图中的所有节点集合，则

$$\boldsymbol{\upsilon}_{st}=\bigcup_{i=1,2,\cdots,V;\,t=1,2,\cdots,T}(\boldsymbol{v}_{t,i},\boldsymbol{w}_{t,i}) \tag{7-6}$$

进一步，将每类节点的特征作为图卷积网络的输入特征，节点 $\boldsymbol{v}_{t,i}$ 的输入特征 $\boldsymbol{H}_0(\boldsymbol{v}_{t,i})$以及节点 $\boldsymbol{w}_{t,i}$ 的输入特征 $\boldsymbol{H}_0(\boldsymbol{w}_{t,i})$可分别表示为

$$\begin{cases}\boldsymbol{H}_0(\boldsymbol{v}_{t,i})=\boldsymbol{J}_{t,i}=(x_{t,i},y_{t,i},z_{t,i})^{\mathrm{T}}\\ \boldsymbol{H}_0(\boldsymbol{w}_{t,i})=\boldsymbol{J}_{t,j}-\boldsymbol{J}_{t-1,i}=(x_{t,i}-x_{t-1,i},y_{t,i}-y_{t-1,i},z_{t,i}-z_{t-1,i})^{\mathrm{T}}\end{cases} \tag{7-7}$$

其中，第一帧的时间节点特征定义为 $\boldsymbol{H}_0(\boldsymbol{w}_{1,i})=\boldsymbol{H}_0(\boldsymbol{w}_{2,i})$。

此外，我们在设计骨架图 $\boldsymbol{G}_{st}$ 时还定义了三种不同类型的边。

(1) 第一种类型的边表示人体骨架中的物理连接即骨架中的骨骼，表征人体骨架中不同关节之间的空间连接特征。

(2) 第二种类型的边表示骨架中具有较强相关性但物理上不连接的关节连接，一些动作如“喝水”“打电话”“刷牙”等中头部关节与手部关节联系紧密，因此，本节将头部和手部关节连接在一起，用于定义第二种类型的边。由于第二种类型的边主要挖掘骨架中潜在的空间特性，因此该类型的边可用于连接空间节点。

(3) 第三种类型的边表示空间节点和时间节点的连接，可将表示同一关节的空间节点和时间节点连接起来。

根据上述对三种类型边的描述，我们定义 $\boldsymbol{\varepsilon}_{st}$ 为骨架图 $\boldsymbol{G}_{st}$ 中所有边的集合，则

$$\boldsymbol{\varepsilon}_{st}=\bigcup_{i,\, j=1,\, 2,\, \cdots,\, V;\; t=1,\, 2,\, \cdots,\, T}\left[e(\boldsymbol{v}_{t,i},\, \boldsymbol{v}_{t,j}),\, e(\boldsymbol{w}_{t,i},\, \boldsymbol{w}_{t,j}),\, \bar{e}(\boldsymbol{v}_{t,k},\, \boldsymbol{v}_{t,m}),\, \hat{e}(\boldsymbol{v}_{t,l},\, \boldsymbol{w}_{t,l})\right] \tag{7-8}$$

其中，e、$\bar{e}$ 和 $\hat{e}$ 分别表示第一类、第二类和第三类边，k，m，$l\in[1, V]$，第 k 个或第 m 个关节来自人体骨架中的头部或者手部，第 l 个关节来自人体骨架的躯干部分。

根据上述定义的节点集合 $\boldsymbol{v}_{st}$ 和边集合 $\boldsymbol{\varepsilon}_{st}$，形成了本节提出的基于时间和空间特征的骨架图 $\boldsymbol{G}_{st}=(\boldsymbol{v}_{st},\, \boldsymbol{\varepsilon}_{st})$。图 7-2 描述了我们建立骨架图的示意图。

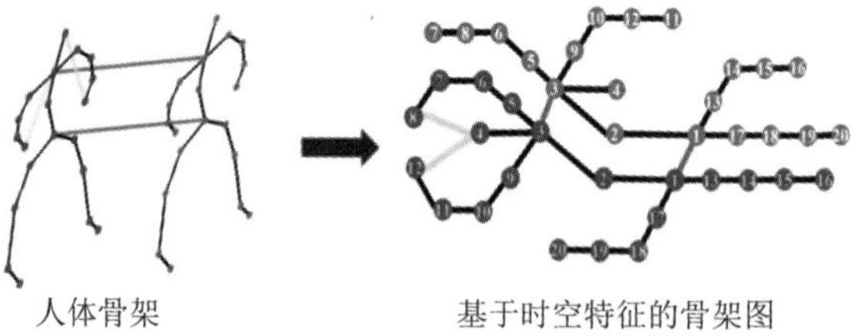

图 7-2 基于时空特征骨架图构建的示意图

7.4 自适应视角转换模块

骨架数据一般从多个视角采集得到，不同类型的动作能被准确识别的视角也不同。多视角骨架行为识别是一个具有挑战性的任务，不同的视角可以提供不同的信息，不同的行为可能在不同的视角下表现出不同的特征，从而影响行为识别的准确率。因此，如何处理不同视角下的骨架数据，以及如何找到最佳的视角选择策略，是多视角骨架行为识别中的一个重要问题。

为了找到能有效识别不同类型行为的视角以利于行为识别，我们采用自适应方法寻找合适的视角。

如图 7-3 所示，原始骨架数据是在深度相机所在位置建立的相机坐标系下得到的，为了对行为初始位置不敏感，我们将坐标系的原点定义到人体骨架的中心节点，然后将骨架分别绕着相机坐标系的 Z 轴顺时针和逆时针旋转，通过设计的自适应模块自动获得合适的视角以便于识别。

具体地，用图卷积网络流 S_1 中的自适应视角转换模块得到将骨架序列绕着 Z 轴逆时针旋转的旋转角度，用图卷积网络流 S_2 中的自适应视角转换模块得到将骨架序列绕着 Z 轴顺时针旋转的旋转角度，通过设计的自适应模块得到使得识别效果更好的新视角。设逆时针旋转角度为 θ，顺时针旋转角度为 φ，θ 和 φ 分别为 S_1 和 S_2 中自适应视角转换模块的输出参数。需要说明的是 θ 和 φ 为序列级别的参数，即整个骨架序列将绕着 Z 轴统一逆时针或者顺时针旋转。

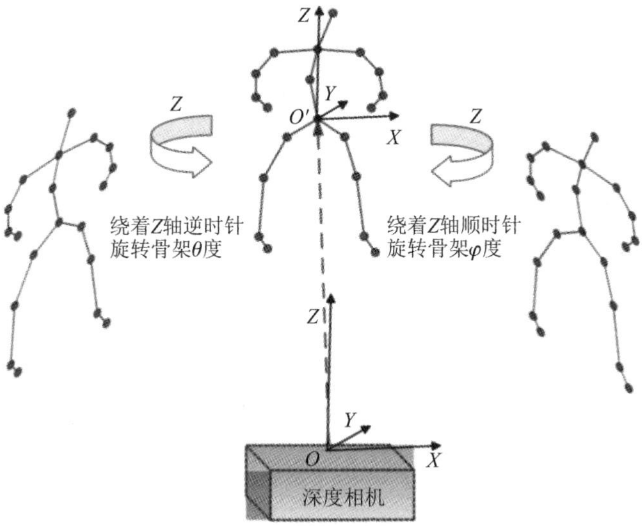

图 7-3　骨架分别经过顺时针和逆时针旋转的示意图

根据前面对骨架序列的描述，将第 f 时刻第 i 个关节的坐标表示为 $\boldsymbol{J}_f^i=(x_f^i, y_f^i, z_f^i)$，定义第 f 时刻第 i 个关节在经过逆时针旋转后的坐标表示为 $\boldsymbol{Ja}_f^i$，经过顺时针旋转后的坐标表示为 $\boldsymbol{Jc}_f^i$，则根据三维几何旋转关系可得

$$\boldsymbol{Ja}_f^i=\boldsymbol{R}_z(\theta)\boldsymbol{J}_f^i, \boldsymbol{Jc}_f^i=\boldsymbol{R}_z(\varphi)\boldsymbol{J}_f^i \tag{7-9}$$

其中，$\boldsymbol{R}_z(\theta)$和 $\boldsymbol{R}_z(\varphi)$分别表示骨架绕 Z 轴逆时针和顺时针旋转 θ 和 φ 弧度的旋转矩阵，可表示为

$$\begin{cases} \boldsymbol{R}_z(\theta)=\begin{bmatrix} \cos\theta & \sin\theta & 0 \\ -\sin\theta & \cos\theta & 0 \\ 0 & 0 & 1 \end{bmatrix}, \\ \boldsymbol{R}_z(\varphi)=\begin{bmatrix} \cos\varphi & -\sin\varphi & 0 \\ \sin\theta & \cos\theta & 0 \\ 0 & 0 & 1 \end{bmatrix} \end{cases} \tag{7-10}$$

下面具体介绍设计的自适应视角转换模块，前面提到旋转角度 θ(或 φ)为自适应转换模块的输出，输入为原始骨架序列，大小为 $3\times T\times 2V\times P$，经过自适应视角转换模块后，得到旋转角度 θ(或 φ)。如图 7-4 所示，本节设计的自适应视角转换模块包括 1 个平均池化层、2 个全连接层。2 个全连接层之间加入了 1 层 ReLU 激活函数，这样设计的模块得到的旋转角度 θ(或 φ)经过三维几何旋转关系可得到转换后的骨架序列，进而将其输入多层图卷积网络中进行特征提取和分类。本节提出的自适应视角转换模块作为图卷积流 S_1 或 S_2 中的子网络，可自适应得到使得识别效果更好的新的视角。

如图 7-4 所示，原始骨架序列长度为 $3\times T\times 2V\times P$，经过平均池化后变成维度为 $1\times 1\times 2V\times 1$ 的向量，我们保留每个不同关节点的特征而不是每个维度上的特征，目的是

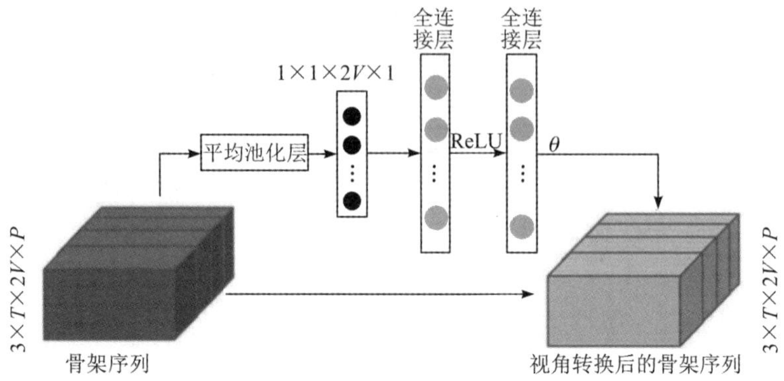

图 7-4 自适应视角转换模块结构示意图

根据关节特征来表示行为整体情况。将池化后的特征经过第 1 个全连接层，第 1 个全连接层的参数维度为 $2V\times 64$；经过第 1 个全连接层后特征维度发生变化，再经过 1 个 ReLU 层，输出的特征继续经过第 2 个全连接层。设第 2 个全连接层的维度为 64×1，这样经过第 2 个全连接层得到的参数即为旋转角度，旋转角度根据旋转关系作用在原始骨架数据上，就能得到经转换后的骨架序列并作为多层图卷积模块的输入，进而实现特征提取和分类。

7.5 多通道图卷积网络融合

将图卷积网络 S_0、S_1 和 S_2 学习得到的不同视角下骨架序列的深度特征分类结果进行融合，以挖掘不同视角下骨架深度特征之间的互补信息，同时结合不同视角下学习得到的骨架特征以提升识别效果。

图卷积网络 S_0、S_1 和 S_2 分别表示学习不同视角骨架序列的三个网络，对于每一类网络经过 SoftMax 后得到的后验概率向量用于融合工作。设 $\boldsymbol{p}(l\mid S_0)$ 为网络流 S_0 的后验概率向量，表示属于第 l 类动作类型的概率，同理 $\boldsymbol{p}(l\mid S_1)$ 和 $\boldsymbol{p}(l\mid S_2)$ 分别为图卷积网络 S_1 和 S_2 的后验概率向量。因此对于骨架序列 S，经过三个网络融合可得到用于最后分类的后验概率，从而预测骨架序列 S 对应的动作类型分数 $\mathrm{score}(l\mid S)$：

$$\mathrm{score}(l\mid S)=\sum_{k=0}^{2} w_k \boldsymbol{p}(l\mid S_k) \tag{7-11}$$

其中，w_k 为不同图卷积网络的重要性参数。

7.6 实验结果与分析

本节将提出的网络结构以及网络结构中的不同模块在不同数据集上进行实验，并通过实验分析说明本章提出的自适应多视角图卷积网络的有效性。本章共在四个数据集(NTU RGB+D 60、NTU RGB+D 120、Northwestern-UCLA 和 UTD-MHAD)上进行了实验。

7.6.1 实验设置

本章提出的图卷积网络是在 ST-GCN 基础上进行设计的，共包含 10 层时间空间图卷积层，每一层图卷积包括空间卷积和时间卷积，每一个时间卷积和空间卷积后面都会连接一个 BatchNorm 层和 ReLU 层，其中时间卷积的核大小为 $L\times1$，L 为 5。残差机制应用在每一层中。四个数据集 NTU RGB+D 120、NTU RGB+D 60、Northwestern-UCLA 和 UTD-MHAD 的 batchsize 分别为 64、32、16 和 16。所有实验均是在 Pytorch 框架下基于四块 NVIDIA GeForce GTX 1080 GPU 实现的。

7.6.2 性能评估

上述对网络结构的描述提到，自适应多视角图卷积网络包含三个重要的部分：基于时空特征的图结构、自适应视角转换模块、多视角融合模块。下面通过实验说明各个部分的有效性。

1. 基于时空特征的图结构

将三种不同的骨架图与本章提出的时空特征图(STF-graph)结构进行对比，在数据集 NTU RGB+D 60 上进行实验，并根据实验结果进行分析说明。

在表 7-1 中，"S-graph"表示仅包含人体骨架中物理连接形成的骨架图，每个节点由关节表示，且节点特征为关节的三维空间坐标。将以"S-graph"形成的骨架图得到的结果作为基准。T-graph 表示人体骨架中物理连接形成的骨架图，节点由关节表示，但节点特征为关节两帧之间的位置偏差。ST-graph 为 Yan 等提出的骨架图，既包含了同一帧中人体骨架的物理连接，也包含相邻前后帧相关关节之间的连接。STF-graph 为本章提出的基于时空特征的骨架图。

表 7-1 不同骨架图在 NTU RGB+D 60 数据集上的对比结果

模 型	CV/%	CS/%
S-graph	87.44	80.89
T-graph	85.69	80.66
ST-graph	88.30	81.50
STF-graph	**89.82**	**81.75**

由表 7-1 的实验结果可得，本章提出的时空特征骨架图性能优于其他三类骨架图。具体地，基于 S-graph 骨架图的图卷积网络得到的结果优于 T-graph 骨架图的结果，这说明

关节的三维坐标特征比时间变化特征更适用于识别任务，因为它提供了关节在每个时刻的具体位置，而时间变化特征可能丢失了这些细节信息。此外，本章提出的 STF-graph 性能优于这两类骨架图 T-graph 和 ST-graph，原因是本章提出的骨架图显式地表示了关节空间和时间特征，更有利于提高行为识别的准确率。

2. 自适应视角转换模块

在两个最大数据集 NTU RGB+D 60 和 NTU RGB+D 120 上进行自适应视角转换模块实验，并通过实验结果说明自适应视角转换模块和相关参数设置的有效性。

在介绍自适应视角转换模块时说明了 2 个全连接层的神经元个数为 64。为了验证参数设置的合理性，我们设置神经元个数分别为 32、64、128，并分别在 NTU RGB+D 60 和 NTU RGB+D 120 数据集上进行实验，根据 NTU RGB+D 60 数据集在 CV 协议上的识别结果以及 NTU RGB+D 120 数据集在 C-Set 协议上的识别结果进行实验分析和说明。

由表 7-2 可得，神经元个数为 64 时，包含自适应视角转换模块的图网络 S_1 和 S_2 的识别效果在两个数据集上均有较为良好的表现，且随着神经元个数的增多，计算量会增加，因此本节将全连接层的神经元个数设置为 64。此外，包含视角自适应转换模块的图网络 S_1 和 S_2 识别效果相对利用原始骨架数据作为输入的图卷积网络 S_0 更好，原因是本章提出的自适应视角转换模块能将骨架序列旋转到更合适识别的视角。

表 7-2 不同神经元个数以及不同视角网络的实验结果

模 型		NTU 60(CV)/%	NTU 120(C-Set)/%
S_0		89.82	76.40
$U=32$	S_1	89.36	76.20
	S_2	89.60	76.34
$U=64$	S_1	**90.60**	**76.77**
	S_2	**90.42**	**76.59**
$U=128$	S_1	89.61	76.58
	S_2	89.59	76.43

3. 多视角融合模块

本节通过将三个不同视角图网络 S_0、S_1 和 S_2 的结果进行融合以说明不同视角图网络提取得到的深度特征之间的互补信息，同时验证结合不同视角的行为识别结果能提升行为识别效果的有效性。采用两种融合方式，即平均融合(Aev.)和加权融合(Wei.)方式融合不同视角下的图网络结果，实验结果如表 7-3 所示。

表 7-3　不同视角图卷积网络的融合实验结果

模型	NTU 60/%		NTU 120/%		N-UCLA/%	UTD-MHAD/%
	CV	CS	C-Set	C-Sub		
S_0	89.82	81.75	76.40	73.88	86.55	89.30
S_1	90.60	81.71	76.77	74.80	90.89	91.63
S_2	90.42	81.56	76.59	74.34	90.24	91.86
S_0+S_1(Aev.)	91.66	83.11	78.24	76.21	91.11	92.56
S_0+S_1(Wei.)	91.69	83.26	78.28	76.28	92.19	92.79
S_0+S_2(Aev.)	91.59	83.14	78.17	75.95	90.30	93.26
S_0+S_2(Wei.)	91.65	83.15	78.22	75.97	90.46	93.78
S_2+S_1(Aev.)	91.62	83.12	78.51	76.08	93.49	93.95
S_2+S_1(Wei.)	91.64	83.20	78.53	76.12	93.71	94.18
$S_0+S_1+S_2$(Aev.)	92.10	83.82	78.97	76.63	93.91	94.19
$S_0+S_1+S_2$(Wei.)	**92.19**	**83.86**	**79.01**	**76.69**	**94.14**	**95.11**

由以上不同方式的融合结果可得，将不同视角的网络结果进行融合能有效提高行为识别的效果，无论是哪两个网络的融合，如 S_0+S_1、S_0+S_2 等，识别效果均比单个网络的识别效果好，且三个网络，S_0、S_1 和 S_2 融合能得到最优的识别效果，说明不同视角识别得到的行为不尽相同，进一步说明了图卷积网络学习到不同视角骨架序列中的深度特征具有互补性。此外，采用加权融合方式得到的融合结果要优于采用平均融合方式得到的结果，也说明了不同视角得到的结果对于行为识别的重要性不同。

7.6.3　与其他方法的比较

下面我们将本章提出的模型在四个数据集(NTU RGB+D 60、NTU RGB+D 120、Northwestern-UCLA 和 UTD-MHAD)上的识别结果分别与其他方法进行比较。

1. NTU RGB+D 60 数据集

我们根据 NTU RGB+D 60 数据集的两个评价协议 CS 和 CV 分别做了对比实验，并与其他方法进行比较，表 7-4 给出了对比结果。

表 7-4 不同方法在 NTU RGB+D 60 数据集上的对比结果

方 法	NTU RGB+D 60	
	CS/%	CV/%
Lie Group	50.08	52.76
Dynamic Skeletons	60.23	65.22
ST-LSTM-TrueGate	69.20	77.70
Joint Trajectory Maps	76.32	81.08
Joint Distance Maps	76.20	82.30
PA-GCN	80.44	82.70
GCA-LSTM	76.10	84.00
LSTM-FA-VF	73.80	85.90
Deep STGCK	74.90	86.30
Synthesized CNN	80.03	87.21
VA-LSTM	79.40	87.60
ST-GCN	81.50	88.30
DPRL-GCN	83.50	89.80
TSSI+GLAN+SSAN	82.40	89.10
SDF-LSTM+TDF-CNN	82.96	90.12
本章方法	**83.86**	**92.19**

由表 7-4 可得，本章基于自适应多视角图卷积网络得到的行为识别准确率优于当前的很多 state-of-the-art 方法，原因是本章采用深度网络，能针对动作数量较大的数据集，实现深度特征提取，从而更有效地对不同类型行为进行表示。由实验结果可知，本章提出的基于图卷积网络的方法识别效果大大优于基于手工特征的方法。相比基于 RNN-LSTM 以及 CNN 方法，基于图卷积网络的方法能充分挖掘人体骨架中的空间结构信息。此外，相对于基于图卷积网络的方法，本章提出了自适应多视角转换的方法，能从多个合适的视角观察基于骨架序列的行为并学习不同视角下骨架序列的行为特征，有效地提升行为识别的准确率。

图 7-5 给出了自适应多视角图卷积网络在 NTU RGB+D 60 数据集上的 CV 识别准确率混淆矩阵，图 7-6 给出了相应的 60 类动作的识别结果。可以发现，本章提出的方法能以较大的识别率识别不同类型的动作。

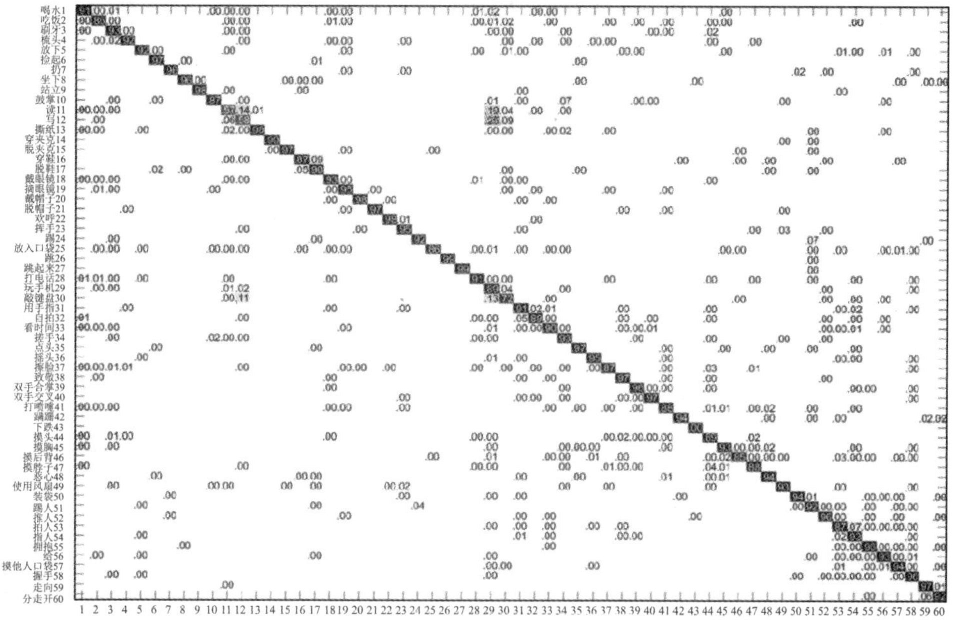

图 7-5　本章方法在 NTU RGB+D 60 数据集上的 CV 识别准确率混淆矩阵

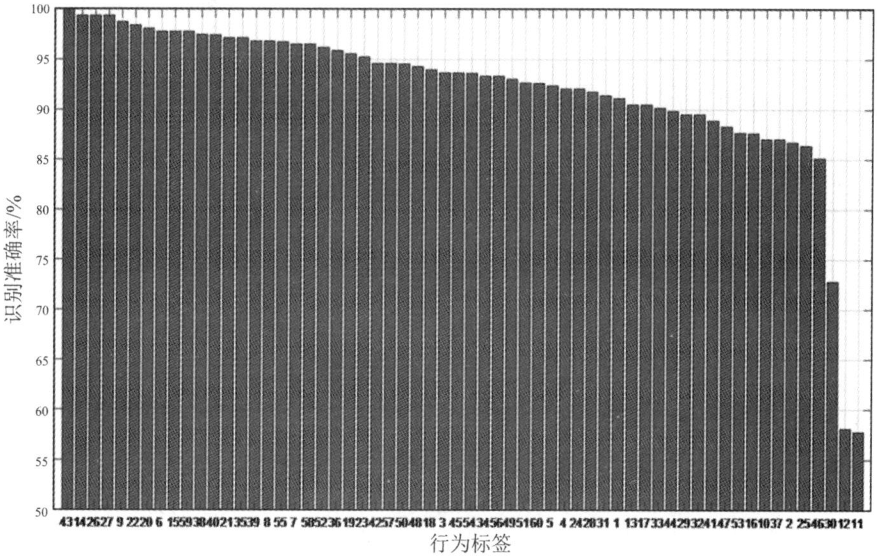

图 7-6　本章方法在 NTU RGB+D 60 数据集上的 CV 识别准确率

2. NTU RGB+D 120 数据集

将基于自适应多视角图卷积网络的方法与其他方法在 NTU RGB+D 120 数据集上进行实验比较，得到 C-Sub 和 C-Set 两个协议下的对比结果如表 7-5 所示。

表 7-5 不同方法在 NTU RGB+D 120 数据集上的对比结果

方 法	NTU RGB+D 120 数据集	
	C-Sub/%	C-Set/%
Dynamic Skeletons	50.80	54.70
ST-LSTM-TrueGate	58.20	60.90
GCA-LSTM	58.30	59.20
FSNet	59.90	62.40
Synthesized CNN	60.30	63.20
Clips+CNN+MTLN	62.20	61.80
Body Pose Evolution Map	64.60	66.90
本章方法	**76.69**	**79.01**

由表 7-5 的对比结果可得，本章提出的方法识别准确率不仅优于基于手工特征的方法，还优于基于 RNN-LSTM 和一些 CNN 的方法，具体地，本章提出的方法识别准确率要优于当前在 NTU RGB+D 120 数据集上的最好方法，在 C-Sub 和 C-Set 两类评价协议上均高出超过 10%的识别准确率。

图 7-7 给出了自适应多视角图卷积网络在 NTU RGB+D 120 数据集中所有 120 类型的 C-Set 评价协议下的识别准确率。可以发现，超过半数的动作类别识别准确率都高于 80%，说明本章的方法能有效地对不同类型的动作进行特征学习与表示。此外，误差率较大的动作类型如动作标签"71"表示动作"make OK sign"很容易与其他动作如"make victory sign"混淆，原因是这两类动作是非常细节的手部动作，差异很不明显。

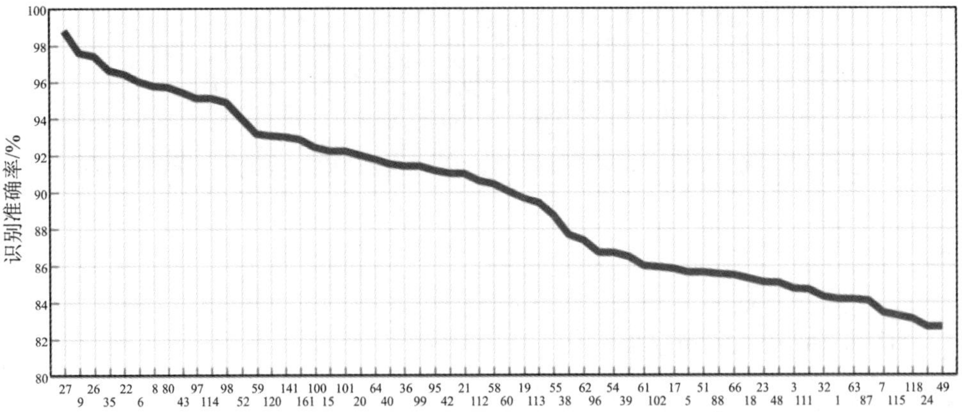

(a) 行为标签1

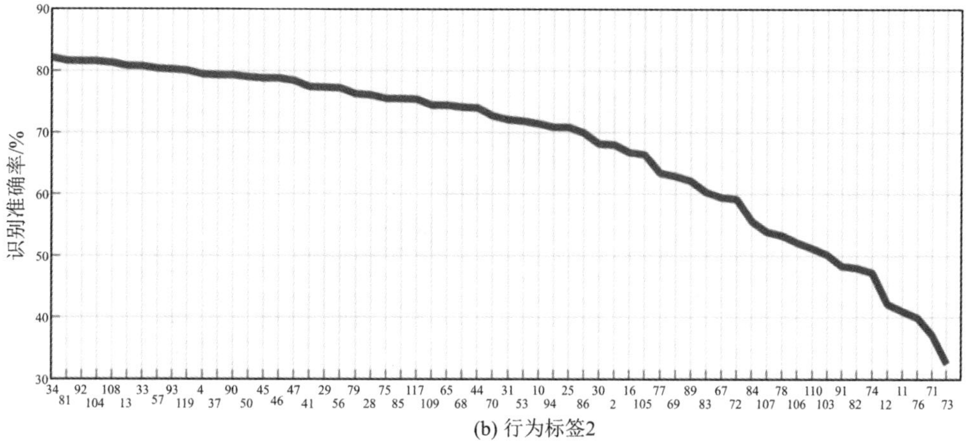

图 7-7　本章方法在 NTU RGB+D 120 数据集中 120 个动作类型的识别结果(C-Set 协议)

3. Northwestern-UCLA 数据集

表 7-6 给出了不同方法在 Northwestern-UCLA 数据集上的识别准确率对比结果。

表 7-6　不同方法在 Northwestern-UCLA 数据集上的对比结果

方　法	识别准确率/%
Lie Group	74.20
HBRNN-L	78.52
Denoised-LSTM	80.25
Ensemble TS-LSTM	89.22
Synthesized CNN	92.61
AGC-LSTM	93.30
Clips+CNN+MTLN	93.40
本章方法	**94.14**

由表 7-6 的结果可得，本章提出的自适应多视角图卷积网络方法的识别准确率优于当前的其他行为识别方法。该数据集中具有三个不同视角的图片，原因是本章方法能从多个不同的视角观察骨架序列，且形成的视角可根据行为识别的效果自适应获取。图 7-8 给出了本章方法在 N-UCLA 数据集上混淆矩阵，可以发现，其中动作“丢垃圾 3”和“四处走动 4”最容易混淆，主要原因是这两类动作在根据关节形成的骨架表示上具有很大的相似性。

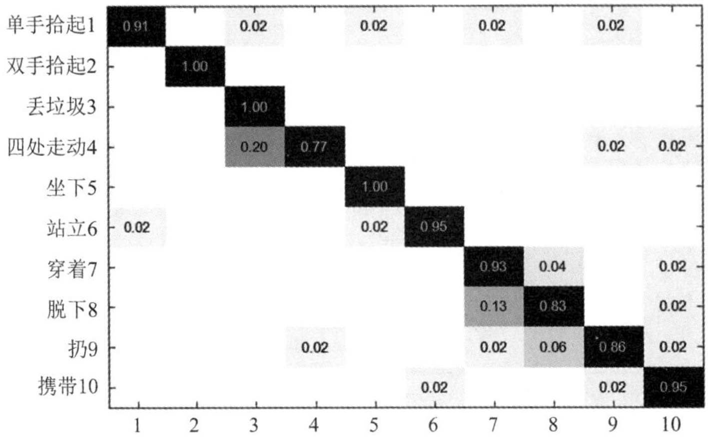

图 7-8 本章方法在 Northwestern-UCLA 数据集上的混淆矩阵

4. UTD-MHAD 数据集

表 7-7 给出了不同方法在 UTD-MHAD 数据集上的行为识别对比结果。

表 7-7 不同方法在 UTD-MHAD 数据集上的对比结果

方法	识别率/%
Kinect & Inertial	79.10
Convariance3DJ	85.60
SOS	87.00
Joint Trajectory Maps	87.90
Joint Distance Maps	88.10
TS+MSSFN	92.33
MSD-CNN	96.30
Gated CNN	97.90
本章方法	**95.11**

由表 7-7 可知，本章方法在 UTD-MHAD 数据集上的行为识别准确率要优于大部分当前在该数据集实验的方法。值得一提的是，部分方法的识别准确率优于本章方法，主要原因是这些方法前期有进行数据处理且将骨架数据归一化为图片形式，而本章基于自适应图卷积的方法直接采用从深度相机中获取的骨架数据实现特征学习和分类。图7-9 给出了本章方法在 UTD-MHAD 数据集上的混淆矩阵，可以发现，本章方法几乎对所有动作类型都具有较高的识别准确率。

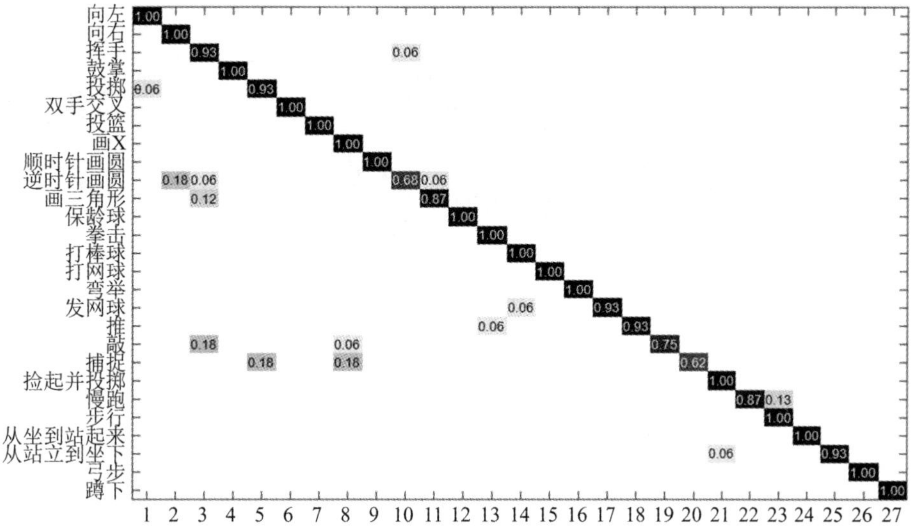

图 7－9　本章方法在 UTD-MHAD 数据集上的混淆矩阵

本 章 小 结

本章将人体骨架表示成以关节为节点、以骨骼为边的图形数据，针对卷积神经网络不能直接处理图形数据的问题，采用图卷积网络对骨架图进行处理和特征提取，并提出了表示骨架序列时空关系的骨架图、能学习到合适视角的自适应转换模块以及融合不同视角下骨架深度特征的多视角融合策略。实验结果充分说明了基于时空特征建立的骨架图、自适应视角转换模块以及多视角融合方法对于行为识别效果有较大提升，本章所提出的自适应多视角图卷积网络也能有效提升基于人体骨架序列的行为识别效果。

第8章 视角不变下的双人交互行为表示及识别

多人交互行为广泛存在于我们的日常生活中，交互行为识别在视频监控、视频内容分析等领域也具有重要意义。一般来说，交互行为中存在交互双方位置变换，以及包含主要行为人和次要行为人、主动参与者和被动参与者等特点。交互行为识别不同于单人行为识别，原始的骨架信息会随着交互双方位置的变换、主动和被动动作的交换等发生变化，导致产生交互行为人之间复杂的时空关系以及时空变化关系。此外，相比于单人行为，交互行为中存在大量的冗余姿态信息。这一方面对交互行为识别提出了挑战，另一方面也为高精度的交互行为识别提供了更加丰富的信息。更重要的是，要理解两个或更多人之间的相互作用，而不是单独分析每个人的行为，仅仅考虑孤立的个体难以取得良好的识别效果。因此，建立交互行为中不同行为个体之间交互关系的表征方法，对实现具有视角鲁棒性、位置鲁棒性的交互行为识别具有重要意义。

在交互行为识别相对特征关系的表征问题上，国内外研究者也展开了深入研究，如 Yun 等探索了一些相对空间特征，包括 Joint Features、Plane Features and Velocity Features 等，还有一些方法挖掘了不同骨架序列或同一骨架序列的不同部位的相对几何关系等，这些在交互行为识别上均取得了良好的效果。

本章针对双人交互行为骨架数据的特点，首先定义运动量来区分主动与被动参与者，然后探讨与视角变换无关的多种相对距离特征，共同表征骨架序列的时空特征，以全面描述交互行为，最后提出相关的特征编码方法，利用多流深度网络提取和融合深层特征，以进行基于骨骼的交互行为识别。在 SBU、NTU RGB+D 60 和 NTU RGB+D 120 数据集上评估了本章方法，均取得了较好的识别准确率。

8.1 交互行为中的主动/被动个体划分

双人交互行为是一个复杂而动态的过程，发生在两个主体之间，且这两个主体往往有不同的行为和意图。在交互行为识别中，两个主体动作的交换对于骨架数据的影响是巨大的，因此，主动和被动参与者的划分就显得尤为重要。

根据 Trabelsi 的观点，交互行为可以分为对称交互行为(Symmetric Interactions)和非对称交互行为(Asymmetric Interactions)，具体定义如下。

定义 8-1(对称交互行为)　当交互行为的两个参与者几乎在同一时刻开始相互作用，且他们的运动几乎相似时，这个行为被定义为对称交互行为。比如握手、拥抱等，如图 8-1(a)、(b)所示。

定义 8-2(非对称交互行为)　当交互行为的一个参与者发起该交互行为，而另一个参与者相应地做出反应时，这个行为被定义为非对称交互行为。比如踢、击拳等，如图 8-1(c)、(d)所示。

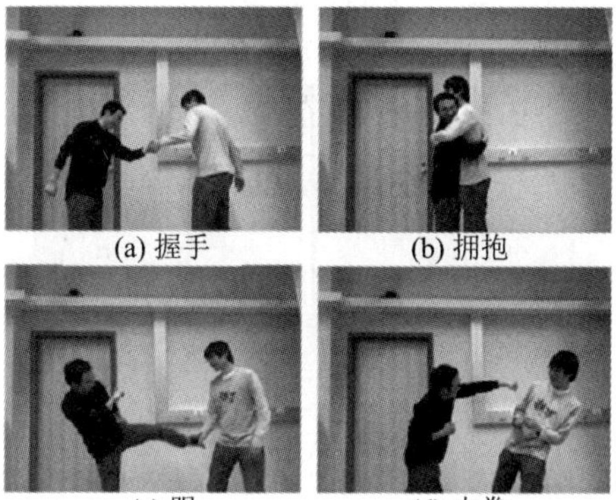

图 8-1　对称交互行为和非对称交互行为示例

结合对称交互行为和非对称交互行为的定义，我们在一个交互行为里面对主动和被动参与者进行划分。

一般来说，交互行为的类别主要由交互双方中运动更加主动、动作更加频繁的一方起主要作用，另一方则作为交互行为的响应者和配合者。为了能对交互行为进行更好的表征，基于上述交互行为的特点，我们将交互行为对象分为主动参与者和被动参与者。这样可以更好地表征交互行为，体现交互双方的地位，在交互行为的表征中能关注行为的主要信息，提高行为识别准确率。

通常情况下，主动参与者的运动量较大，运动程度较高，因此，可通过衡量交互双方个体的运动程度实现主动和被动参与者的划分。

设骨架序列中有交互行为参与者 $\boldsymbol{P}_x$，则 $\boldsymbol{P}_x$ 在一个交互行为中的运动量可表示为

$$\mathrm{MD}_{\boldsymbol{P}_x}=\sum_{t=1}^{L-1}\sum_{i=1}^{N}d(\boldsymbol{P}_x^{i,t},\ \boldsymbol{P}_x^{i,t+1})\tag{8-1}$$

其中，L 代表骨架序列的帧数，N 代表总关节点数，$\boldsymbol{P}_x^{i,t}$ 是 $\boldsymbol{P}_x$ 在 t 帧关节点 i 的坐标，$d(\boldsymbol{P}_x^{i,t},\ \boldsymbol{P}_x^{i,t+1})$代表参与者 $\boldsymbol{P}_x$ 的关节点 i 在 t 帧和 $t+1$ 帧之间的欧氏距离。

在定义主动和被动参与者时，我们假设当一个参与者的运动量较高时，无论谁先行动，其都比另一个参与者更主动。不过在实际的社会活动中，当主动动作与其相应的反应之间

存在相似性时，例如握手、拥抱等对称交互行为，很难通过运动量辨别。为了方便处理对称交互行为和非对称交互行为，我们统一采用运动距离来划分主动和被动参与者，并假定MD较大的参与者为主动参与者。

8.2 交互特征表示及编码

在本节的研究中，我们选取人体骨架中关键的15个关节点，如图8-2所示。首先提出了几种相对特征来表示主动与被动参与者之间的相对关系，接着提出了一种新的特征编码方式，最后利用视觉增强方式来得到有效的特征表示。

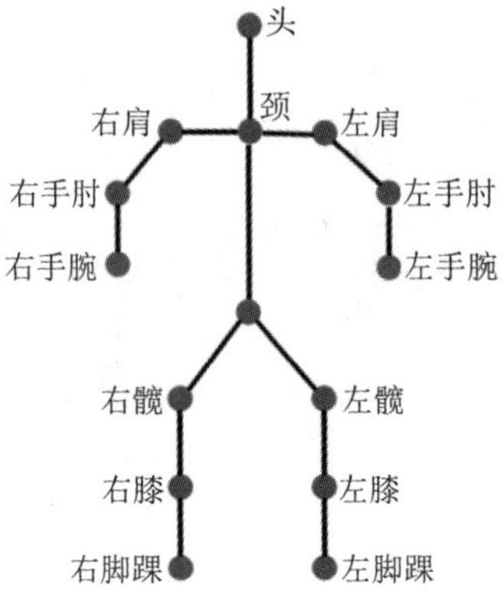

图8-2 本节采用的15个关节点的人体骨架示意图

8.2.1 相对距离特征

Yun等通过实验验证了距离特征在交互行为识别中具有良好的表现，基于前一节划分的主动和被动参与者，下面我们设计了几种相对距离特征，这些特征一方面适用于表征主动和被动参与者之间的时空关系，另一方面几种特征之间具有互补性。

在接下来的描述中，我们用 $\boldsymbol{P}_x^{i,t} \in \mathbb{R}^3$ 表示交互行为参与者 $\boldsymbol{P}_x$ 在 t 帧关节点 i 的三维位置坐标。其中 $\boldsymbol{P}_x \in \{\boldsymbol{P}_a, \boldsymbol{P}_p\}$，分为主动参与者和被动参与者。对于具有 N 个关节点的参与者，我们用 i 和 j 来索引关节点。

定义8-3(关节点距离矢量) 设交互行为主动参与者为 $\boldsymbol{P}_a$，被动参与者为 $\boldsymbol{P}_p$，它们的关节点距离矢量(Joint Distance Vector, JDV)特征 $\boldsymbol{F}^d(t)$ 被定义为主动参与者和被动参与者关节点的帧内距离信息，如图8-3(a)所示，其数学表示如下：

$$\boldsymbol{F}^d(i, j, t) = (\|\boldsymbol{P}_a^{i,t} - \boldsymbol{P}_a^{j,t}\|, \|\boldsymbol{P}_p^{i,t} - \boldsymbol{P}_p^{j,t}\|, \|\boldsymbol{P}_a^{i,t} - \boldsymbol{P}_p^{j,t}\|) \tag{8-2}$$

其中，$\boldsymbol{P}_x^{i,t} \in \{\boldsymbol{P}_a^{i,t}, \boldsymbol{P}_p^{i,t}\}$ 表示交互行为参与者 $\boldsymbol{P}_x$ 在 t 帧关节点 i 的三维位置坐标，$\|\cdot\|$ 表示欧氏距离。

定义 8-4(关节点运动矢量)　设交互行为主动参与者为 $\boldsymbol{P}_{\mathrm{a}}$，被动参与者为 $\boldsymbol{P}_{\mathrm{p}}$，它们的关节点运动矢量(Joint Motion Vector，JMV)特征 $\boldsymbol{F}^{\mathrm{m}}(t)$ 被定义为主动参与者和被动参与者关节点的跨帧运动信息，如图 8-3(b)所示，其数学表示如下：

$$\boldsymbol{F}^{\mathrm{m}}(i,j,t)=(\|\boldsymbol{P}_{\mathrm{a}}^{i,t}-\boldsymbol{P}_{\mathrm{a}}^{j,t+T}\|,\ \|\boldsymbol{P}_{\mathrm{p}}^{i,t}-\boldsymbol{P}_{\mathrm{p}}^{j,t+T}\|,\ \|\boldsymbol{P}_{\mathrm{a}}^{i,t}-\boldsymbol{P}_{\mathrm{p}}^{j,t+T}\|) \tag{8-3}$$

其中，T 是跨帧的间隔，$\boldsymbol{P}_{x}^{i,t}\in\{\boldsymbol{P}_{\mathrm{a}}^{i,t},\boldsymbol{P}_{\mathrm{p}}^{i,t}\}$表示交互行为参与者 $\boldsymbol{P}_{x}$ 在 t 帧关节点 i 的三维位置坐标，$\|\cdot\|$ 表示欧氏距离。

定义 8-5(关节点全局矢量)　关节点全局矢量(Joint Global Vector，JGV)特征 $\boldsymbol{F}^{\mathrm{g}}(t)$ 被定义为主动参与者和被动参与者的关节点相对于第一帧的全局矢量(Joint Global Vector，JGV)，如图8-3(c)所示，其数学表示如下：

$$\boldsymbol{F}^{\mathrm{g}}(i,j,t)=(\|\boldsymbol{P}_{\mathrm{a}}^{i,1}-\boldsymbol{P}_{\mathrm{a}}^{j,t}\|,\ \|\boldsymbol{P}_{\mathrm{p}}^{i,1}-\boldsymbol{P}_{\mathrm{p}}^{j,t}\|,\ \|\boldsymbol{P}_{\mathrm{a}}^{i,1}-\boldsymbol{P}_{\mathrm{p}}^{j,t}\|) \tag{8-4}$$

其中，$\boldsymbol{P}_{x}^{i,t}\in\{\boldsymbol{P}_{\mathrm{a}}^{i,t},\boldsymbol{P}_{\mathrm{p}}^{i,t}\}$，表示交互行为参与者 $\boldsymbol{P}_{x}$ 在 t 帧关节点 i 的三维位置坐标，$\|\cdot\|$ 表示欧氏距离。

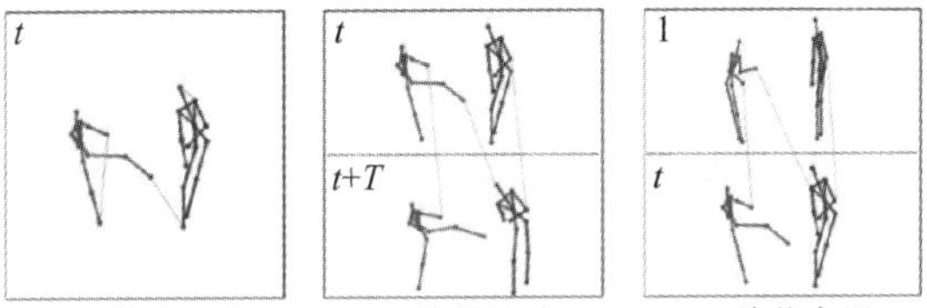

(a) 关节距离　(b) 关节运动　(c) 关节全局

图 8-3　相对距离特征示意图

通过上述定义，我们获得了交互行为骨架序列的三种相对特征向量表示，包括 JDV、JMV、JGV。这些特征表示能够在空间域有效描述关节和骨骼的空间位置关系，在时间域中有效描述关节和骨骼的运动。它们均在具有视角不变性的同时又彼此互补，从而有效地表示了交互行为。

8.2.2　特征编码

在基于 CNN 的骨架行为识别方法中，将骨架信息转换为彩色图片是其中的关键步骤。本节方法对交互行为骨架数据进行了表示，并提取了 JDV、JMV、JGV 三类特征矢量。为了采用基于 CNN 的骨架行为识别方法的框架，将上述三类交互行为的特征矢量转换为彩色图片。在保持特征信息的同时将特征矢量转换为图片对高精度的交互行为识别具有重要意义。

基于 8.2.1 中主动和被动参与者的划分以及上述提出的三种相对距离特征，我们提出了一种新的特征编码方式，将相对空间特征编码为彩色图片。其核心思想是将主动参与者关节点与自身关节点的相对特征关系、被动参与者关节点与自身关节点的相对特征关系、主动参与者和被动参与者关节点的相对特征关系对应到彩色图片的三个通道，即将由式(8-2)、式(8-3)和式(8-4)求得的特征向量映射到彩色图片的 RGB 空间。具体来说，对于 JDV、JMV、JGV，考虑到这些特征向量和图片中像素值的差异，我们将数据值归一化到[0，255]区间。这样每一帧得到的特征维度是 225(15×15)×3。按帧将特征并联后，得到整个骨架序列的相对特征，分别表示为 JDR、JMR、JGR，特征维度为 $225\times L\times 3$(L 表示骨架序列的帧数)，从而将骨架序列中的相对特征矢量转换为彩色图片。

由于骨架序列帧数有限，我们把表示相对特征的彩色图片在帧维度上进行填充，将图片的维度扩充至 224×224×3。但通过这种方式得到彩色图片的视觉图案是稀疏的，为了增强视觉模式，我们引入了数学形态学方法对上述彩色图片进行处理。图像数学形态学方法的基本算子包括腐蚀算子、膨胀算子、开运算算子和闭运算算子等。腐蚀算子是指用简单的、预先定义的形状探针探测二值图片，这个简单的“探针”被称为结构化元素，它本身就是一个二进制图像。具体来说，腐蚀操作符 Θ 被定义为

$$I\Theta E=\{e \mid I_e \subset I\} \quad e \in E \tag{8-5}$$

其中，e 表示结构化元素 E 中的一个元素，腐蚀操作通过结构元素 e 来探测二值图片 I，并根据结构元素的位置和形状修改图像。为了扩大彩色图片的像素的区域，我们对得到的彩色图片特征表示(即 JDR、JMR、JGR)应用腐蚀算子，分别对 RGB 图片的三通道进行腐蚀，得到视觉增强后的彩色图像 $\tilde{I}$：

$$\tilde{I}=\{I_R\Theta E,\ I_G\Theta E,\ I_B\Theta E\} \tag{8-6}$$

其中，I_R、I_G、I_B 代表腐蚀前图片的三通道数据。这样，对于每一个交互行为骨架序列，最终将 JDR、JMR、JGR 分别转换成 RGB 图片特征表示 I_{JD}、I_{JM}、I_{JG} 进行后续识别。

8.3 多流 CNN

受到双流深度网络的启发，基于之前提出的交互行为骨架序列表示方法，我们又提出了一种多流 CNN。

多流 CNN 能够利用不同骨架序列表示的互补性，从而获得更多的判别特征。所提出的模型(如图 8-4 所示)涉及 3 个 CNN，其中每个 CNN 使用一种类型的特征图作为输入(I_{JD}、I_{JM}、I_{JG})，将每个 CNN 的 SoftMax 层分数融合得到最终分数及预测标签。

具体来说，对于给定的交互行为骨架序列 S，可得到特征图 I_{JD}、I_{JM}、I_{JG}，对于每个 $I_x\in\{I_{JD},\ I_{JM},\ I_{JG}\}$，每一路 CNN 的 SoftMax 函数输出的后验概率如下：

$$\text{prob}(c \mid I_x)=\frac{e^{a_x^c}}{\sum_{c=1}^{C} e^{a_x^c}} \tag{8-7}$$

其中，a_x^c 表示最后 1 层全连接层的输出，$c\in\{1,\ 2,\ \cdots,\ C\}$且 C 是交互行为类别数。同时，$\text{prob}(c|I_x)$也表示 I_x 所表征的动作属于第 c 类动作的分数。

得到每一个支路的分数后，我们采用式(8-8)计算交互行为骨架序列 S 属于第 c 类动

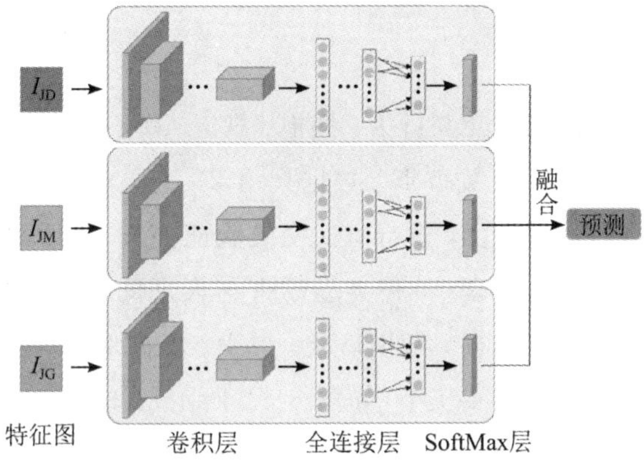

图 8-4　多流 CNN 模型示意图

作的最终分数，进而预测行为标签。

$$\text{score}(c \mid S) = \sum w_x \cdot \text{prob}(c \mid I_x) \tag{8-8}$$

其中，w_x 表示 I_x 所在的支路的得分 $\text{prob}(c \mid I_x)$ 对于最终结果的权重，$w_x \in \{0, 1\}$ 且 $\sum w_x = 1$。显然在特殊权重配比下，加权融合会退化为平均融合。融合方式的选择我们将在实验部分继续讨论。

基于以上阐述，本节所提视角不变下基于相对距离特征的交互行为识别多流网络整体结构如图 8-5 所示。

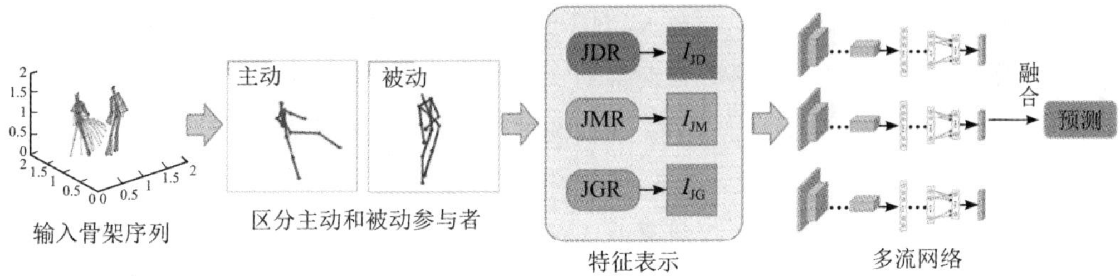

图 8-5　视角不变下基于相对距离特征的交互行为识别多流网络结构

8.4　实验结果与分析

下面在三个基于骨架的交互行为识别数据集上评估本章方法的有效性，包括 SBU 数据集、NTU RGB+D 60 数据集和 NTU RGB+D 120 数据集。首先介绍数据集、评估协议和实验设置。然后，介绍消融实验结果，分析模型各个部分的有效性。接着，介绍不同行为的实验结果并进行对比和分析。最后，对整体实验结果进行对比和分析。

8.4.1 数据集和实验设置

SBU 数据集包含 8 种类型的交互行为：拥抱、靠近、踢、握手、推搡、离开、拳打脚踢、交换物品。每帧的骨架包含 15 个关节点。数据集由 21 组样本组成，样本由不同参与者执行。我们遵循 Yun 提出的评估协议，进行五次交叉验证。

NTU RGB+D 60 数据数包含 11 种类型的人与人之间的交互，包括拳/耳光、踢腿、推、拍背、指向手指、拥抱、给东西、触摸口袋、握手、走向对方、走开。每个骨架由 25 个关节点表示，我们选择了 15 个主要关节(如图 8-2 所示)。这个数据集有两个标准评估协议：在跨受试者评估协议中，一半的受试者(1，2，4，5，8，9，13，14，15，16，17，18，19，25，27，28，31，34，35，38)被用作训练集，而剩下的受试者作为测试集；在交叉视角评估协议中，视角为相机 2 和 3 的数据被用于训练，而视角为相机 1 的数据被用于测试。

NTU RGB+D 120 数据集是目前最新的大规模 3D 行为识别数据集，有 26 种类型的人与人之间的交互，除了 NTU RGB+D 60 数据集中的 11 种类型交互行为，还包括被物体击中、挥刀、打倒别人(用身体打人)、抢东西、用枪射击、踩脚、击掌、欢呼和喝酒、携带物体、拍照、跟踪对方、耳语、交换东西、用手支持某人、猜手指游戏(玩石头剪刀布)交互行为。该数据集有两种评估协议：① cross-subject 评估协议(将 106 名受试者分成训练集和测试集)；② cross-setup 评估协议(将样本按照 setup IDs 的奇偶分为训练集和测试集)。

实验中，我们将 T 设置为 5，使用以原点为中心、半径为 5 的结构元素 E。对于 SBU 数据集总共采用了 282 个样本，对于 NTU RGB+D 60 数据集和 NTU RGB+D 120 数据集，则去除了一些无效骨架数据后分别得到 9587 个和 22 882 个有效样本。为了保证实验效果，在多路 CNN 中，对于每个支路，我们利用预先训练的模型来微调 CNN，无需从头开始训练网络。对于三个数据集，我们都采用了残差网络(50 layer)，其中，角动量值(Momentum Value)设置为 0.9 ，权值衰减 (Weight Decay)设置为 0.0004，学习率(Learning Rate) 初始化为 0.01，并且每 10 代衰减 20%直到损失(Loss)稳定。

8.4.2 消融实验结果及分析

1. 运动距离的有效性

在这一部分，我们将验证利用运动距离区分主动和被动参与者的有效性以及区分主动和被动参与者对于实验结果的影响。由于现有的数据集都没有提供主动和被动参与者的标注，而 NTU RGB+D 60 数据集和 NTU RGB+D 120 数据集的标注又是一个庞大的工程，因此我们只在 SBU 数据集上验证运动距离区分主动和被动参与者的有效性以及区分主动和被动参与者对于实验结果的影响。

对 SBU 数据集中的所有动作手动标注主动和被动参与者，以动作“踢”为例，如图8-6

所示，由于位置与主动和被动动作的交换，“踢”在数据集中的形式有 4 种，做出“踢”动作的一方是主动参与者，另一方则为被动参与者。我们以 P1 的运动距离作为 X 轴，以 P2 的运动距离作为 Y 轴，将所有“踢”动作的运动距离可视化，可以看出 P1 作为主动参与者大多在图中斜线右下方，而 P2 作为主动参与者大多均在图中斜线左上方，可见利用运动距离对非对称行为进行主动和被动参与者划分具有较高的准确率。

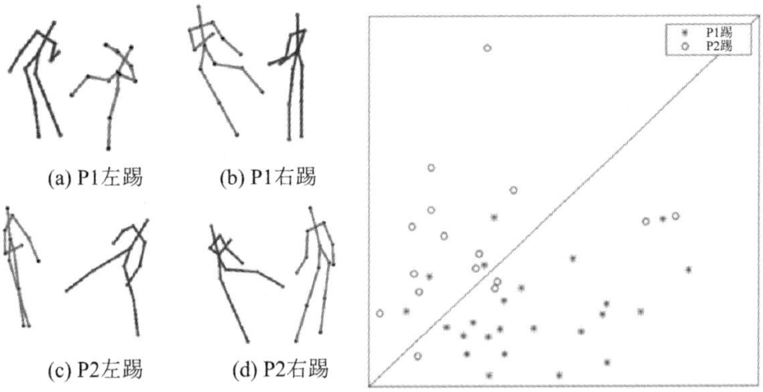

图 8-6　SBU 数据集上根据运动距离区分主动和被动参与者的数据分布图

在验证根据运动距离划分主动和被动参与者的有效性后，我们对比了区分主动和被动参与者与不区分主动和被动参与者的实验结果。不区分主动和被动参与者的实验即跳过利用运动距离划分主动和被动参与者的操作，对于 JDV、JMV、JGV，我们将式(8-2)、式(8-3)、式(8-4)中的主动和被动参与者替换为 Person 1 和 Person 2，后续操作不变。从表 8-1 可以看出，在 SBU 数据集上，区分主动和被动参与者相较于不区分主动和被动参与者的行为识别准确率提高了 0.73%。实验结果验证了区分主动和被动参与者的有效性，这和我们预想的区分主动和被动参与者能减小原始类内数据差异一致。

表 8-1　在 SBU 数据集上区分主动和被动参与者的行为识别准确率

方　法	准确率/%
不区分主动被动行为	93.42
区分主动被动行为	**94.15**

1）融合策略

多路 CNN 通过融合多种特征表示来提高行为识别准确率，本章方法使用的网络一共有 3 个 CNN 支路。考虑到这些相对特征表示之间的性能差异，我们引入了一种加权融合方法，为不同的特征表示设置不同的权重，并尝试不断改善最终的网络性能。将每个特征数据流的权重设置为[0，1]区间的值，并且这 3 个支路的权重总和等于 1，以提供更大的灵活性。当 3 个支路的权重均为 1/3 时，加权融合会退化为平均融合。表 8-2 在 SBU 数据集、

NTU RGB+D 60 数据集和 NTU RGB+D 120 数据集上评估了平均融合和加权融合的效果。

可以看出，无论是在 SBU、NTU RGB+D 60 数据集，还是在 NTU RGB+D 120 数据集，加权融合的识别准确率均高于平均融合，但是带来的准确率提升非常有限。有趣的是，每个特征表示形式的重要性因不同的数据集而有所差异。例如：NTU RGB+D 60 数据集中(CS 和 CV 协议)，JMR 的权重都最低，而 SBU 数据集和 NTU RGB+D 120 数据集中，JGR 的权重反而最低。

表 8-2 平均融合和加权融合的行为识别准确率对比

数据集		识别准确率/%				
		JDR	JMR	JDR	平均融合	加权融合[权重]
SBU		86.56	88.85	81.28	92.33	**94.15**[0.41, 0.38, 0.21]
NTU RGB+D 60	CS	93.11	94.77	93.76	95.67	**95.85**[0.32, 0.27, 0.41]
	CV	95.72	96.03	95.72	97.16	**97.45**[0.40, 0.26, 0.34]
NTU RGB+D 120	CS	83.50	85.05	82.98	87.57	**87.62**[0.36, 0.35, 0.29]
	CS	85.28	86.10	84.54	88.80	**89.06**[0.34, 0.41, 0.25]

2) 多流 CNN

在这一部分，我们关注不同特征表示数据流的行为识别准确率以及多流 CNN 的简洁性和有效性。如表 8-3 所示，我们在 SBU 数据集、NTU RGB+D 60 数据集和 NTU RGB+D 120 数据集中都比较了不同特征表示组合的性能表现。

表 8-3 不同 CNN 支路行为识别的消融实验结果

行为表征方法	行为识别准确率/%				
	SBU	NTU RGB+D 60		NTU RGB+D 120	
		CS	CV	CS	CV
JDR	86.56	93.11	95.72	83.50	85.28
JMR	88.85	94.77	96.03	85.05	86.10
JGR	81.28	93.76	95.72	82.98	84.54
JDR+JMR	92.74	95.06	96.75	86.76	88.10
JDR+JGR	91.93	94.88	97.23	86.19	87.63
JMR+JGR	91.33	95.31	97.35	86.84	87.88
JDR+JMR+JGR	**94.15**	**95.85**	**97.45**	**87.62**	**89.06**

从表 8-3 可以看出，当观察单个特征结果(即 JDR、JMR 和 JGR)时，它们每个都可以很好地执行交互行为识别任务，验证了这三个特征的有效性。其中，JMR 特征在这三个数据集上均为单个结果中的最优，这是因为 JMR 特征不仅可以表征不同参与者关节之间的相对位置信息，还可以突出不同参与者自身的运动信息。由于单个特征描述动作的能力有限，因此我们采用加权融合策略来融合不同特征的结果。值得注意的是，两个特征表示融合(即 JDR+JMR、JDR+JGR、JMR+JGR)的识别准确率均高于单个特征的识别准确率。此外，在 SBU 数据集、NTU RGB+D 60 数据集和 NTU RGB+D 120 数据集上，三个特征表示的融合(即 JDR+JMR+JGR)性能表现最佳，这也说明我们提出的三个相对特征具有一定的互补性。

2. 不同行为的识别结果及分析

下面分析本章方法对三个数据集上不同行为的识别性能。图 8-7 是本章方法在 SBU 数据集上交互行为识别结果的混淆矩阵。可以看出，对于靠近、离开、踢、握手、拥抱这五个动作本章方法的识别准确率均为 100%。此外，可能由于推、击打这两个行为更多涉及的是手臂运动，具有一定的相似性，所以识别效果没有达到 100%，但同样具有较高的识别准确率。

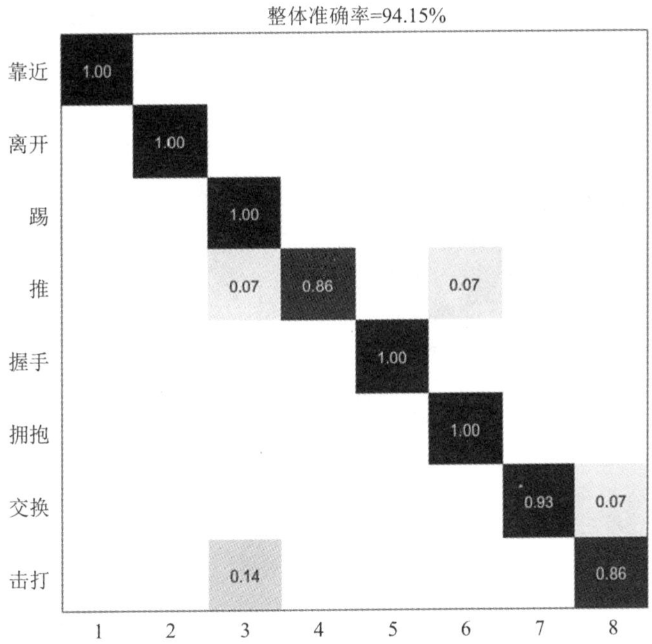

图 8-7　本章方法在 SBU 数据集上的混淆矩阵

图 8-8 是本章方法在 NTU RGB+D 60 数据集(CV)上交互行为识别结果的混淆矩阵。值得欣慰的是，对于每个动作，本章方法的识别准确率绝大部分都在 95%以上。

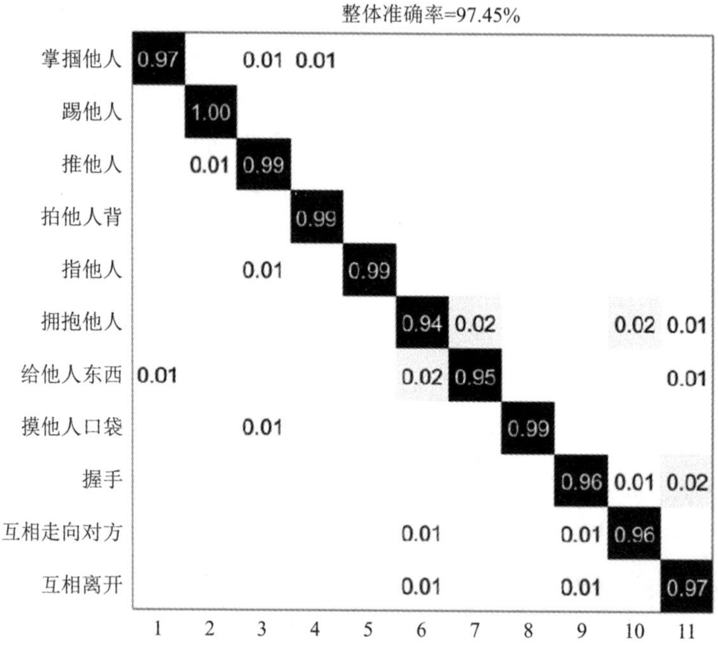

图 8-8　本章方法在 NTU RGB+D 60 数据集(CV)上的混淆矩阵

图 8-9 是本章方法在 NTU RGB+D 120 数据集(CS)上交互行为识别结果的混淆矩阵。可以发现，随着交互动作类别的增多，本章方法的识别准确率有所下降，但大部分动作

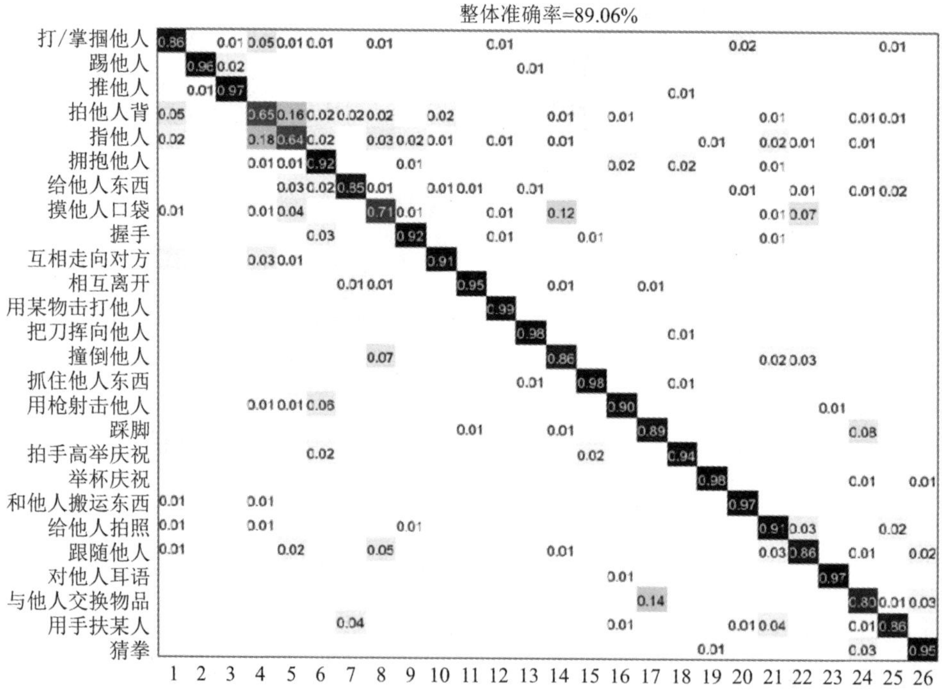

图 8-9　本章方法在 NTU RGB+D 120 数据集(CS)上的混淆矩阵

的识别准确率仍较高，其中拍他人背以及指他人的动作可能由于相似度较高，类间差异过小导致本章方法的识别准确率相对较低。

3. 与其他方法的对比实验结果及分析

下面主要对比三个数据集上本章方法和其他方法的行为识别结果。表 8-4 为不同方法在 SBU 数据集上的行为识别准确率，可以发现，在交互行为识别上，本章方法具有明显的优越性。

表 8-4　不同方法在 SBU 数据集上的行为识别准确率

方　　法	准确率/%
Lie Group	47.92
Dynamic Skeletons	67.30
Body Pose	87.60
Joint features+SVM	86.27
Joint features+MILBoost	88.73
Graph-based method	92.56
RLTP and PCTP feature	**95.33**
UPorD	85.40
本章方法	94.15

与本章方法进行对比的都是针对交互行为识别基于骨架数据的方法。从表 8-4 可以看出，在 SBU 数据集上本章方法显示出了它的优越性，行为识别准确率达到了 94.15%。相比于在骨架行为识别领域取得优异表现的图结构方法，本章方法同样表现出了较高的识别准确率。而一些基于多模态的交互行为识别方法，表 8-4 中给出的准确率是基于骨架数据模态的准确率。本章方法仅次于 RLTP and PCTP feature 方法的结果，原因可能是 SBU 数据集较小，深度学习类的方法不如 SVM 等传统机器学习方法在小数据集上的表现。

对于 NTU RGB+D 60 数据集，在跨受试者评估协议中，一半的受试者被用作训练集，而剩下的受试者被作为测试集，在这一评估协议中训练集和测试集分别有 6813 和 2774 个样本。在交叉视角评估协议中，视角为相机 2 和 3 的数据被用于训练，而视角为相机 1 的数据被用于测试，在这一评估协议中，训练集和测试集分别有 6413 和 3174 个样本。表 8-5 将本章方法与其他方法进行了比较，实验结果表明，在大规模数据集上我们提出的针对交互行为的编码方式和 3 路 CNN 显示出了一定的优越性，基于两个评估协议的识别准确率均较高。

表 8-5 不同方法在 NTU RGB+D 60 数据集上的行为识别准确率

方法	准确率/%	
	CS	CV
Lie Group	45.13	39.35
Dynamic Skeletons	56.25	32.18
Joint features+SVM	59.92	64.37
Joint features+MILBoost	62.78	67.20
Graph-based method	81.34	82.58
RLTP and PCTP feature	85.02	88.63
UPorD	85.36	88.91
本章方法	**95.85**	**97.45**

对于近期新提出的 NTU RGB+D 120 数据集，目前围绕该数据集的研究工作比较少，只针对双人交互动作的工作则更少。Liu 等对整个数据集利用三维骨架序列模态数据给出(Cross-Subject 和 Cross-Setup 评估协议)的识别准确率，即 Baseline 分别为 55.7%和57.9%，而本章方法在 Cross-Subject 和 Cross-Setup 评估协议上的识别准确率分别达到了87.62%和 89.06%，均远高于整个数据集的 Baseline。交互动作由于类内数据差异大其实是更有难度的识别任务，这也进一步说明了本章方法的有效性和先进性。

本章小结

本章针对交互行为识别由于视角变换、交互双方位置和动作交换带来的类内数据差异问题，提出了视角不变下的基于相对特征的行为识别方法。针对交互行为识别现存的问题，我们利用运动距离区分主动和被动参与者以及相对距离特征有效地克服了交互动作视图变化和动作交换带来的挑战，以交互行为独特的交互关系数据为特征设计了一种新的编码方式来进行后续的行为识别和分类，并将其结合到多流卷积神经网络中，以提取和融合深层特征，从而更完整地描绘骨架序列。在 SBU 数据集、NTU RGB+D 60 数据集和 NTU RGB+D 120 数据集中的表现也证明了本章方法的有效性。

第 9 章 相对视角下基于多图卷积网络的交互行为识别

在基于图卷积网络的骨架行为识别方法中，将骨架关节点作为图的节点、将骨骼作为图的边，能很好地反映骨架的时空特性。但是，交互行为中有多个行为对象，这些行为对象的骨架之间没有直接连接关系，而是具有丰富的间接关系，这些关系是交互行为的重要体现，也是进行交互行为识别的重要特征。那么，如何应用图卷积网络高效地挖掘交互行为的特征就是提升交互行为识别准确率的关键问题之一。为此，本章在对基于骨架数据的行为识别研究基础上，进一步开展了基于骨架数据的交互行为识别方法研究，并提出了一种相对视角下基于多图卷积网络的交互行为识别方法。

9.1 基于图卷积网络的交互行为识别描述

设有交互行为的骨架序列为 $\boldsymbol{I}$，它共有 T 帧，交互行为由两个对象 A 和 B 执行，每一帧包含两个骨架，则对于第 t 帧的交互行为骨架可表示为

$$\boldsymbol{I}_t=(\boldsymbol{P}_t^A,\ \boldsymbol{P}_t^B),\ t=1,\ 2,\ \cdots,\ T \tag{9-1}$$

其中，$\boldsymbol{P}_t^A$ 和 $\boldsymbol{P}_t^B$ 分别表示 A 和 B 在第 t 帧所有关节点的三维坐标集合，即

$$\boldsymbol{P}_i^A=\{\boldsymbol{J}_{i,t}^A,\ i=1,\ 2,\ \cdots,\ N\},\quad \boldsymbol{P}_t^B=\{\boldsymbol{J}_{i,t}^B,\ i=1,\ 2,\ \cdots,\ N\} \tag{9-2}$$

其中，N 表示一个行为对象的人体骨架中包含的关节点数量，$\boldsymbol{J}_{i,t}^A$ 和 $\boldsymbol{J}_{i,t}^B$ 分别表示 A 和 B 的第 i 个关节在 t 帧的三维坐标，有

$$\boldsymbol{J}_{i,t}^A=[x_{i,t}^A,\ y_{i,t}^A,\ z_{i,t}^A],\ \boldsymbol{J}_{i,t}^B=[x_{i,t}^B,\ y_{i,t}^B,\ z_{i,t}^B] \tag{9-3}$$

由以上描述可得，基于骨架数据的交互行为序列 $\boldsymbol{I}$ 由两个交互对象骨架中所有关节的三维坐标组成。

人体骨架是由不同关节根据人体构造连接形成的，关节之间的连接关系对于行为识别至关重要，因此本节利用图卷积实现对交互行为的学习，并根据学习得到的交互行为特征进行行为分类和识别。

设第 i 个关节在第 t 帧用关节表示的骨架图中的节点为 $\boldsymbol{v}_{i,t}$，该节点在网络第 1 层的输

入特征可用两个对象的关节坐标级联表示：

$$\boldsymbol{H}^{0}(\boldsymbol{v}_{i,t})=(\boldsymbol{J}_{i,t}^{A},\ \boldsymbol{J}_{i,t}^{B}) \tag{9-4}$$

此外，本节利用人体骨架的物理连接设计骨架图，用关节作为节点，用骨骼作为边，对于每一帧交互行为形成骨架图。图 9-1 给出了人体骨架用于图卷积特征学习的简要示意图，其中人体骨架结构的描述根据 SBU 数据集给出的人体骨架关节连接得到。对于每个节点，邻域节点集合根据最大距离为 2 得到。

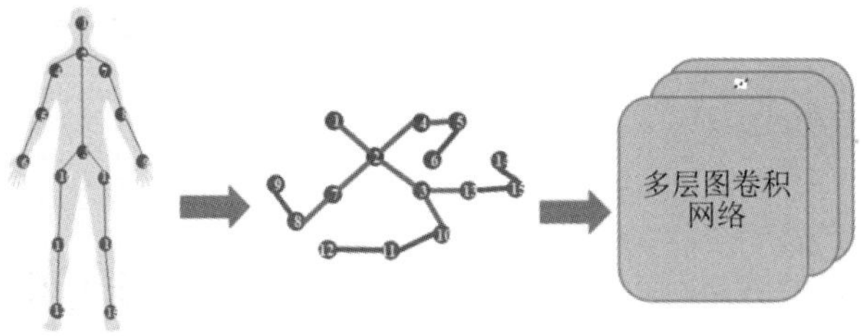

图 9-1 基于图卷积的人体骨架特征学习示意图

9.2 基于相对视角的交互行为表示

交互行为中存在由于视角变换和交互对象位置不同而产生的交互行为骨架数据描述偏差问题，为此，本节提出了一种新的交互行为表示方法，即根据两个交互行为对象的相对视角得到相互行为表示，能更准确地描述整个交互行为场景以及单个对象的行为。下面先介绍本节设计的相对视角坐标系，然后在设计的相对视角坐标系下提出了一种新的交互行为表示方法，也被称为整体-局部交互行为表示方法。

9.2.1 相对视角坐标系描述

从深度相机中获取的骨架数据是在摄像机所在位置建立的坐标系得到的，而对于基于骨架数据的交互行为识别主要存在两个问题：获取行为的视角差异以及交互对象互换带来的位置差异，如图 9-2 所示。这两个问题会使得描述两个相同类型交互行为的骨架数据存在较大的差异，从而大大影响识别的效果。

为了减小由于视角差异和对象位置互换带来的骨架数据差异，本节提出了基于相对视角的交互行为表示方法，即根据两个对象之间的相对关系，从其中一个对象的视角观察整个交互行为。从图 9-2 可以发现，不同视角下拍摄同一个类型的动作，得到的骨架数据会存在较大差异。此外，若交互对象交换站位和朝向，则在摄像机所在位置建立的坐标系下得到的骨架数据也存在较大差异。

针对交互行为中的两个对象，以对象 A 的视角观察对象 B，无论摄像机拍摄视角如何

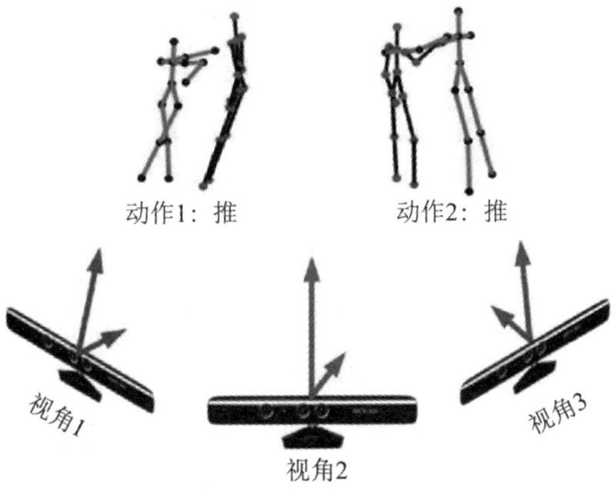

图 9-2　获取同一类型交互行为的不同场景

变化，或者两个对象交互位置，对象 B 相对于对象 A 表现出来的动作以及位置均相同。反之，以对象 B 的视角观察对象 A，对象 A 相对于对象 B 表现出来的动作以及位置也均相同。基于这种现象，我们提出并建立了基于相对视角的本地坐标系，将坐标原点设在其中一个对象第一帧骨架的中心，并根据两个对象的相对位置关系确定坐标系各轴的方向。此外，我们还可以根据交互行为中两个对象，分别建立两个相对视角坐标系。

定义两个相对视角坐标系 C_A 和 C_B，坐标原点定义在对象 A 上的相对视角坐标系为 C_A，坐标原点定义在对象 B 上的相对视角坐标系为 C_B。如图 9-3 所示，相对视角坐标系 C_A 的原点位于第一帧交互行为骨架中对象 A 骨架的中心 $J_{h,1}^{A}$(为方便理解，将此处三维坐标点统一表示为标量形式)，h 为骨架中心关节的标号。坐标系 C_A 的 Y 轴 Y_A 与对象 A 躯干较长的维度对齐，X 轴与对象 A 骨架中心指向对象 B 骨架中心的向量$\overrightarrow{J_{h,1}^{A}J_{h,1}^{B}}$ 夹角最小，且垂直于 Y_A，则

$$O_A = J_{h,1}^{A},\ X_A = \arg\min_{X_A} \arccos(X_A,\ \overrightarrow{J_{h,1}^{A}J_{h,1}^{B}}),\ \text{s.t. } X_A \perp Y_A \tag{9-5}$$

Z 轴 Z_A 根据右手法则得到。

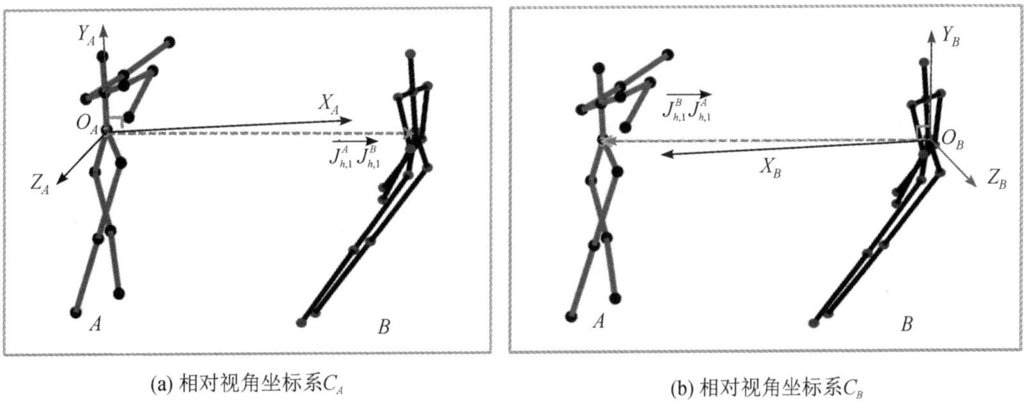

(a) 相对视角坐标系C_A　　(b) 相对视角坐标系C_B

图 9-3　相对视角坐标系

相对视角坐标系 C_B 的原点位于第一帧交互行为骨架中对象 B 骨架的中心 $J_{h,1}^{B}$。同理，Y 轴 Y_B 与对象 B 躯干较长的维度对齐，X 轴 X_B 与对象 B 骨架中心指向对象 A 骨架中心的向量 $\overrightarrow{J_{h,1}^{B}J_{h,1}^{A}}$ 夹角最小，且垂直于 Y_B，则

$$O_B = J_{h,1}^{B},\ X_B = \arg\min_{X_B} \arccos(X_B,\ \overrightarrow{J_{h,1}^{B}J_{h,1}^{A}}),\ \text{s.t. } X_B \perp Y_B \tag{9-6}$$

Z 轴 Z_B 根据右手法则得到。

根据建立的两个相对视角坐标系，我们通过平移和旋转，分别将原始骨架数据由相机所在的坐标系转换到这两个坐标系下，得到经过坐标转换后的交互行为骨架数据。

设 $P_t^{A,A}$ 和 $P_t^{A,B}$ 分别为对象 A 和对象 B 在相对视角坐标系 C_A 下在第 t 帧中所有关节坐标的集合，则

$$P_t^{A,A} = \{J_{i,t}^{A,A},\ i=1,2,\cdots,N\},\ P_t^{A,B} = \{J_{i,t}^{A,B},\ i=1,2,\cdots,N\},\ t=1,2,\cdots,T \tag{9-7}$$

其中，$J_{i,t}^{A,A}$ 和 $J_{i,t}^{A,B}$ 分别表示对象 A 和对象 B 中第 i 个关节第 t 帧在 C_A 下的三维坐标。同理，设 $P_t^{B,A}$ 和 $P_t^{B,B}$ 分别为对象 A 和对象 B 在相对视角坐标系 C_B 下在第 t 帧中所有关节坐标的集合，则

$$P_t^{B,A} = \{J_{i,t}^{B,A},\ i=1,2,\cdots,N\},\ P_t^{B,B} = \{J_{i,t}^{B,B},\ i=1,2,\cdots,N\},\ t=1,2,\cdots,T \tag{9-8}$$

其中，$J_{i,t}^{B,A}$ 和 $J_{i,t}^{B,B}$ 分别表示对象 A 和对象 B 中第 i 个关节第 t 帧在 C_B 的三维坐标。

显然，基于相对视角的坐标系得到的骨架数据，能实现对不同视角拍摄以及两个交互对象交换位置都具有不变性。可以根据图 9-4 的描述进一步说明相对视角坐标系的有效性。

由图 9-4 可发现，对于两个动作 Action 1 和 Action 2，两个对象 A 和 B 交换了位置，即这两个动作虽然都属于同一个动作类型，但是骨架数据描述的交互行为却存在较大差异。经过坐标转换后，分别转换到两个相对视角坐标系下。可以发现，无论在哪个相对视角坐标系下，描述这两个动作 Action 1 和 Action 2 的骨架数据都非常相似，更有利于行为的分类，也说明了本节提出的相对视角坐标系能帮助提升行为识别的效果。

基于相对视角坐标系描述交互行为的三个优点如下：

(1) 描述交互行为的骨架数据在相对视角坐标系下对于不同的拍摄视角和拍摄条件以及交互对象交互位置等均具有不变性。

(2) 对于描述一个交互行为的骨架序列，经过两个相对视角坐标系转换后，得到两个骨架序列表示交互行为，实现了数据增强进而提升交互行为识别效果。

(3) 将相对视角坐标系的原点设为第 1 帧骨架中心，保留了对象随时间变换的运动信息，更有利于行为识别。

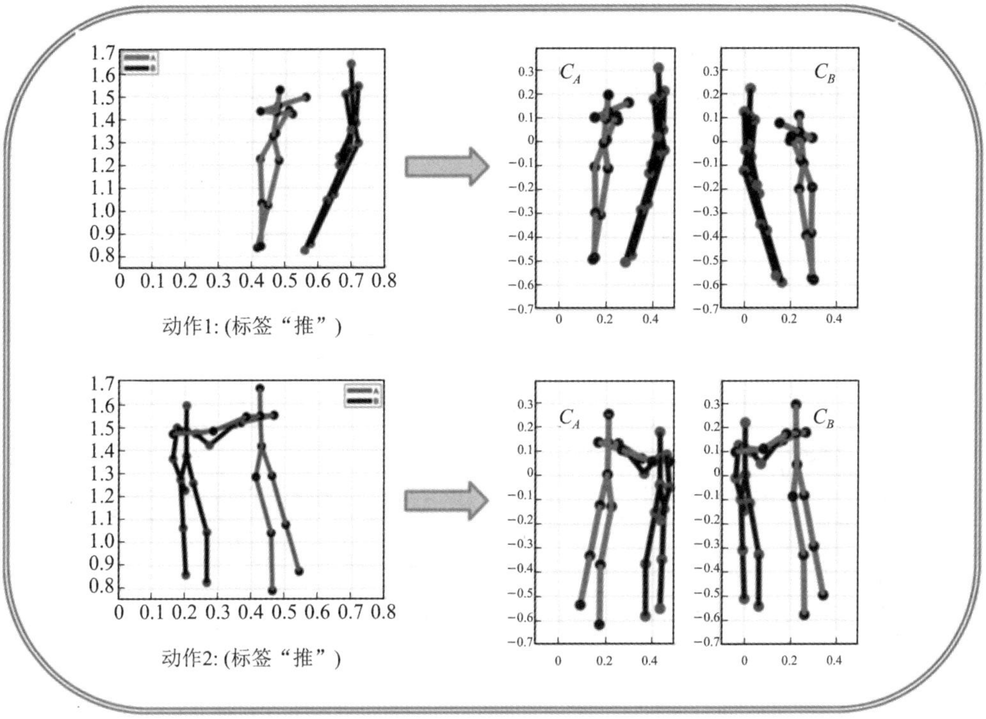

图 9-4　将骨架数据转换到相对视角坐标系的示意图

9.2.2　整体-独立交互行为表示

描述交互行为中两个对象行为的骨架数据是不同的，因此交互行为的表示需要同时包含两个对象的骨架数据才能充分地表示整个交互行为。本节提出的交互行为表示包含两个对象的骨架数据，且仅通过级联两个对象不同时刻骨架中关节的三维坐标这种简洁有效的方式对交互行为的空间和时间特性进行建模。此外，交互特征不仅要描述整个交互行为场景，还需要关注每个对象的行为，因此，我们提出了新的交互行为表示方法，也被称为整体-独立交互行为表示。

根据 9.2.1 中的描述，一个交互行为序列在两个相对视角坐标系 C_A 和 C_B 下产生两个骨架序列，$P_t^{A,A}$ 和 $P_t^{A,B}$ 分别为对象 A 和对象 B 在相对视角坐标系 C_A 下第 t 帧的所有关节坐标集合。设 $P_t^{B,A}$ 和 $P_t^{B,B}$ 分别为对象 A 和对象 B 在相对视角坐标系 C_B 下第 t 帧的所有关节坐标集合，描述的交互行为表示需要包含两个不同对象的骨架数据，因此可以得到四种不同的整体-独立交互行为表示：

$$\begin{cases} \mathrm{HI1}_t=(P_t^{A,A},\ P_t^{A,B}),\ t=1,\ 2,\ \cdots,\ T \\ \mathrm{HI2}_t=(P_t^{B,A},\ P_t^{B,B}),\ t=1,\ 2,\ \cdots,\ T \\ \mathrm{SI1}_t=(P_t^{A,A},\ P_t^{B,B}),\ t=1,\ 2,\ \cdots,\ T \\ \mathrm{SI2}_t=(P_t^{B,A},\ P_t^{A,B}),\ t=1,\ 2,\ \cdots,\ T \end{cases} \tag{9-9}$$

本节针对一个交互行为分别定义了四种交互行为表示，分别为 HI1、HI2、SI1 和 SI2。其中：HI1 和 HI2 定义为整体交互行为表示，这类交互行为表示从整体上对交互行为场景进行描述，显式地描述不同时刻两个交互行为对象之间的相对关系；SI1 和 SI2 定义为独立交互行为表示，这类交互行为表示主要关注每一个对象的行为姿态特征。通过这四种表示方式能全面且有效地表示一个交互行为，相比其他表示方式有如下优势：

（1）能对交互行为骨架序列中的空间和时间特性进行充分建模；

（2）既描述了整体交互行为场景也关注了每个对象的动作姿态；

（3）具有简洁、有效、计算量小、人工参与量小等优点，且能有效地应用在其他交互行为识别问题中。

9.3 基于多图卷积网络的交互特征学习

根据提出的四类交互行为表示，我们用多图卷积网络对每一类行为表示进行学习和深度特征提取，最后对不同图卷积网络的识别结果进行融合，如图 9－5 所示。

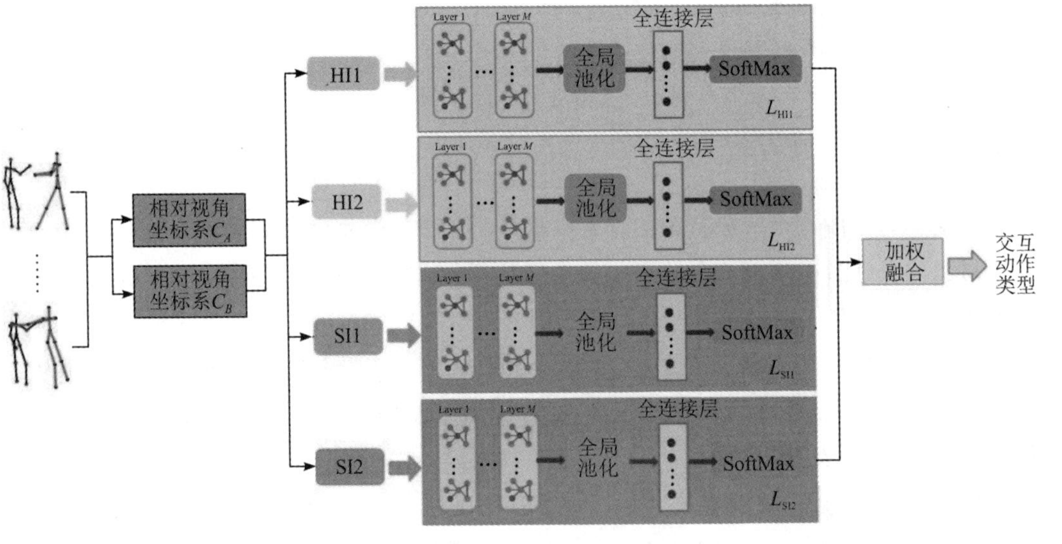

图 9－5 利用多图卷积神经网络实现交互行为识别示意图

将提出的交互行为表示 HI1、HI2、SI1 和 SI2 分别利用四个图卷积网络进行学习。设这四个网络分别为 L_{HI1}、L_{HI2}、L_{SI1} 和 L_{SI2}，每一个网络的输入为带有节点特征的骨架图，不同网络的节点特征输入为不同的交互行为表示。例如，网络 L_{HI1} 的节点特征输入为 HI1，具体地，对于节点 $\boldsymbol{v}_{i,t}$ 在第 1 层图卷积网络的节点特征表示为 $\boldsymbol{H}^0(\boldsymbol{v}_{i,t})$，有

$$\boldsymbol{H}^0(\boldsymbol{v}_{i,t})\Big|_{L=L_{\mathrm{HI1}}}=(\boldsymbol{J}_{i,t}^{A,A},\ \boldsymbol{J}_{i,t}^{A,B}) \tag{9-10}$$

同理可得，其他三个网络的节点特征表示为

$$
\begin{cases}
\boldsymbol{H}^{0}(\boldsymbol{v}_{i,t})\Big|_{L=L_{\mathrm{HI2}}}=(\boldsymbol{J}_{t}^{B,A},\ \boldsymbol{J}_{t}^{B,B}) \\
\boldsymbol{H}^{0}(\boldsymbol{v}_{i,t})\Big|_{L=L_{\mathrm{SI1}}}=(\boldsymbol{J}_{t}^{A,A},\ \boldsymbol{J}_{t}^{B,B}) \\
\boldsymbol{H}^{0}(\boldsymbol{v}_{i,t})\Big|_{L=L_{\mathrm{SI2}}}=(\boldsymbol{J}_{t}^{B,A},\ \boldsymbol{J}_{t}^{A,B})
\end{cases}
\tag{9-11}
$$

通过多个图卷积网络来学习不同交互行为表示，多层图卷积操作后，经过全局池化层以及全连接层，然后通过一个 SoftMax 层得到每个图卷积网络的识别结果，最后采用加权融合的策略得到最终的交互行为识别结果。

9.4　实验结果与分析

本节将本章方法在三个包含交互行为骨架数据的数据集上进行实验，分别是 NTU RGB+D 60、NTU RGB＋D 120 和 SBU 数据集。其中，NTU RGB＋D 60 和 NTU RGB+D 120 数据集为当前最大的两个数据集。本节首先给出实验设置，然后对所提出的策略在这些数据集上进行实验验证，并与其他基于骨架的交互行为识别方法进行比较，通过实验结果分析验证本章方法的有效性。

9.4.1　实验设置

本章方法使用的每个图卷积网络共包含 9 层空间时间图卷积层，前 3 层的输出特征通道数为 64，中间 3 层的输出特征通道数为 128，最后 3 层的输出特征通道数为 256。此外，实验设置的时间卷积长度为 5，对于数据集 NTU RGB+D 60 和 NTU RGB+D 120 设计的 batchsize 为 32，对于 SBU 数据集设计的 batchsize 为 4，所有实验均在 Pytorch 框架下基于两块 NVIDIA GeForce GTX 1080 GPU 实现。

9.4.2　本章方法的性能评估

为了验证本章所提策略的有效性，在两个最大的骨架数据集 NTU RGB+D 60 和 NTU RGB+D 120 上进行实验，分别对相对视角坐标系、整体-局部交互行为表示以及多图卷积网络融合方法的实验结果进行分析。

1. 相对视角坐标系

为了说明建立的相对视角坐标系 C_A 和 C_B 的有效性，我们将描述交互行为的原始骨架序列、转换到 C_A 下的骨架序列以及转换到 C_B 下的骨架序列分别作为图卷积网络的输入，在 NTU RGB+D 60 和 NTU RGB+D 120 数据集上的实验结果如表 9-1 所示。

表 9-1 不同坐标系下的骨架数据行为识别的结果

数据集	NTURGB+D 60		NTU RGB+D 120	
	CV/%	CS/%	C-Set/%	C-Sub/%
Raw+GCN (Baseline)	91.78	87.11	80.99	79.01
C_A-trans+GCN	**95.08**	**91.24**	**86.42**	**85.42**
C_B-trans+GCN	**94.85**	**91.07**	**85.78**	**84.54**

根据表 9-1 的实验结果可得，相比 Baseline，骨架数据无论在相对视角坐标系 C_A 还是 C_B 下，都能较大程度地提升行为识别的准确率，在两个 NTU 数据集上，相对视角坐标系 C_A 和 C_B 的识别准确率能至少提升 4%。

2. 整体-局部交互行为表示

为了说明整体-局部交互行为表示的有效性，我们将四种交互行为表示对应的网络 L_{HI1}、L_{HI2}、L_{SI1} 和 L_{SI2} 在 NTU RGB+D 60 和 NTU RGB+D 120 数据集上进行实验，结果如表 9-2 所示。

表 9-2 不同交互行为表示的行为识别结果

数据集	NTU RGB+D 60		NTU RGB+D 120	
	CV/%	CS/%	C-Set/%	C-Sub/%
Raw+GCN(Baseline)	91.78	87.11	80.99	79.01
L_{HI1}	**95.08**	**91.24**	**86.42**	**85.42**
L_{HI2}	**94.85**	**91.07**	**85.78**	**84.54**
L_{SI1}	**95.14**	**91.50**	**87.02**	**86.02**
L_{SI2}	**95.31**	**91.97**	**87.25**	**86.32**

由表 9-2 可得，四种交互行为表示均大幅度优于利用原始骨架数据作为交互行为表示的策略，且基于局部交互行为表示 SI1 和 SI2 得到的识别结果要优于基于整体交互行为表示 HI1 和 HI2 的结果。

为了进一步说明局部交互行为表示 SI1 和 SI2 的表现优于整体交互行为表示 HI1 和 HI2，本节对两个来自 NTU RGB+D 60 数据集样本某一帧的四种交互行为表示进行可视化描述，结果如图 9-6 所示。

由图 9-6 可以发现，两个不同的样本 Raw skeleton 1 和 Raw skeleton 2 表示相同的动作类型，但两个对象 A 和 B 交换了动作类型即交换了角色，对象 A 在 Raw skeleton 1 中表现为被踢，在 Raw skeleton 2 中表现为踢人。对比这两个样本的整体交互行为表示 HI1 和 HI2 可得，表示交互行为的骨架数据并不相同，原因是不同对象的动作和发生动作的位置

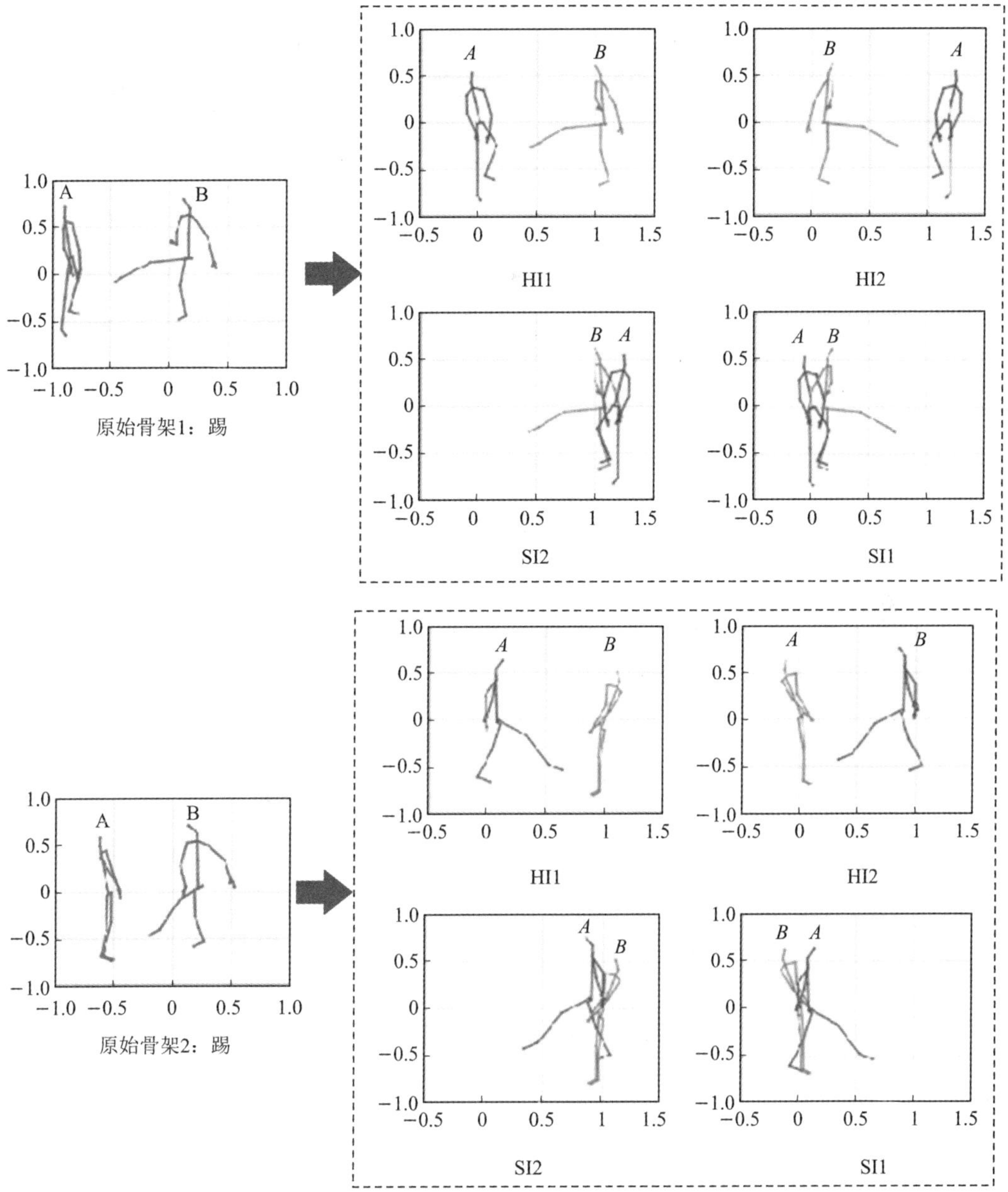

图 9-6　不同交互行为表示的可视化描述

均不相同，从而使描述交互行为的骨架数据存在较大差异。由两个样本得到的局部交互行为表示 SI1 和 SI2 可视化结果可得，基于 SI1 和 SI2 表示这两个样本行为的骨架数据具有较大的相似性，同一动作发生在相似的位置。综上分析可得，基于 SI1 和 SI2 的交互行为表示具有更高的识别效果。

3. 多图卷积网络融合方法

为了验证多图卷积网络融合方法的有效性，我们在 NTU RGB+D 60 和 NTU RGB+

D 120 数据集上给出了不同网络加权融合的实验结果。

表 9-3 不同网络加权融合的实验结果

数据集	NTU RGB+D 60		NTU RGB+D 120	
	CV/%	CS/%	C-Set/%	C-Sub/%
$L_{HI1}+L_{HI2}$	96.03	92.43	87.84	86.66
$L_{HI1}+L_{SI1}$	96.09	93.06	88.52	87.13
$L_{HI1}+L_{SI2}$	95.86	92.73	88.21	87.46
$L_{HI2}+L_{SI1}$	95.95	92.73	88.54	87.02
$L_{HI2}+L_{SI2}$	95.88	92.43	87.86	87.00
$L_{SI1}+L_{SI2}$	96.06	93.26	89.06	88.08
$L_{HI1}+L_{HI2}+L_{SI1}$	96.41	93.36	88.95	87.63
$L_{HI1}+L_{HI2}+L_{SI2}$	96.24	93.12	88.52	87.63
$L_{HI1}+L_{SI1}+L_{SI2}$	96.41	93.29	89.26	88.18
$L_{HI2}+L_{SI1}+L_{SI2}$	96.47	93.62	89.25	88.12
$L_{HI1}+L_{HI2}+L_{SI1}+L_{SI2}$	**96.61**	**93.79**	**89.36**	**88.20**

由表 9-3 可得如下结论：

(1) 多网络融合的识别效果要优于单个网络的识别效果。具体地，任意两个网络融合的识别效果如 $L_{SI1}+L_{SI2}$ 要优于单个 L_{SI2} 的识别效果，这说明采用多网络融合方式能提升模型的识别效果。

(2) 网络 $L_{HI1}+L_{HI2}+L_{SI1}+L_{SI2}$ 可达到最优的识别效果。根据实验结果可知，将本章提出的四个交互行为表示的图卷积网络进行融合，可达到最优效果，验证了本章方法的有效性。

9.4.3 与其他方法的比较

下面将对本章提出的交互行为识别方法与其他方法在三个不同数据集 NTU RGB+D 60，NTU RGB+D 120 以及 SBU 上的识别性能进行比较。

1. NTU RGB+D 60 数据集

表 9-4 给出了本章提出的交互行为识别方法与当前其他交互行为识别方法在 NTU RGB+D 60 数据集上的对比实验结果。

表 9-4　本章方法与其他方法在 NTU RGB+D 60 数据集上的对比结果

方　法	准确率/%	
	CS	CV
Lie Group	45.13	39.35
Dynamic Skeletons	56.25	32.18
Joint features+SVM	59.92	64.37
Joint features+MILBoost	62.78	67.20
Graph-based method	81.34	82.58
RLTP and PCTP+SVM	85.02	88.63
RGB+UPorD+FCNN−D	90.42	92.03
RV-HS-GCNs(本章方法)	**93.79**	**96.61**

由表 9-4 可得，本章方法的识别准确率明显优于其他交互行为识别方法，在 NTU RGB+D 60 数据集上能达到很高的识别效果。具体地，本章基于图卷积的方法不仅优于基于手工特征的方法以及一些传统分类方法，还优于基于 CNN 分类的方法。此外，仅利用骨架数据实现行为识别的方法准确率要优于基于多模态的方法，即利用深度数据或者 RGB 数据与骨架数据结合实现交互行为识别的方法。

图 9-7 给出了本章方法在 NTU RGB+D 60 数据集 CV 评价协议上的混淆矩阵。

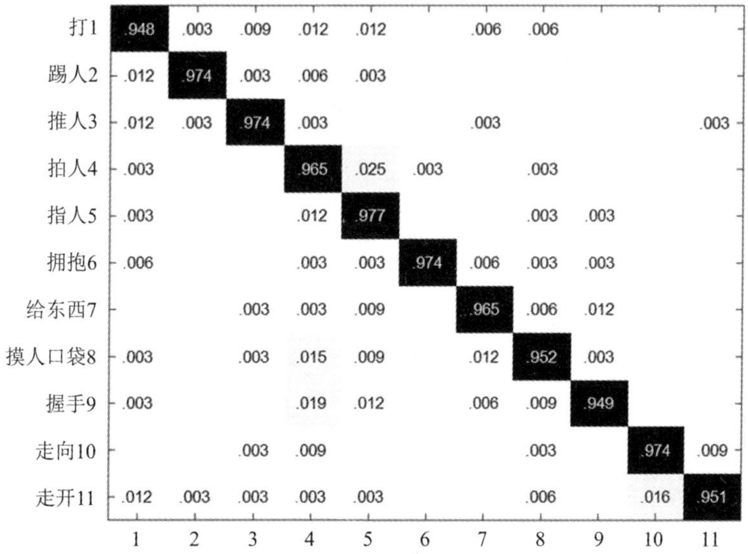

图 9-7　本章方法在 NTU RGB+D 60 数据集 CV 评价协议上的混淆矩阵

由图 9-7 可得，本章方法对 NTU RGB+D 60 数据集上的 11 个交互行为类型都能取得非常高的识别准确率，且不同类型动作的混淆率不超过 2%，进一步说明了交互行为识别方法的有效性。

2. NTU RGB＋D 120 数据集

表 9－5 给出本章方法与 ST-GCN 和 Resnet50 方法在 NTU RGB＋D 120 数据集上的对比实验结果。

表 9－5　本章方法与其他方法在 NTU RGB＋D 120 数据集上的对比结果

方　法	准确率/%	
	C-Set	C-Sub
ST-GCN	80.99	79.01
Joint features＋Resnet50	80.42	78.24
RV-HS-GCNs(本章方法)	**89.36**	**88.20**

由表 9－5 的结果可得，本章方法相比其他方法提取的特征具有较大的优势，且基于 GCN 方法提取的特征要优于基于 CNN 的方法。图 9－8 给出了本章方法在 NTU RGB＋D 120 数据集 C-Set 评价协议上的混淆矩阵，仔细观察可得，最具有混淆性的两个动作是“用某物击打某人”和“把刀挥向某人”，原因是这两个动作在基于人体骨架的数据表示上具有很大的相似性，不同之处在于交互的物品不同，但这些并不会体现在从骨架数据提取的特征中。

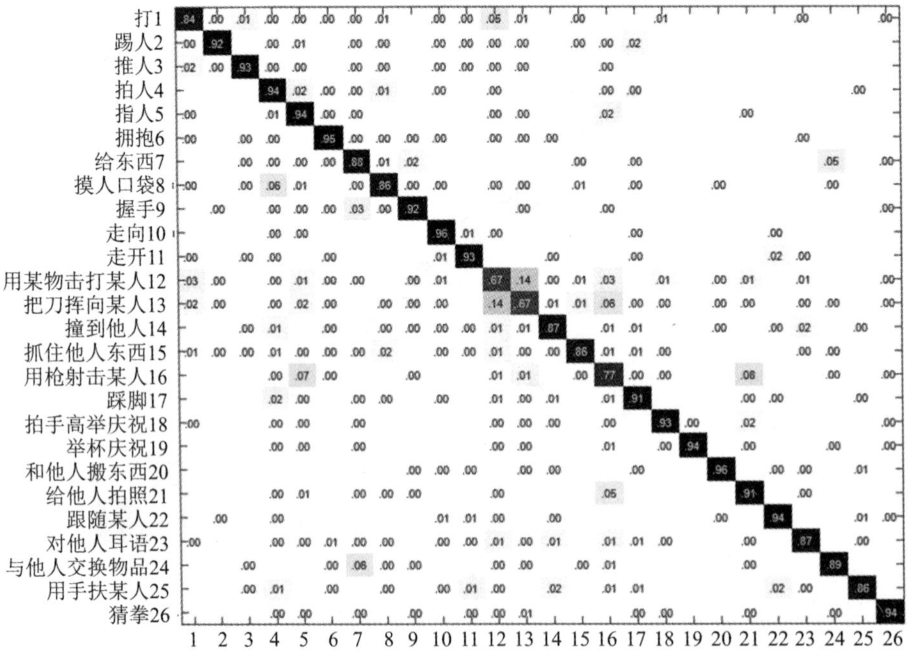

图 9－8　本章方法在 NTU RGB＋D 120 数据集 C-Set 评价协议上的混淆矩阵

3. SBU 数据集

表 9－6 给出了本章方法与其他交互行为识别方法在 SBU 数据集上的对比实验结果。由表 9－6 可得，本章方法在 SBU 这种较小的数据集上也有良好表现，相比于其他基于手工特征的方法、传统分类方法以及多模态方法均具有更好的识别效果。此外，本章方法的识别准确率要优于专注于单人行为识别的一些方法。实验结果也进一步验证了基于相对视角的图卷积网络方法的有效性。

表 9－6　本章方法与其他方法在 SBU 数据集上的对比结果

方　法	准确率/%
Lie Group	47.92
Dynamic Skeletons	87.60
Activity features＋Multi-SVM	88.00
Joint features＋MILBoost	88.73
CFDM	89.40
Selected Skeleton Features	91.00
Graph-based method	92.56
Trust Gate LSTM	93.30
Clips＋CNN＋MTLN	93.60
RGB＋UPorD＋FCNN-D	94.52
RV-HS-GCNs(本章方法)	**94.54**

本章小结

本章利用图卷积实现对交互行为的学习，并根据学习得到的交互行为特征进行行为分类和识别。为了解决获取行为的视角差异以及交互对象交换位置等问题，提出了基于相对视角的本地坐标系。为了充分地对交互行为进行描述，提出了一种新的交互行为表示，即整体-局部交互行为表示，能同时准确地描述整个交互行为场景以及单个对象的行为。此外，本章还提出了多图卷积网络对每一类行为表示进行学习和深度特征提取，并对不同图卷积网络的识别结果进行融合。在 NTU RGB＋D 60、NTU RGB＋D 120 和 SBU 这三个交互数据集上的实验结果表明，本章提出的相对视角下基于多图卷积网络的交互行为识别方法能有效地对基于骨架数据的交互行为进行描述和特征提取及学习，并表现出较高的交互行为识别准确率。此外，本章提出的相对视角坐标系、整体-局部交互行为表示以及多图卷积网络融合策略对于行为识别准确率的提升均具有很大的贡献，也进一步验证了本章方法的合理性。

参 考 文 献

[1] JOHANSSON G. Visual perception of biological motion and a model for its analysis [J]. Perceptionand Psychophysics, 1973, 14(2): 201-211.

[2] LIU C H, CHEN Y, WANG M W. Spatio-temporal interest point detection in cluttered backgrounds with camera movements[J]. Journal of Image and Graphics, 2013, 18(8): 982-989.

[3] YANG X, TIAN Y L. Effective 3D action recognition using eigenjoints[J]. Journal of Visual Communication and Image Representation, 2014, 25(1): 2-11.

[4] HARRIS C G, STEPHENS M. A combined corner and edge detector[J]. Alvey Vision Conference, 1988, 15(50): 147-151.

[5] ZHOU X Y, HUANG Q X, SUN X, et al. Towards 3D human pose estimation in the wild: a weakly-supervised approach[C]//2017 IEEE International Conference on Computer Vision (ICCV). Venice, Italy. IEEE, 2017: 398-407.

[6] MARTINEZ J, HOSSAIN R, ROMERO J, et al. A simple yet effective baseline for 3D human pose estimation[C]//2017 IEEE International Conference on Computer Vision (ICCV). Venice, Italy. IEEE, 2017: 2659-2668.

[7] HABIBIE I, XU W P, MEHTA D, et al. In the wild human pose estimation using explicit 2D features and intermediate 3D representations[C]//2019 IEEE/CVF Conference on Computer Vision and Pattern Recognition (CVPR). Long Beach, CA, USA. IEEE, 2019: 10897-10906.

[8] PAVLAKOS G, ZHOU X W, DERPANIS K G, et al. Coarse-to-fine volumetric prediction for single-image 3D human pose[C]//2017 IEEE Conference on Computer Vision and Pattern Recognition (CVPR). Honolulu, HI, USA. IEEE, 2017: 1263-1272.

[9] WAN C D, PROBST T, van GOOL L, et al. Crossing nets: combining GANs and VAEs with a shared latent space for hand pose estimation[C]//2017 IEEE Conference on Computer Vision and Pattern Recognition (CVPR). Honolulu, HI, USA. IEEE, 2017: 1196-1205.

[10] LIU J, TSUJINAGA S, CHAI S, et al. Single image depth map estimation for improving posture recognition[J]. IEEE sensors journal, 2021, 21(23): 26997-27004.

[11] SHOTTON J, FITZGIBBON A, COOK M, et al. Real-time human pose recognition in parts from single depth images[C]// IEEE Conference on Computer Vision and Pattern Recognition (CVPR). Colorado Springs, CO, USA. IEEE,

2011: 1297 - 1304.

[12] FABBRI M, LANZIF, CALDERARA S, et al. Learning to detect and track visible and occluded body joints in a virtual world[M]//Lecture notes in computer science. Cham: Springer International Publishing, 2018: 450 - 466.

[13] CHEN W Z, WANG H, LI Y Y, et al. Synthesizing training images for boosting human 3D pose estimation[C]//2016 Fourth International Conference on 3D Vision (3DV). Stanford, CA, USA. IEEE, 2016: 479 - 488.

[14] VAROL G, ROMERO J, MARTIN X, et al. Learning from synthetic humans [C]//2017 IEEE Conference on Computer Vision and Pattern Recognition (CVPR). Honolulu, HI, USA. IEEE, 2017: 4627 - 4635.

[15] PAVLAKOS G, ZHOU X W, DANIILIDIS K. Ordinal depth supervision for 3D human pose estimation[C]//2018 IEEE/CVF Conference on Computer Vision and Pattern Recognition. Salt Lake City, UT, USA. IEEE, 2018: 7307 - 7316.

[16] 薛鹏. 人体运动数据的特征表示与合成研究[D]. 南京：南京信息工程大学，2022.

[17] LI P Z, ABERMAN K, HANOCKA R, et al. Learning skeletal articulations with neural blend shapes[J]. ACM Transactions on Graphics, 2021, 40(4): 1 - 15.

[18] NISHI K, MIURA J. Generation of human depth images with body part labels for complex human pose recognition[J]. Pattern Recognition, 2017, 71: 402 - 413.

[19] HUSSEIN M E, TORKI M, GOWAYYED M A, et al. Human action recognition using a temporal hierarchy of covariance descriptors on 3D joint locations[C]// IJCAI International Joint Conference on Artificial Intelligence, 2013: 2466 - 2472.

[20] WANG J, LIU Z, WU Y, et al. Learning actionlet ensemble for 3D human action recognition[J]. IEEE Transactions on Pattern Analysis and Machine Intelligence, 2014, 36(5): 914 - 927.

[21] YANG X D, TIAN Y L. EigenJoints-based action recognition using Naïve-Bayes-Nearest-Neighbor[C]//2012 IEEE Computer Society Conference on Computer Vision and Pattern Recognition Workshops. Providence, RI, USA. IEEE, 2012: 14 - 19.

[22] VEMULAPALLI R, ARRATE F, CHELLAPPA R. Human action recognition by representing 3D skeletons as points in a lie group[C]//2014 IEEE Conference on Computer Vision and Pattern Recognition. Columbus, OH, USA. IEEE, 2014: 588 - 595.

[23] XIA L, CHEN C C, AGGARWAL J K. View invariant human action recognition using histograms of 3D joints[C]//2012 IEEE Computer Society Conference on Computer Vision and Pattern Recognition Workshops. Providence, RI, USA.

IEEE, 2012: 20 - 27.

[24] ALI SEYDI KEÇ E L I, CAN A B. Recognition of basic human actions using depth information [J]. International Journal of Pattern Recognition and Artificial Intelligence, 2014, 28(2): 1450004.1 - 1450004.21.

[25] GOWAYYED M A, TORKI M, HUSSEIN M E, et al. Histogram of oriented displacements (HOD): describing trajectories of human joints for action recognition [C]//Twenty-third international joint conference on artificial intelligence, Beijing, China, 2013: 3 - 9.

[26] YANG X D, TIAN Y L. Effective 3D actionrecognition using EigenJoints[J]. Journal of Visual Communication and Image Representation, 2014, 25(1): 2 - 11.

[27] PAZHOUMAND-DAR H, LAM C P, MASEK M. Joint movement similarities for robust 3D action recognition using skeletal data [J]. Journal of VisualCommunication and Image Representation, 2015, 30: 10 - 21.

[28] NGUYEN V T, NGUYEN T N, LE T L, et al. Adaptive most joint selection and covariance descriptions for a robust skeleton-based human action recognition[J]. Multimedia Tools and Applications, 2021, 80(18): 27757 - 27783.

[29] RAKTHANMANON T, CAMPANA B, MUEEN A, et al. Searching and mining trillions of time series subsequences under dynamic time warping [C]//KDD: Proceedings International Conference on Knowledge Discovery & Data Mining, 2012: 262 - 270.

[30] LOWE D G. Distinctive image features from scale-invariant keypoints [J]. International Journal of Computer Vision, 2004, 60(2): 91 - 110.

[31] DU Y, WANG W, WANG L. Hierarchical recurrent neural network for skeleton based action recognition [C]//2015 IEEE Conference on Computer Vision and Pattern Recognition (CVPR). Boston, MA, USA. IEEE, 2015: 1110 - 1118.

[32] LIU J, SHAHROUDY A, XU D, et al. Spatio-temporal LSTM with trust gates for 3D human action recognition[M]//Lecture notes in computer science. Cham: Springer International Publishing, 2016: 816 - 833.

[33] LI C, ZHONG Q Y, XIE D, et al. Co-occurrencefeature learning from skeleton data for action recognition and detection with hierarchical aggregation[EB/OL]. [2023 - 09 - 20]. http://arxiv.org/abs/1804.06055v1.

[34] YAN S, XIONG Y, LIN D. Spatial temporal graph convolutional networks for skeleton-based action recognition [C]//Proceedings of the Thirty-Second AAAI Conference on Artificial Intelligence and Thirtieth Innovative Applications of Artificial Intelligence Conference and Eighth AAAI Symposium on Educational Advances in Artificial

Intelligence. New Orleans, Lousiana, USA. AAAI, 2018: 7444 - 7452.

[35] SHI L, ZHANG Y F, CHENG J, et al. Skeleton-based action recognition with directed graph neural networks[C]//2019 IEEE/CVF Conference on Computer Vision and Pattern Recognition (CVPR). Long Beach, CA, USA. IEEE, 2019: 7904 - 7913.

[36] SHI L, ZHANG Y F, CHENG J, et al. Two-stream adaptive graph convolutional networks for skeleton-based action recognition[C]//2019 IEEE/CVF Conference on Computer Vision and Pattern Recognition (CVPR). Long Beach, CA, USA. IEEE, 2019: 12018 - 12027.

[37] YUN K, HONORIO J, CHATTOPADHYAY D, et al. Two-person interaction detection using body-pose features and multiple instance learning[C]//2012 IEEE Computer Society Conference on Computer Vision and Pattern Recognition Workshops. Providence, RI, USA. IEEE, 2012: 28 - 35.

[38] JI Y L, YE G, CHENG H. Interactive body part contrast mining for human interaction recognition[C]//2014 IEEE International Conference on Multimedia and Expo Workshops (ICMEW). Chengdu, China. IEEE, 2014: 1 - 6.

[39] JI Y L, CHENG H, ZHENG Y L, et al. Learning contrastive feature distribution model for interaction recognition[J]. Journal of Visual Communication and Image Representation, 2015, 33: 340 - 349.

[40] LI M, LEUNG H. Multiview skeletal interaction recognition using active joint interaction graph[J]. IEEE Transactions on Multimedia, 2016, 18(11): 2293 - 2302.

[41] MANZI A, FIORINI L, LIMOSANI R, et al. Two-person activity recognition using skeleton data[J]. IET Computer Vision, 2018, 12(1): 27 - 35.

[42] WU H M, SHAO J, XU X, et al. Recognition and detection of two-person interactive actions using automatically selected skeleton features[J]. IEEE Transactions on Human-Machine Systems, 2018, 48(3): 304 - 310.

[43] WANG H S, WANG L. Learning content and style: Joint action recognition and person identification from human skeletons[J]. Pattern Recognition, 2018, 81: 23 - 35.

[44] GREFF K, SRIVASTAVA R K, KOUTNIK J, et al. LSTM: a search space odyssey[J]. IEEE Transactions on Neural Networks and Learning Systems, 2017, 28(10): 2222 - 2232.

[45] SONG S J, LAN C L, XING J L, et al. An end-to-end spatio-temporal attention model for human action recognition from skeleton data[J]. Proceedings of the AAAI Conference on Artificial Intelligence, 2017, 31(1): 4263 - 4270.

[46] ZHANG P F, LAN C L, XING J L, et al. View adaptive recurrent neural networks for high performance human action recognition from skeleton data[C]//2017 IEEE International Conference on Computer Vision (ICCV). Venice, Italy. IEEE, 2017: 2136 - 2145.

[47] WANG H S, WANG L. Beyond joints: learning representations from primitive geometries for skeleton-based action recognition and detection [J]. IEEE Transactions on Image Processing, 2018, 27(9): 4382 - 4394.

[48] DU Y, FU Y, WANG L. Skeleton based action recognition with convolutional neural network[C]//2015 3rd IAPR Asian Conference on Pattern Recognition (ACPR). Kuala Lumpur, Malaysia. IEEE, 2015: 579 - 583.

[49] WANG P C, LI Z Y, HOU Y H, et al. Action recognition based on joint trajectory maps using convolutional neural networks[C]//Proceedings of the 24th ACM international conference on Multimedia. Amsterdam The Netherlands. ACM, 2016: 102 - 106.

[50] ZHU S Q, DING X L, YANG K, et al. A spatial attention-enhanced multi-timescale graph convolutional network for skeleton-based action recognition[C]// Proceedings of the 2020 3rd International Conference on Artificial Intelligence and Pattern Recognition. Xiamen China. ACM, 2020: 57 - 62.

[51] KE Q H, BENNAMOUN M, AN S J, et al. Learning clip representations for skeleton-based 3D action recognition[J]. IEEE Transactions on Image Processing, 2018, 27(6): 2842 - 2855.

[52] LIU M Y, LIU H, CHEN C. Enhanced skeleton visualization for view invariant human action recognition[J]. Pattern Recognition, 2017, 68: 346 - 362.

[53] LIANG D H, FAN G L, LIN G F, et al. Three-stream convolutional neural network with multi-task and ensemble learning for 3D action recognition[C]//2019 IEEE/CVF Conference on Computer Vision and Pattern Recognition Workshops (CVPRW). Long Beach, CA, USA. IEEE, 2019: 934 - 940.

[54] SI C Y, CHEN W T, WANG W, et al. An attention enhanced graph convolutional LSTM network for skeleton-based action recognition [C]//2019 IEEE/CVF Conference on Computer Vision and Pattern Recognition (CVPR). Long Beach, CA, USA. IEEE, 2019: 1227 - 1236.

[55] HESTENES D, LI H B, ROCKWOOD A. New algebraic tools for classical geometry[M]//Sommer G. Geometric computing with clifford algebras. Berlin, Heidelberg: Springer, 2001: 3 - 26.

[56] LI H B, HESTENES D, ROCKWOOD A. Generalized homogeneous coordinates

for computational geometry[M]//Sommer G. Geometric computing with clifford algebras. Berlin, Heidelberg: Springer, 2001: 27 - 59.

[57] LI H B, HESTENES D, ROCKWOOD A. Spherical conformal geometry with geometric algebra [M]//Geometric computing with clifford algebras. Berlin, Heidelberg: Springer Berlin Heidelberg, 2001: 61 - 75.

[58] 李洪波. 共形几何代数：几何代数的新理论和计算框架[J]. 计算机辅助设计与图形学学报, 2005, 17(11): 2383 - 2393.

[59] 李洪波. 共形几何代数与几何不变量的代数运算[J]. 计算机辅助设计与图形学学报, 2006, 18(7): 902 - 911.

[60] 李洪波. 共形几何代数与运动和形状的刻画[J]. 计算机辅助设计与图形学学报, 2006, 18(7): 7.

[61] FONTIJNE, D., DORSTAND, L., & MANN, S. (2007). Geometric algebra for computer science: An object-oriented approach to geometry (the morgan kaufmann series in computer graphics). Morgan Kaufmann Publishers Inc.

[62] PERWASS C. Geometric Algebra with Applications in Engineering [M]// Department of Computer Science. Berlin, Heidelberg: Springer Berlin Heidelberg, 2009: 119 - 195.

[63] VAN, NGUYEN N H, PHAM T, et al. LSTM FOR HUMAN ACTIVITY RECOGNITION BASED ON FEATURE EXTRACTION METHOD USING CONFORMAL GEOMETRIC ALGEBRA [C]//PROCEEDING of Publishing House for Science and Technology. 2021: 155 - 157.

[64] BAYRO-CORROCHANO E, RIVERA-ROVELO J. The use of geometric algebra for 3D modeling and registrationof medical data [J]. Journal of Mathematical Imaging and Vision, 2009, 34(1): 48 - 60.

[65] SELIG, JON M. Geometric Fundamentals of Robotics [M]//Monographs in Computer Science. New York, NY: Springer New York, NY, 2004: 349 - 372.

[66] SELIG, JON M. Lie Groups and Lie Algebras in Robotics[M]//NATO Science Series II: Mathematics, Physics and Chemistry. Dordrecht: Springer Dordrecht, 2004: 101 - 125.

[67] HITZER E, PERWASS C. Interactive 3D space group visualization with CLUCalc and the clifford geometric algebra description of space groups[J]. Advances in Applied Clifford Algebras, 2010, 20(3): 631 - 658.

[68] PERWASS C, GEBKEN C, SOMMER G. Estimation of geometric entities and operators from uncertain data[M]//Lecture notes in computer science. Berlin, Heidelberg: Springer Berlin Heidelberg, 2005: 459 - 467.

[69] GEBKEN C, PERWASS C, SOMMER G. Parameter estimation from uncertain data in geometric algebra[J]. Advances in Applied Clifford Algebras, 2008, 18(3): 647-664.

[70] LÓPEZ-FRANCO C, FINK G, ARANA-DANIEL N, et al. A visual servo control based on geometric algebra[C]//2011 8th International Conference on Electrical Engineering, Computing Science and Automatic Control. Merida City, Mexico. IEEE, 2011: 1-6.

[71] 贺福利，杜金元. 泛欧氏空间的Clifford群、扭群、旋群及它们的李代数[J]. 数学杂志，2011，31(3)：519-524.

[72] 袁洪芬，乔玉英，杨贺菊. 超空间上k-正则函数及其相关函数的性质[J]. 数学进展，2013，42(2)：233-242.

[73] LI D S, TENG Y H, ZHOU X X, et al. A tensor-based approach to unify organization and operation of data for irregular spatio-temporal fields [J]. International Journal of Geographical Information Science, 2022, 36 (9): 1885-1904.

[74] 白志鹏，刘超，李茂宽. 基于共形几何代数的圆拟合方法实现[J]. 现代电子技术，2009，32(16)：140-142.

[75] 何天成，曹文明，谢维信. 基于Clifford代数传感器网络覆盖理论的平面目标覆盖分析[J]. 电子学报，2009，37(8)：1681-1685.

[76] 王瑞，曹文明，谢维信. 传感器网络模糊覆盖[J]. 仪器仪表学报，2009，30(5)：954-959.

[77] SHAHROUDY A, LIU J, NG T T, et al. NTU RGB+D: A large scale dataset for 3D human activity analysis[C]//2016 IEEE Conference on Computer Vision and Pattern Recognition (CVPR). June 27-30, 2016. Las Vegas, NV, USA. IEEE, 2016: 1010-1019.

[78] LI Y S, XIA R J, LIU X, et al. Learning shape-motion representations from geometric algebra spatio-temporal model for skeleton-based action recognition[C]//2019 IEEE International Conference on Multimedia and Expo (ICME). Shanghai, China. IEEE, 2019: 1066-1071.

[79] HU J F, ZHENG W S, LAI J, et al. Jointly learning heterogeneous features for RGB-D activity recognition [J]. IEEE Transactions on Pattern Analysis and Machine Intelligence, 2017, 39(11): 2186-2200.

[80] TANG Y S, TIAN Y, LU J W, et al. Deep progressive reinforcement learning for skeleton-based action recognition[C]//2018 IEEE/CVF Conference on Computer Vision and Pattern Recognition. June 18-23, 2018. Salt Lake City, UT, USA.

IEEE, 2018: 5323 - 5332.

[81] LI C K, HOU Y H, WANG P C, et al. Multiview-based 3-D action recognition using deep networks[J]. IEEE Transactions on Human-Machine Systems, 2019, 49 (1): 95 - 104.

[82] WANG J, NIE X H, XIA Y, et al. Cross-view action modeling, learning, and recognition[J]. Proceedings of the IEEE Computer Society Conference on Computer Vision and Pattern Recognition, 2014: 2649 - 2656.

[83] CHEN C, JAFARI R, KEHTARNAVAZ N. UTD-MHAD: A multimodal dataset for human action recognition utilizing a depth camera and a wearable inertial sensor [C]//2015 IEEE International Conference on Image Processing (ICIP). September 27 - 30, 2015. Quebec City, QC, Canada. IEEE, 2015: 168 - 172.

[84] HOU Y H, LI Z Y, WANG P C, et al. Skeleton optical spectra-based action recognition using convolutional neural networks[J]. IEEE Transactions on Circuits and Systems for Video Technology, 2018, 28(3): 807 - 811.

[85] LI B, DAI Y C, CHENG X L, et al. Skeleton based action recognition using translation-scale invariant image mapping and multi-scale deep CNN[C]//2017 IEEE International Conference on Multimedia & Expo Workshops (ICMEW). July 10 - 14, 2017. Hong Kong, China. IEEE, 2017: 601 - 604.

[86] CAO C Q, LAN C L, ZHANG Y F, et al. Skeleton-based action recognition with gated convolutional neural networks[J]. IEEE Transactions on Circuits and Systems for Video Technology, 2019, 29(11): 3247 - 3257.

[87] LAZEBNIK S, SCHMID C, PONCE J. Beyond bags of features: Spatial pyramid matching for recognizing natural scene categories[C]//2006 IEEE Computer Society Conference on Computer Vision and Pattern Recognition-Volume 2 (CVPR'06). New York, NY, USA. IEEE, 2006: 2169 - 2178.

[88] KIM J, LIU C, SHA F, et al. Deformable spatial pyramid matching for fast dense correspondences[C]//2013 IEEE Conference on Computer Vision and Pattern Recognition. June 23 - 28, 2013. Portland, OR, USA. IEEE, 2013: 2307 - 2314.

[89] LI C Y, BEN HAMZA A. Intrinsic spatial pyramid matching for deformable 3D shape retrieval[J]. International Journal of Multimedia Information Retrieval, 2013, 2(4): 261 - 271.

[90] HUANG Z W, WAN C D, PROBST T, et al. Deep learning on lie groups for skeleton-based action recognition[C]//2017 IEEE Conference on Computer Vision and Pattern Recognition (CVPR). July 21 - 26, 2017. Honolulu, HI. IEEE, 2017: 1243 - 1252.

[91] NIE S Q, JI Q. Capturing global and local dynamics for human action recognition [C]//2014 22nd International Conference on Pattern Recognition. August 24 - 28, 2014. Stockholm, Sweden. IEEE, 2014: 1946 - 1951.

[92] VEMULAPALLI R, CHELLAPPA R. Rolling rotations for recognizing human actions from 3D skeletal data[C]//2016 IEEE Conference on Computer Vision and Pattern Recognition (CVPR). June 27 - 30, 2016. Las Vegas, NV, USA. IEEE, 2016: 4471 - 4479.

[93] LI M S, CHEN S H, CHEN X, et al. Actional-structural graph convolutional networks for skeleton-based action recognition[C]//2019 IEEE/CVF Conference on Computer Vision and Pattern Recognition (CVPR). Long Beach, CA, USA. IEEE, 2019: 3590 - 3598.

[94] VASWANI A, SHAZEER N, PARMAR N, et al. N., ... & Polosukhin, I. Attention is all you need[EB/OL]. [2017 - 06 - 03]. https://doi.org/10.48550/arXiv.1706.03762.

[95] HU J, Shen L, Sun G. Squeeze-and-excitation networks[C]//Proceedings of the IEEE conference on computer vision and pattern recognition. 2018: 7132 - 7141.

[96] WOO S, PARK J, LEE J Y, et al. CBAM: convolutional block attention module [M]//Lecture notes in computer science. Cham: Springer International Publishing, 2018: 3 - 19.

[97] WANG X L, GIRSHICK R, GUPTA A, et al. Non-local neural networks[C]// 2018 IEEE/CVF Conference on Computer Vision and Pattern Recognition. Salt Lake City, UT, USA. IEEE, 2018: 7794 - 7803.

[98] LI Y S, XIA R J, LIU X. Learning shape and motion representations for view invariant skeleton-based action recognition [J]. Pattern Recognition, 2020, 103: 107293.

[99] LIU Z Y, LUO D H, WANG Y B, et al. TEINet: Towards an efficient architecture for video recognition[EB/OL]. [2023 - 09 - 20]. http://arxiv.org/abs/1911.09435v1.

[100] LIU Y H, YUAN Z X, ZHOU W G, et al. Spatial and temporal mutual promotion for video-based person re-identification[J]. Proceedings of the AAAI Conference on Artificial Intelligence, 2019, 33(1): 8786 - 8793.

[101] LIU J, WANG G, DUAN L Y, et al. Skeleton-based human action recognition with global context-aware attention LSTM networks[J]. IEEE Transactions on Image Processing, 2018, 27(4): 1586 - 1599.

[102] HAMMOND D K, VANDERGHEYNST P, GRIBONVAL R. Wavelets on

graphs via spectral graph theory [J]. Applied and Computational Harmonic Analysis, 2011, 30(2): 129 - 150.

[103] XU N, LIU A A, NIE Z W, et al. Multi-modal and multi-view and interactive benchmark dataset for human action recognition[J]. ACM Multimedia, Sydney, 2015, 10(3): 1195 - 1198.

[104] TRABELSI R, VARADARAJAN J, ZHANG L, et al. Understanding the dynamics of social interactions[J]. ACM Transactions on Multimedia Computing, Communications, and Applications, 2019, 15(1s): 1 - 16.

[105] SERRA J P. Image analysis and mathematical morphology [M]. London: Academic Press, 1982.

[106] LI M, LEUNG H. Multi-view depth-based pairwise feature learning for person-person interaction recognition[J]. Multimedia Tools and Applications, 2019, 78 (5): 5731 - 5749.

[107] LIU J, SHAHROUDY A, PEREZ M, et al. Ntu rgb + d 120: A large-scale benchmark for 3d human activity understandng[J]. IEEE Transactions on Pattern Analysis and Machine Intelligence, 2019, 42(10): 2684 - 2701.